从飞机设计中
吸取的教训

恶魔藏在细节中

Lessons Learned in
Aircraft Design

The Devil is in the Details

[美] 简·罗斯克姆（Jan Roskam）著

张柱国 韩冰冰 黄铭媛 译

上海交通大学出版社
SHANGHAI JIAO TONG UNIVERSITY PRESS

内容提要

本书搜集了诸多历史上的航空事故案例,分类剖析了引起事故的飞机设计、制造、维修等方面的原因,可供读者关注和反思,并从中吸取经验和教训。全书共分 10 章。第 1 章是对安全统计数据、适航审定和运行规章、安全标准,以及以上内容与飞机设计的总体关系的简述;第 2 章至第 9 章是对各专业领域事故/事件的论述,包括飞机运行、结构、操纵系统、发动机安装设计、系统设计、制造和维护、气动和构型设计、市场营销和定价等领域;第 10 章是对从上述事件得出的教训的总结。

本书可供民用飞机设计、制造、维护和运行领域的相关技术、管理人员,以及适航从业人员参考借鉴。

Originally published in English language by DARcorporation, Lawrence, USA, as *Lessons Learned in Aircraft Design: The Devil is in the Details*.

上海市版权局著作权合同登记号:

图字:09 - 2023 - 960

图书在版编目(CIP)数据

从飞机设计中吸取的教训:恶魔藏在细节中/(美)简·罗斯克姆(Jan Roskam)著;张柱国,韩冰冰,黄铭媛译. —上海:上海交通大学出版社,2024.10

书名原文:Lessons Learned in Aircraft Design: The Devil is in the Details

ISBN 978 - 7 - 313 - 29723 - 5

Ⅰ.①从… Ⅱ.①简…②张…③韩…④黄… Ⅲ.①飞机-设计 Ⅳ.①V22

中国国家版本馆 CIP 数据核字(2023)第 215916 号

从飞机设计中吸取的教训:恶魔藏在细节中
CONG FEIJI SHEJI ZHONG XIQU DE JIAOXUN:EMO CANGZAI XIJIE ZHONG

著　者:[美]简·罗斯克姆　　　　　　　　译　者:张柱国　韩冰冰　黄铭媛

出版发行:上海交通大学出版社　　　　　　地　址:上海市番禺路 951 号

邮政编码:200030　　　　　　　　　　　　电　话:021 - 64071208

印　制:上海颛辉印刷厂有限公司　　　　　经　销:全国新华书店

开　本:710mm×1000mm　1/16　　　　　印　张:25

字　数:432 千字

版　次:2024 年 10 月第 1 版　　　　　　　印　次:2024 年 10 月第 1 次印刷

书　号:ISBN 978 - 7 - 313 - 29723 - 5

定　价:199.00 元

译　者　序

　　在人类历史的长河中,科技的进步和发展始终是推动社会进步的重要力量。自 1903 年莱特兄弟制造的"飞行者一号"试飞成功以来,人类的飞天梦随着科技的进步得以实现并发扬光大。但是实现飞天的过程却是曲折的,也是历经各种磨砺的。这其中,包括由于对科学和工程技术的不熟悉以及人为差错引起的血泪教训。目前最大的民用客机 A380、先进复合材料飞机 A350 和波音 787 已成为广受欢迎的机型,在民航市场中发挥着重要作用。飞机作为一种高度集成和复杂的现代交通工具,其安全性对于人类社会的发展具有重要的意义,在历史上,那些被认为不安全的飞机,如 DC‐10、图‐154 已经退出了舞台。我们也应该感谢这些不安全的飞机,感谢那些在飞机设计和验证过程中出现的经验和教训,让民用飞机适航规章得以不断地完善,形成了丰富的安全知识宝库和飞机设计准则。

　　前事不忘,后事之师。本书译者作为民航适航审定从业人员,深知民航适航标准的每一条背后都有人类为之付出过的代价、流过的鲜血,甚至献出的生命。因此,在适航审定过程中,除了要熟知规章和相关指导材料,我们还应注意收集行业内的各种资料。在看到本书的那一刻,我们甚是激动,这本书中搜集了诸多的历史航空事故/事件,我们珍视其背后的宝贵经验教训,随即萌发了要把本书译成中文带给我国的广大航空从业人员的想法,让大家都能跟随着书中的一个个案例反思我们的飞机设计、制造、维修等工作,为我国的航空事业贡献一份小小的力量。

　　诚然,本书成书于 21 世纪之初,在科技发展日新月异的今天,略显不够与时俱进。但是，在飞机这一专业领域，尤其是民航客机领域，首先注重的是安全性。而安全性的保证和飞机设计的继承性有极大的关联，因此，本书中的诸多案例仍然对飞机设计、制造、维护、检查和运行方面具有深远的指导意义。本书各章节内容构成如下。

第1章是对安全统计数据、适航审定和运行规章、安全标准以及以上内容与飞机设计的总体关系的概述。

第2章至第9章分别是对以下专业领域事故/事件的论述。

第2章介绍了结冰条件下尾翼失速、单发失效、重心太偏后等28例与飞机运行有关的教训。

第3章介绍了新颤振模态、振动、疲劳等19例与飞机结构设计有关的教训。

第4章介绍了飞行员诱发振荡、非指令偏航、飞行中突风锁启动等38例与飞机操纵系统设计有关的教训。

第5章介绍了飞行中反桨、非指令性空中反推打开、非包容性发动机失效等29例与动力装置安装设计有关的教训。

第6章介绍了舱门、液压系统、电气系统等46例与飞机系统、机构设计有关的教训。

第7章介绍了蒙皮黏结、错误结构维修、错误的液压泵等21例与飞机制造和维护有关的教训。

第8章介绍了副翼反效、失速、尾翼尺寸设计等23例与飞机气动、构型和尺寸设计有关的教训。

第9章介绍了波音909飞机、达索水星飞机、洛克希德L-1011飞机等13例与飞机市场营销、定价和项目决策有关的教训。

第10章是对上述教训的总结。

第2章至第9章所述的教训并不只是限定在一个专业领域，也对其他专业领域有影响，附录A对此进行了指引关联。

　　本书由张柱国、韩冰冰和黄铭媛共同翻译,张柱国翻译了第2章、第3章、第6章、第7章、第8章和第10章,韩冰冰翻译了前言、第1章、第5章、第9章和附录A,黄铭媛翻译了第4章。全书由张柱国主审,韩冰冰统稿。中国商飞上海飞机设计研究院党委委员、副院长兼结构强度工程技术所所长朱林刚和架构集成工程技术所副所长徐晶,及该所的部分技术专家对本书提出了诸多建设性意见;中国民用航空上海航空器适航审定中心多位领导和同事也对本书的一些细节技术描述提供了专业指导;在此表示衷心的感谢。

　　由于译者的水平有限,书中若存在疏漏之处,敬请读者批评指正。也希望本书的出版能为民用飞机设计、制造、维护、检查和运行有关的技术人员、管理人员和适航相关的从业及研究人员提供指导借鉴。本书译者诚挚地希望广大读者在阅读本书的过程中有所受益,同时更希望航空从业人员通过阅读本书充分吸取经验教训,共同为我国的航空事业做出更大的贡献!

译者

2024 年 6 月

前　　言

本书的目的是将自 1945 年以来飞机设计上的一些经验教训实例呈现给读者。所有的实例都来自飞机设计或者航空事故/事件文献。笔者希望本书能为飞行安全做出贡献。

第 1 章是对安全统计数据、适航审定和运行规章、安全标准以及它们与飞机设计的总体关系的简述。

第 2 章至第 9 章是对以下专业领域事故/事件的论述。

第 2 章:运行经验。

第 3 章:结构设计。

第 4 章:飞行操纵系统设计。

第 5 章:发动机安装设计。

第 6 章:系统设计。

第 7 章:制造和维护。

第 8 章:气动、构型和飞机尺寸设计。

第 9 章:市场营销、定价和项目决策。

对于每一个实例,首先,介绍问题的起因;其次,解析、定位可能的根本原因;再次,说明解决方案(一种或者多种);最后,阐述飞机设计的经验教训。

第 2 章至第 8 章的事故/事件实例大部分是随机选择的,因此,本书的附录 A 列出了所有事故/事件的清单和交叉清单。

此外,考虑到许多设计人员最终会成为项目经理,第 9 章将着重叙述与市场营销、定价策略和项目决策相关的一些尝试和波折。

不允许对于飞行安全至关重要的结构或系统的单点故障造成灾难性的后果，这是飞机设计一直以来的一个重要准则。美国联邦航空条例(Federal Aviation Regulations, FAR)和联合航空规章(Joint Aviation Requirements, JAR)中的一些飞机适航审定要求也是这一准则的体现。正如读者将要在本书中看到的，在一些情况下，这一准则没有被遵守，或者飞机设计违反了相应的审定要求。大多数飞机都应该视为系统的集合体，其中任何一个故障都很容易产生"难以预见"的后果。设计团队和每一个设计人员都应该尽最大努力去切实地预见这些后果，并从中分析、推演出不同的设计策略。

这里需要特别指出的是，设计工程师、委任工程代表、维护人员和飞行员，总而言之就是航空工程师，他们的设计决策、维修行为以及飞行中的操作经常直接影响关键适航领域。

本书笔者的观点是，设计中的单点故障准则应包括认识到人为错误的可能性，包括设计意义、维护意义以及驾驶舱操作意义上的人为错误。遵守这一准则可以防止由于人为的单一错误造成严重的事故。

运营经验可以而且经常成为未来系列灾难性事件的前兆。这些前兆应该被所有参与飞机设计、维护和运营的人认真对待。本书中也给出了几个忽略前兆事件的例子。如果能及时、系统地将前兆事件传达给那些参与飞机设计、维护和运营的人，通常可以防止灾难的发生。

正如本书中的许多实例所展示的那样，飞机的安全性通常始于设计阶段。但是，有时适航审定过程本身，无论是出于何种原因，都会产生失误。本书中也给出了这种类型的实例。

本书笔者殷切希望这本书对设计工程师、试飞员、项目经理有所裨益，也希望本书可以进入课堂，辅助对未来的飞机设计工程师、工程/维护人员的教育。

　　对于本书的大部分内容来说,读者必须具备一些关于飞机飞行特性和应用空气动力学基础知识。

简·罗斯克姆

美国堪萨斯州劳伦斯市,2016 年

目　　录

第1章 透视安全、事件、事故及其 与飞机设计的关系

> "安全就是没有事故。"
>
> ——William H. Tench, 1985

1.1 概述

自第二次世界大战以来,对于企业和个人来说,美国的航空运输已被广泛认为是既安全又经济的。本书的目的是通过鼓励良好的设计实践来进一步提高航空运输的安全性。因为安全是一个相对的概念,所以有必要定义一下航空运输需要考虑的安全范围。

本书的内容涵盖商业和通用航空的固定翼飞机。旋翼机不在本书讲述的范围内。本书包含了一些笔者认为对于民用飞机来说比较有参考意义的军用飞机实例。

在美国,商用和通用航空飞机需要经过按联邦法规(Code of Federal Regulations, CFR)第25部(14 CFR part 25)和第23部(14 CFR part 23)进行的适航审定。CFR第25部和第23部是一系列最低适航标准。这些规章可在如下网站上访问:www. gpoaccess. gov。美国联邦航空管理局(Federal Aviation Administration, FAA)负责确保在美国运营的飞机已经过这些规章的审定。

此外,这些飞机的运营人员还必须遵守如下规章所提出的一系列运营要求:CFR第121部适用于运营大型运输类飞机的主要航空公司和货运公司;CFR第135部适用于商业航空承运人,通常称为通勤航空公司(即第135部定期航班)和空中出租车(即第135部非定期航班)。

FAA还负责确保这些飞机的运营符合运营要求。举例来说,运营要求包括与燃油储备、载重平衡程序、机组认证、机组培训标准和程序等有关的要求。此外,FAA还负责监管飞机或飞机部件的制造、维护和改装设施。

在美国,所有飞机事故和事件都必须(根据法律)由国家运输安全委员会(National Transportation Safety Board, NTSB)进行调查。NTSB 独立于 FAA,必须公布其调查结果,并就为提高航空安全性而应进行的任何改进向 FAA 提建议。

下面将介绍事故和事件的定义。

在 49 CFR §830.2 中,"事故"(accident)定义为"与飞机运行相关的事件,从有人登上飞机开始,直至所有人下飞机,这期间发生的任何出现人员死亡、严重受伤或者造成飞机重大损伤的事件。"

在 49 CFR §830.2 中,"事件"(incident)定义为"与飞机运行相关的事故以外的事件,影响或可能影响运行安全。"

商用和通用航空飞机的运行安全通过如参考文献 1.1 和 1.2 所示的统计数据可见端倪,分别为 1999 年(商用飞机)和 1998 年(通用航空飞机)的一些统计数据。

1.2　商用飞机

1999 年,美国共有 8 228 架按 CFR 第 121 部或第 135 部航空承运人运行合格审定规则运行的商用飞机。按飞机类型分布如下(单位:架)。

涡轮喷气或涡轮风扇:	5 630
涡轮螺旋桨:	1 788
活塞螺旋桨:	688
旋翼机:	122

这些飞机总计运行了 488 357 000 000 mile(编注:1 mile=1.609 km),运输旅客 674 100 000 人次(平均每次飞行距离为 724 mile)。

1999 年,按 CFR 第 121 部运行的飞机共发生了 51 起事故,按 CFR 第 135 部定期航班和非定期航班运行的飞机分别发生了 13 起和 73 起事故。总计发生了 137 起事故。图 1.1 所示为 1990—1999 年间按第 121 部和第 135 部运行航班发生事故量的对比。

参考文献 1.1 中的 1999 年统计数据表明了如表 1.1 所示的伤亡分布情况。

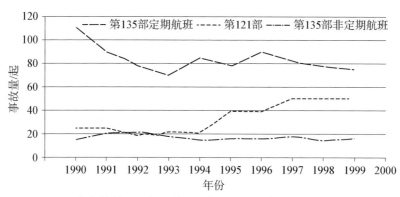

图 1.1　1990—1999 年间按第 121 部和第 135 部运行飞机事故量(图片来源:参考文献 1.1)

表 1.1　1999 年伤亡分布(单位:人)

伤害类型	第 121 部	第 135 部定期航班	第 135 部非定期航班
死亡	11	12	38
重伤	65	2	14
轻伤	181	1	31

对总共 137 起事故计算得出如下事故率。

总飞行小时数/fh	20.1×10^6	事故率:	6.8 起/百万飞行小时
总放行次数/次	11.8×10^6	事故率:	11.6 起/百万次放行
总飞行里程数/mile	7.1×10^9	事故率:	0.02 起/百万英里

仅靠这些统计数据无法深入了解特定型号飞机的相对安全性。如表 1.2 所示为最流行的商用飞机型号每百万次飞行的致命事件率。

表 1.2　每百万次飞行的致命事件率(来自 www. AirSafe. com, 2006 年 11 月 10 日)

飞机型号	事件率	飞行次数/百万次	全损当量[*]	事件
喷气式运输类飞机				
空客 A300	0.62	9.72	5.99	9
空客 A310	1.39	3.75	5.23	6
空客 A320/319/321	**0.17**	21.43	3.61	6
波音 727	0.50	74.50	37.20	48
波音 737 - 100/200	0.57	54.96	31.54	44

飞机型号	事件率	飞行次数/百万次	全损当量*	事件
波音 737 - 300/400/500	0.22	50.00	10.99	14
波音 737(所有型别)	0.37	118.86	43.53	59
波音 747	0.84	16.26	13.73	28
波音 757	0.37	14.71	5.40	7
波音 767	0.47	11.76	5.50	6
波音 777	**0.00**	2.00	0.00	0
波音(原道格拉斯)DC - 9	0.59	59.56	35.37	43
波音(原道格拉斯)DC - 10	0.70	8.49	5.91	15
波音(原麦道)MD - 11	0.70	1.45	1.02	3
波音(原麦道)MD - 80/90	0.22	33.33	7.37	12
英国宇航 146/RJ - 100	0.58	7.69	4.49	6
福克 F - 28	2.56	6.03	15.45	21
福克 70/100	0.28	6.67	1.87	4
洛克希德 L - 1011	0.49	5.19	2.54	5
涡轮螺旋桨运输类飞机				
ATR 42/72	0.26	13.20	3.40	4
巴西航空工业 Bandeirante	3.07	7.50	23.00	28
巴西航空工业 Brasilia	0.71	7.40	5.27	6
萨博 340	0.19	11.2	2.10	3

* 全损当量(full loss equivalent, FLE):每次致命事件中乘客死亡比例的总和。致命事件发生率是总的 FLE 除以以百万次为单位的航班数量得出的。

尽管波音 777 的数据还没有统计学意义(非常出色),但从表 1.2 中可以观察到,电传操纵飞机(空客 A320)的灾难性事故率最低。

在参考文献 1.1 中,商用飞机事故的原因一般可归纳为三大类。以 1999 年数据来说如下。

(1) 73%与人有关(主要是与飞行员有关)。

(2) 23%与飞机有关。

(3) 39%与环境有关(主要与天气有关)。

这些数据的总和不是 100%,因为有些事故被确定为属于多个类别。从设计人员的角度来看,好消息是飞机相关原因造成事故的发生频率低于其他原因。但是,正如第 2 章至第 8 章的几个案例所示,在很多情况下,与人相关的事故是由设计问题引起的。笔者将此类情况称为"设计引起的机组错误",也就是明确地说事故与设计有很大关系。

1.3 通用航空飞机

1998年,大约有196 700架通用航空飞机在运行。按飞机类型大致分布如下(单位:架)。

自制飞机:	13 000
活塞螺旋桨单发飞机:	144 000
活塞螺旋桨多发飞机:	17 000
涡轮喷气或涡轮风扇飞机:	5 600
涡轮螺旋桨飞机:	5 200
旋翼机:	6 300
滑翔机:	2 100
气球:	3 500

1998年,通用航空飞行小时数估计为25 518 000 fh,共有1 904起事故,其中364起导致624人死亡。1998年通用航空事故率如下。

总飞行小时数/fh:	25.518×10^6	事故率:	74.6起/百万飞行小时
总放行次数/次:	11.8×10^6	事故率:	161.4起/百万次放行
总飞行里程/mile:	7.1×10^9	事故率:	0.27起/百万英里

很明显,商用飞机具有比通用航空飞机明显的安全优势(从事故率来比较超过10倍)。然而,如图1.2所示,公司领域(主要使用由专业飞行员操作的喷气式飞机)的安全水平与按CFR第121部运行的商业飞机十分接近。

这些事故的原因可归纳为三大类。以1998年的数据来说如下。

(1) 90%与人有关(主要是与飞行员有关)。

(2) 36%与飞机有关。

(3) 37%与环境有关(主要与天气有关)。

这些数据的总和不是100%,因为有些事故被确定为属于多个类别。

由于通用航空飞机的类型、飞行员资质、运行类型差异很大,请读者按需查阅参考文献1.2,以便对通用航空事故有更充分的了解。

将人和环境相关原因综合在一起,似乎可以合理地得出结论:人是安全链条中的薄弱环节。通常,人们认为在驾驶舱内应用更多的自动化是减少与人相关

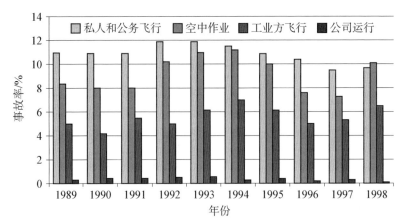

图 1.2　1989—1998 年按运行类型统计的通用航空事故率(图片来源:参考文献 1.2)

原因造成事故数量的一种途径。然而,这样做之后,事故的主要原因将与飞机有关,即与设计有关。

本书第 2~8 章主要关注从事故和事件中吸取的设计方面的经验教训,在这些事故和事件中,飞机如果采用更好的设计方法,可能会有不一样的结果。

在本书中,读者会发现墨菲定律频繁出现。墨菲定律在飞机设计、制造、维护、检查和运行方面可以转述如下。

(1) 如果设计(构型、空气动力特性、结构、系统)可能出现错误,则一定会出错。

(2) 如果在制造程序或过程中可能出错,则一定会出错。

(3) 如果在维护程序或过程中可能出错,则一定会出错。

(4) 如果在检查程序或过程中可能出错,则一定会出错。

(5) 如果在运行程序或过程中可能出错,则一定会出错。

"单一原因或失效不会导致灾难性事故"这一设计准则应该修改为包括上述所有墨菲定律的准则。

在阅读完本书所述的所有案例后,读者还应该考虑所有这些"经验教训"对飞机型号合格审定过程的影响。参考文献 1.3 是一篇这方面的优秀文章,FAA 堪萨斯城办公室的马文·努斯先生向笔者推荐了这篇文章作为本书的起点,该文章非常值得一读。

第 2 章 从运行经验中吸取的设计教训

> "如果可能发生，它就会发生。"
>
> ——墨菲定律

2.1 概述

本章回顾了一些飞机运行经验，这些经验对设计有着重要影响，或者导致了适航规章的修改。在适用的情况下，本章描述了事故原因和解决方案，并指出了应该吸取的教训。此外，本书在附录 A 中确定了与设计其他领域的联系。

2.2 起飞时突风锁未能正确解除

2.2.1 事故/事件概述

1947 年 5 月，一架美国联合航空公司的道格拉斯 C - 54 运输机（见图 2.1）在从纽约拉瓜迪亚机场起飞时坠毁。这架飞机共有 48 名乘员，其中 43 人遇难，4 人受重伤，而仅有 1 名飞行员受轻伤。飞机被大火摧毁。

图 2.1 道格拉斯 C - 54 运输机[非事故飞机或航空公司，图片由赫尔默(G. Helmer)提供]

2.2.2　原因分析

参考文献 2.1 第 11～17 页给出了这起事故的可能原因,即由于突风锁开启,导致飞行员无法操作控制器,最终导致飞行员决定在离跑道过远的位置终止起飞,从而使飞机无法在机场范围内停止。

以下是对参考文献 2.1 的引用:"对美国联合航空公司多架 C‐54 运输机的突风锁控制进行了检查,发现该机构已经进行了修改,使得位于飞行员座椅右侧的锁定手柄可以保持'上升'或'开启'状态,而无须被突风锁警告带或附在带子上的锁定销固定。只需对手柄施加极轻微的压力即可解除锁定。然而,如果没有从驾驶舱顶部的卷筒上拉出警告带到锁定手柄处,飞行员在起飞前就无法得知飞机的控制面是否被锁定。"

由于起飞是在气象斜面的压力下急于进行的,因此人们认为该飞机是在带锁定控制的情况下开始起飞滑行的。

2.2.3　解决方案

当时,特别总统委员会负责研究使商业航空更加安全的方法。该委员会要求该飞机的制造商重新设计突风锁系统,以避免在起飞时开启。

2.2.4　经验教训

按照墨菲定律,如果突风锁可以在起飞时保持开启,那么就会保持开启。这对于飞机设计师来说是值得思考的问题。突风锁系统应该设计成在"开启"状态下无法进行起飞。根据参考文献 2.1,美国联合航空公司已根据 2.2.2 节中的描述对其机队进行了修改。参考文献 2.1 并未表明这是重新审定的问题。笔者认为这本应该是重新审定的问题。

2.3　重心位置过于靠后 I

2.3.1　事故/事件概述

1950 年,一架阿芙罗都铎 2 号(AVRO Tudor 2)飞机(见图 2.2)在着陆进近时坠毁。当飞行员认识到飞机离跑道太低,无法着陆时,他加大了动力。观察到飞机突然抬头,失速并坠毁。尽管没有发生火灾,但该事故没有人生还(见参考文献 2.2 第 11～17 页)。

2.3.2　原因分析

调查表明,该飞机满载乘客(78 人),但仍低于其经审定的最大认证起飞重

图 2.2　阿芙罗都铎 2 号的模型(图片由 www. collectorsaircraft. com 提供)

量约 1000 lb(编注:1 lb＝0.4536 kg)。该飞机的飞行手册中有指示,当满载乘客时,至少需要在前货舱中装载 2000 lb 的行李、货物或配重,以将重心保持在后限处或其前方。飞行员在起飞前未执行所需的重心位置检查。事故后对行李的分析表明,实际装载在前货舱中的重量为 1031 lb,这使得重心在起飞时远远超出后限。因此,当飞机起飞时,它是纵向不稳定的,并需要大量的后缘升降舵下偏加以平衡。事实证明,飞行员在这种情况下飞行和平衡飞机没有任何困难。

　　然而,在最后进近时,当飞机高度过低,需要改变动力状态时,飞行员加大了推力,导致螺旋桨正向的力矩作用于重心前方,使飞机急剧抬头,此时已没有足够的后缘升降舵下偏能力可以控制飞机的抬头。

2.3.3　解决方案

　　机组人员在起飞前应该始终记得确认飞机的实际重心位置,且必须完成起飞前检查清单。

2.3.4　经验教训

　　墨菲定律认为,如果一架飞机可能被错误地装载,那么它就会被错误地装载。这对运营商来说是值得思考的问题!

　　从设计的角度来看,当满载乘客时,这架飞机对后重心的敏感度似乎过高。如果设计师可以预见到这一点,并做出相应的设计调整,就可以减少这种敏感性。例如,增加可以使飞机低头的升降舵控制动力。

　　从操作的角度来看,使用安装在起落架支柱中的力传感器系统似乎可以在起飞至滑行时警示飞行员有关真实重心位置和起飞重量的信息。现在,该系统在一些现代运输机中已普遍使用。

注意:由于停放在停机坪上的飞机对风和阵风很敏感(有低的机翼载荷和大展弦比的机翼尤为敏感),因此系统输出必须根据风和阵风效应进行校正。即使在波音 747 飞机中,这些系统也仅用作更传统的重量和平衡计算的检查。

2.4　最小离地速度 I

2.4.1　事故/事件概述

1952 年 10 月,一架德·哈维兰(De Havilland)彗星客机(见图 2.3)从意大利罗马起飞后不久,在离地面很低的高度上跌落。幸运的是没有人员受伤,但飞机严重损毁。五个月后,1953 年 3 月,从巴基斯坦卡拉奇起飞的另一架彗星客机甚至还没有离开地面就坠毁了,这次没有幸存者。在这两种情况下,观察到飞机在地面滑行的后半段相对地面的俯仰角异常高(见参考文献 2.3 第 12～13页)。读者可能会注意到,第二次事故之前有一个先兆事件。一个合理的问题是,为什么设计师或适航当局没有从第一次事故中得出结论。

图 2.3　德·哈维兰彗星客机[非事故飞机或航空公司,图片由格鲁特(J. de Groot)提供]

2.4.2　原因分析

这两起事故的原因是机翼在飞机起飞前期出现了大量气体分离(导致机翼失速)。这种气体分离会增加阻力,导致即使所有发动机都在运转,也没有足够的推力加速飞机。图 2.4 呈现了该问题产生的原因。有人说,飞行员不应将飞机抬头到如此过度的姿态。但这个观点存在问题,因为许多飞机很容易犯这个错误,特别是如果姿态指示器不能准确地读取起飞姿态时。此外,在一些飞机中,机翼-机身的升力在抬轮时会非常快地增加,并使飞机产生自转的倾向,特别

图 2.4　起飞过程中因过大的抬头角度导致机翼失速

是如果主起落架到机翼-机身气动中心的距离很大时。

2.4.3　解决方案

在德·哈维兰彗星客机的案例中,德·哈维兰公司将彗星客机的机翼前缘稍微下弯,以防止在起飞抬头过度时机翼失速。如图 2.5 所示,增加前缘弯度可以将失速迎角扩展到更高的值。现代喷气式运输机被设计为满足所谓的离地(un-stick)要求。任何一架运输机都必须具备使飞行员在起飞过程早期完全向后拉动控制杆的情况下也能安全地离地的能力。对于机翼设计来说,这意味着在起飞构型下,即使后机身接触跑道,机翼也

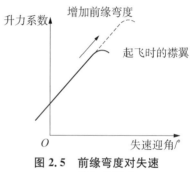

图 2.5　前缘弯度对失速迎角的影响

不得失速。此外,飞机在所有发动机工作状态下必须能够继续加速并起飞。

2.4.4　经验教训

墨菲定律指出,如果一架飞机在起飞时可能过度抬头,那么它就会过度抬头。所以这种过度抬头的情况发生的后果必须是良性的。设计师应该不需要法规约束就能通过设计确保这种后果是良性的。

2.5　着陆滑行期间意外收起起落架

2.5.1　事故/事件概述

1954 年 9 月,一架环球航空公司(Trans-World Airlines,TWA)的马丁(Martin)404 飞机(见图 2.6)在印第安纳州韦恩堡市的贝尔机场着陆滑行期间发生了部分收起起落架的情况。在撤离过程中,30 位乘客中有几位受到了擦伤,3 名机组人员未受伤。事故没有引发火灾,飞机的损坏相对较轻。

2.5.2　原因分析

参考文献 2.4 给出了该事故的可能原因,即在着陆早期,起落架在安全系统

图 2.6　马丁 404 飞机（非事故飞机，图片由 www. prop-liners. com 和环球航空公司提供）

生效之前意外收起了。

当该飞机着陆时，机长坐在左座，副驾驶坐在右座。副驾驶驾驶飞机，机长担任副驾驶的职责。机长称，当飞机稳稳地着陆在跑道上时，副驾驶要求收起襟翼，打开整流罩鱼鳞板，将螺旋桨转速提高到最大。据机长的证词，他开始收起襟翼，在他的右手臂从襟翼控制器（位于底座右侧，带有球形把手）拉回时，他的右手碰到了起落架控制杆。他立即注意到起落架控制杆已经超过了中立位置。他迅速将其操作回到放下位置，但螺旋桨桨尖几乎立刻开始撞击跑道。

起落架控制杆位于底座的左侧，杆末端带有一个立方形的把手。该控制杆的中立位置位于垂直放置象限仪的中心。该控制的释放是通过轻轻抬起并将杆拉出其制动位置，克服轻弹簧的压力来完成的。如果飞机的重量足以压缩起落架减震支柱任何一个安全开关，控制杆就无法在象限仪上移动到"收起"位置。这个设计旨在最大限度地降低在地面上意外收起起落架的可能性。即使飞机在着陆时没有跳跃或弹起，如果没有任何减震支柱因飞机的重量而压缩到触发安全开关的程度，那么起落架控制杆仍然可以移动到"收起"位置。必须让减震支柱压缩大约 2 in（编注：1 in＝2. 54 cm）才能触发开关。任何一个或这些支柱的任何组合如果被压缩到这个程度，都将能防止意外收起起落架。

2.5.3　解决方案

在此次事故后，所有的公司飞行员都被告知了事故的情况。另外，环球航空公司开始了一个旨在防止类似事故再次发生的计划。此外，起落架控制杆上已经安装了一个防护罩，飞行员在操纵手柄之前需要采取有意的动作。TWA 还将减速开关安装到其所有的马丁 404 飞机上,一旦飞机触地,这些开关将立即锁定起落架在"安全"位置。他们对其他所有飞机上收起手柄的弹簧张力也进行了检查,以验证其在容限范围内。

2.5.4　经验教训

墨菲定律认为,如果起落架在与地面接触时可能收起,它就会收起。在驾驶舱设计中,必须考虑到这类因触碰而起落架收起的场景,并得出设计结论,以防止这类情况发生。

2.6　收起襟翼时整流罩鱼鳞板打开

2.6.1　事故/事件概述

1956 年 4 月,一架西北航空公司的波音 377 同温层巡航者(Stratocruiser)飞机(见图 2.7)在西雅图-塔科马国际机场附近的普吉湾水上迫降。飞机上所有人员成功撤离,但 32 名乘客中有 4 人、6 名机组人员中有 1 人溺亡。该飞机彻底丢失。

图 2.7　波音 377 同温层巡航者飞机[非事故飞机,图片由梅尔·劳伦斯(Mel Lawrence)提供]

2.6.2　原因分析

参考文献 2.5 指出,这起事故的可能原因是"由于飞行工程师没有关闭发动机整流罩鱼鳞板,导致收起襟翼时操纵困难的不正确分析,该分析是在极端急迫情况下和极短时间内进行的。"

在水上迫降后,机翼襟翼被发现完全收起,而整流罩鱼鳞板则完全打开。在该飞机上,飞行工程师有责任在起飞前关闭整流罩鱼鳞板。飞行工程师声称他不能确定在当时整流罩鱼鳞板已关闭。

该飞行工程师具备三种不同类型的飞机的资格:DC - 6、L - 1049 和波音 377。事故前 90 天内他在波音 377 上的飞行时间为 1 h 40 min。他证实在前一年里,他的大部分飞行时间都是在 L‐1049 和 DC‐6 飞机上的。这一点很重要,因为波音 377 和 L‐1049 的驾驶舱整流罩鱼鳞板控制杆的移动方向是相反的。飞行工程师证明他有可能将这些控制杆移动到了错误的方向。

在波音 377 上完全打开整流罩鱼鳞板起飞时,对飞机的控制没有明显的影响,直到机翼襟翼收起。随着机翼襟翼的收起,颤振和横向控制困难几乎立即出现。解决该问题的方法是展开襟翼,这将使打开的整流罩鱼鳞板产生的气流尾迹相对于水平尾翼向下。

2.6.3　解决方案

参考文献 2.5 未指出为防止此类事故发生应对飞机设计人员(CAA)提出的建议。看起来,应对这种错误的飞行训练应该成为飞行员资格认证的一部分。

2.6.4　经验教训

墨菲定律认为,如果可能犯这种错误,就会犯错。在任何新飞机中定位控制杆时,设计工程师都应从中吸取教训。

向获得机型证书的机组人员提供针对此类错误的飞行培训是必要的。如果飞机关键控制有不同的移动方式,那么对不同飞机的机组人员进行交叉认证可能会导致问题出现。

从空气动力学设计的角度来看,这是可以预测的场景,但是,明显在该事故中没有考虑到。由于整流罩鱼鳞板的错误管理随之导致明显的横向操纵影响是不可被接受的,这应该是一个适航审定的问题。

2.7　单发失效时的飞行特性 I

2.7.1　事故/事件概述

1959 年 8 月,一架美国航空波音 707‐123 飞机(见图 2.8)在训练飞行中在纽约长岛卡尔弗顿附近的一片开阔地区坠落并烧毁。

在此次训练飞行中,两名实习机长在喷气机转型飞行训练中做了一些机动动作。在飞机最后一次向佩克尼茨河(Peconic River)机场[该机场由格鲁曼(Grumman)公司的人员运营并经常被航空公司用于飞行训练]进场时,飞机的襟翼已放下 30°并放下起落架。着陆时,3 号与 4 号发动机的功率降低至 50% 以模拟单发失效(one engine inoperative, OEI)场景。飞机快速向右侧偏航,侧滑角约 17°(负),这远超过在此构型下使用全部的侧向操纵可成功被完全控制的 11°～14°。机组明显未意识到这一点,于是飞机向右侧滚转。当飞机坡度超过

图 2.8　波音 707 – 123(非事故飞机,图片由 geminijets. com 提供)

90°时,其向右偏航约 20°,导致了约 30°的低头姿态。当飞机通过翻转位置后,通过加大 3 号与 4 号发动机的油门并完全左蹬方向舵与副翼的修正操作,使偏航角得以减小。当飞机超过 270°滚转位置时,其处于零偏航状态。加速度保持为约 2g,此时飞机处于抖振边界,可以实施改出的最紧要关头。此时飞机的推力几乎对称,飞机以接近机翼水平的姿态触地。

2.7.2　原因分析

参考文献 2.6 表明此事故的可能原因为"机组未意识到且未修正逐渐产生的过度偏航,这导致了在无法完全恢复飞机姿态的高度下的无意的滚转机动。"

后掠翼运输机侧滑时会产生大的负滚转力矩。在接近地面的侧滑操作下(如模拟发动机失效)产生的滚转力矩会非常大,且需要及时采取侧向操纵以避免出现大的坡度。该飞机接近地面时,很难由大坡度恢复姿态。

2.7.3　解决办法

接近地面时勿进行发动机失效操作训练。在此次事故之后,FAA 取消了对波音 707 飞机在训练飞行、机型评级与熟练度检查时模拟发动机单元 50% 失效下的真实着陆飞行。这些操作可在较高高度下模拟。

如今这些操作也可在飞行模拟器上进行。

2.7.4　经验教训

这些在平直翼飞机上进行时相对安全的操作不应在后掠翼飞机上进行。由于侧滑会导致大滚转力矩(这是后掠翼飞机的典型特征),接近地面时进行这些操作是自寻麻烦。

2.8   结冰条件下的尾翼失速

2.8.1   事故/事件概述

1959 年 4 月,一架(美国)首都航空公司维克斯子爵(Vickers Viscount)飞机 (见图 2.9)坠落并烧毁于密歇根弗里兰三连机场附近。机上 44 名乘客与 3 名 机组成员均遇难。

图 2.9   维克斯子爵飞机(非事故飞机,图片由 www. prop-liners. com 与首都航空公司提供)

2.8.2   原因分析

由参考文献 2.7,民用航空委员会确定此事故的可能原因为"水平安定面上 未检测到的结冰堆积,与特定的飞行速度与飞机构型耦合,导致丧失俯仰控制。"

1963 年,一架大陆航空公司子爵飞机上发生了非常相似的事故。因此,参 考文献 2.7 是民用航空委员会于 1959 年 4 月 15 日发布的原报告的修订版。值 得讨论的是,参考文献 2.7 直至 1965 年 2 月 17 日才公开发布,约为事故发生的 七年后。

众所周知的是,当飞机配平时,如果水平安定面有未检测到的结冰,降低襟 翼偏度会倾向于增加尾翼的(负)迎角。当尾翼上有过多的结冰堆积时,这一尾 翼迎角的变化可能导致尾翼失速。以下摘自参考文献 2.7 第 10 页。

"在另一起 1963 年子爵飞机事故调查中,民用航空委员会获知了有关于水 平安定面上凹面状结冰增长时的飞机行为的信息。两起子爵飞机事故的信息也 包括其中。

在一个案例中,子爵飞机在结冰条件下运行了大约 $10 \sim 12 \, \text{min}$。因为飞机 在云层中的时间较短,且表面温度为 37℃,机身没有使用防冰剂。当没有云层 时,在飞机的前缘看不到结冰。当着陆襟翼在 $135 \sim 140 \, \text{kn}$(编注:$1 \, \text{kn} =$ $1 \, \text{n mile/h}$)的校正空速下降低到 40°时,机头下垂,飞行员无法控制升降舵阻止这一动作。当襟翼被收回到 32°时,飞行员重新获得控制,飞机安全着陆。触地 4 min 后,对飞机的检查表明机翼没有结冰,但是在尾翼和垂直安定面的前缘观察到凹形堆积。此结冰的中心厚约 3/4 in,边缘厚 1.5 in,延伸至平尾上 3 in。

另一架暴露在结冰条件下的飞机也发生了类似的事件,事件发生于机翼前缘没有结冰两分钟后。在这个案例中,当空速降低到 130～135 kn,当襟翼在最后一个方向下降到 40°时,振荡发生了。对飞行记录器磁带的检查表明飞机在飞行过程中高度损失了 200 ft(编注:1 ft＝30.48 cm)。在重新获得控制之前,俯仰振荡的峰值加速度为－0.76g 和－2.3g。着陆后检查飞机时,发现机翼和天线罩上有薄薄的冰霜,螺旋桨干净干燥,但水平和垂直安定面有粗糙的冰霜凹面。这个杯状的冰大约有 1 in 厚,沿对角线向上和向下延伸,进入气流约 1.5 in。

此外,还发生了三起飞机事故,其中一架是子爵飞机,民用航空委员会已确定全部或部分是由水平面上的冰块堆积扰乱了平尾表面上方和下方气流。"

2.8.3 解决方案

参考文献 2.7 没有说明向 FAA 建议采取什么行动。

2.8.4 经验教训

(1) 在结冰条件下操作飞机需要特殊的关注与知识。应尽可能使用防冰或除冰设备。

(2) 如果不确定水平尾翼是否存在冰状物,在襟翼向上时,着陆可能是最安全的解决方案。这可以防止水平尾翼暴露在突然的迎角(负)变化中,这可能会使其进入失速状态。

(3) 应为飞行员提供一种在飞行中确认任何升力面上是否结冰的方法,尤其是尾翼。摄像机可以提供这样的解决方案。

2.9 襟翼放下时的无后掠翼

2.9.1 事故/事件概述

1964 年,为庆祝通用动力 F‐111A(见图 2.10)首飞,通用动力的沃斯堡分部邀请了一些高层宾客观看特别演示。

高层和其他客人坐在斜坡上立起的看台上,这个想法是为了让飞机降落后滑行并停在这个看台前。有相当多的高层宾客乘坐他们的飞机中队到来,那些飞机也停在坡道上。

F‐111A 成功进行了演示飞行,并像往常一样机翼未后掠,大的福勒襟翼展开。当接近坡道区域时,试飞员认为两架停放的飞机之间没有足够的空间让他在机翼未后掠时通过。因此,他启用机翼后掠系统将机翼后掠至机身两侧。"嘎吱,嘎吱,嘎吱。"福勒襟翼被侧边的机身挤压。这一切都在所有高层面前进行,场面很尴尬。

图 2.10　通用动力 F‑111A(非事故飞机,图片由 NASA 提供)

2.9.2　原因分析与解决方案

此事件原因不是试飞员的行为,而是设计工程师没有预见到这一事件并设计了一个简单的装置在襟翼放下时使机翼后掠机构无法使用。

2.9.3　经验教训

设计师可能已经预料到这种情况,如果有可能在襟翼放下时将机翼向后掠,就会有人去这么做。永远牢记墨菲定律。

2.10　重心过于靠前

2.10.1　事故/事件概述

1966 年 9 月,一架美国国际空运公司的道格拉斯 DC‑7C 飞机(见图 2.11)在合适的抬头速度下没有响应飞行员的控制输入以抬头,随后尝试中止起飞操纵但没有成功,飞机冲出跑道而部分毁坏。四名机组成员中的两人受伤。

2.10.2　原因分析

此事故的原因确定是货物装载不当,使实际重心为 15.2% 平均气动弦长,而这架飞机的重心前限是 18.8%。根据参考文献 2.8,发生这种情况是因为负责装载飞机的装卸员既无经验也不熟悉飞机的重量和平衡技术。由于重心太靠

图 2.11　道格拉斯 DC‑7C(非事故飞机,图片由 www. prop‑liners. com 与美国航空提供)

前,飞机没有足够的纵向控制力使飞机以与起飞重量相应的抬头速度抬头。图 2.12 说明了这种情况。

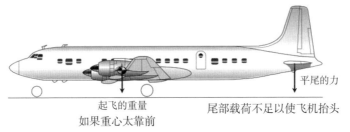

平尾的力

起飞的重量　　　　　尾部载荷不足以使飞机抬头

如果重心太靠前

图 2.12　最大平尾向下载荷限制的重心前限

2.10.3　解决方案

严格装载以及采用重量和平衡程序。此外,在处理飞机派遣的飞行关键方面工作时使用合格的人员。

2.10.4　经验教训

见 2.3.4 节:一个类似的问题,虽然是后重心。

2.11　电力丧失导致姿态仪表丧失

2.11.1　事故/事件概述

1969 年 1 月,美国联合航空公司的一架波音 727 飞机(见图 2.13)在一次夜间仪表飞行起飞后坠入太平洋,没有幸存者。

2.11.2　原因分析

根据参考文献 2.9,该事故可能的原因是"在夜间仪表飞行起飞时因电力丧

图 2.13　波音 727(非事故飞机,图片由 www. al-airliners. be 提供)

失导致姿态仪表失去功能。"NTSB 无法确定所有发电机电力失效的原因,或者为什么备用电源系统未启动或无法运行。

参考文献 2.9 中报告了以下从设计的角度来看有意义的发现:

在事故飞行之前,飞机在 3 号发电机无法工作的情况下已经运行了 42 个飞行小时。这是最低设备清单(minimum equipment list,MEL)允许的。

导致 3 号发电机无法工作的问题并没有得到纠正,且可能与其电气控制面板有关。

该航班在爬升过程中出现 1 号发动机火警,发动机随即关闭。

1 号发动机关闭后不久,剩余的 2 号发电机的电力丧失。

在所有发电机电源丧失后,备用电力系统未启动或无法正常工作。

从 2 号发电机丧失的时间点至飞机坠毁,飞行员无法获得可靠的姿态信号。

2.11.3　解决方案

NTSB 建议 FAA 要求所有涡轮动力飞机能在主电源丧失时强制实行将主电源自动切换到备用电源。

2.11.4　经验教训

(1) 鉴于 MEL,设计师可能已经预见到这种情况,允许收益飞行时一台发电机不工作。始终应用"假设"分析肯定会让设计师得出应该修订 MEL 或自动切换到备用电源被纳入规定的结论。这应该是一个纳入审定的问题,但实际上却不是。

(2) 仪表条件下的飞行员工作量若外加任何紧急情况,将变得非常高。设计者不应假定飞行员将有机会进行故障排除和能明白在这样的高工作量情况下该怎么做。

2.12　单发失效时的飞行特性Ⅱ

2.12.1　事故/事件概述

1969 年 6 月,一架日本航空公司的康维尔(Convair)880(见图 2.14)正在进行训练飞行。这架飞机在升空后不久,飞行教官减小了 4 号发动机的动力,飞机坠毁。

图 2.14　康维尔 880[不是事故飞机,图片由梅尔·劳伦斯(Mel Lawrence)提供]

在 4 号发动机的动力下降后,飞机开始向右偏航,右侧机翼倾斜,飞机坠毁并燃烧。机上的五名机组成员仅有两名受重伤幸存下来。

2.12.2　原因分析

根据参考文献 2.10,这次事故可能的原因是"在模拟临界发动机起飞的过程中,延误了纠正措施,导致过度侧滑,无法完全恢复。"

回顾一下这个原因的物理学原理是很重要的。当喷气式飞机经历临界的单发失效状态时,飞机开始向失效发动机的方向偏航。在这个案例中,4 号发动机在升空后立即恢复到飞行息速,向右的偏航产生了一个负的侧滑角。因为后掠翼飞机在低速时(因相对较高的升力系数)会因侧滑而产生很大的负滚动力矩,飞机会开始向右滚动。如果驾驶飞机的飞行员没有及时采用满方向舵偏(踩下左踏板迫使方向舵后缘向左移动),那么在接触地面之前的姿态恢复就成了问题。

在这方面,后掠翼飞机比非后掠翼飞机要危险得多,差异在于侧滑引起的滚动力矩的大小。这些类型的操作在老式 DC‑7、同温层巡航者和星座型(Constellation)飞机上几乎是标准的。这些机动动作很少会在非后掠翼飞机上引起严重的问题。

2.12.3　解决方案

在参考文献 2.10 中,NTSB 观察到这是四年内(1965—1969 年)发生的第五起此类事故。NTSB 建议 FAA 采取以下措施。

(1) 再次向飞行员强调后掠翼飞机在关键的单发失效机动中的特性。

(2) 确保飞行教员、学员和航线飞行员都清楚地了解安全和正确的关键单发失效程序、侧滑角的限制、方向舵的可用性和垂尾失速的侧滑角限制。

(3) 告诫教员,强调不应拖延纠正行动。

NTSB 提到了康维尔生产部试飞员 A. P. 威尔逊上尉写的一份文件。在这份文件中,威尔逊指出,在控制关键的单发失效时,侧滑角不允许超过 5°。他主张向工作中的发动机一侧倾斜 5°。他警告说,如果允许侧滑增加到 16°,垂直尾翼可能会失速。此外,他还警告说,在 15° 左右的侧倾时,方向舵将开始"回吹"。

在适航规章中,飞行员在采取纠正措施之前,必须留有一定的操作时间。

值得注意的是,无论是 NTSB 还是 FAA,由于这五起事故的发生,都没有主张采用系统解决方案。笔者认为,他们应该这样做。一些现代的飞机采用了自动系统,在检测到动力不对称的情况下,输入方向舵和副翼的偏转。在许多这样的飞机中,临界单发失效情况现在不再定为一个事件。

2.12.4　经验教训

(1) 在低空飞行时进行关键的单发失效训练动作似乎没有什么意义。这些动作的训练应该在飞行中的高空进行,若在低空的情况下,应该在模拟机中进行。

(2) 所有多发飞机的设计者都应该记住,在紧急情况下,飞行员的工作量会变得非常大,这种情况不应该出现。一个好的设计理念是,所有可以合理预期发生的第一个应急情况不应导致操纵性问题。

2.13　垂尾控制系统过于复杂

2.13.1　事故/事件概述

1969 年 7 月,美国环球航空一架波音 707 - 331C(见图 2.15)在一次模拟三引擎进场失败时坠毁。三名航线机长、一名教员和一名试飞工程师在事故中遇难。

图 2.15 波音 707‑331C(非事故飞机,图片由 geminijets.com 提供)

2.13.2 原因

根据参考文献 2.11,当飞机在仪表着陆系统(instrument landing system, ILS)模拟仪表进近的最后一段时,4 号发动机处于急速状态,左外侧扰流板液压执行器下行线发生疲劳失效。

液压下线的故障导致飞机公用系统中的液压油流失。机长、教员和试飞工程师都没有意识到液压油的流失,直到驾驶舱内的第三名飞行员提醒他们注意此事。随后,所有的液压泵都按照现有的液压油损失应急程序关闭。当时,为方向舵提供动力的辅助液压系统没有发生故障。

4 号发动机的动力没有恢复。在发现液压油流失后,飞机没有加速到三台发动机的最低控制空速 180 kn。过大的侧滑角导致了侧向控制的丧失(记住,后掠翼飞机由于侧倾有很大的负滚动力矩),造成了快速滚转和丧失高度。

根据参考文献 2.11,"可能的原因是失去了方向控制,这是因为故意关闭了向方向舵提供液压的泵而没有同时恢复 4 号发动机的动力。一个促成因素是液压油损失的应急程序在应用于飞机的操作配置时不够完善。"

回顾一下这架飞机的方向舵控制系统设计的一些基本方面是有意义的。以下内容也摘自参考文献 2.11。

"飞机的方向控制是由方向舵、方向舵控制片和方向舵控制系统提供的。方向舵的定位可以通过方向舵控制液压动力装置以液压方式完成,或者通过方向舵控制片和平衡板以机械方式完成。方向舵调整配平提供了一种在不持续蹬踏板情况下保持方向的方法。方向舵配平系统是一个电缆操作的联动装置,在动力模式下,通过动力配平齿轮箱进行操作,或者在手动模式下,通过手动配平齿轮箱进行操作。

在正常的操作条件下,方向舵是通过液压来定位全行程的(方向舵偏转角度可达25°)。在有液压动力的情况下,方向舵踏板的运动由控制连杆传递给动力控制单元的执行阀。在动力舵的配置中加入了一个人工感觉装置,为飞行员提供了对正在施加的舵面压力的感觉。在动力模式下,方向盘调整片被做成反平衡方向操作。在动力模式下,通过在液压动力装置中加入一个片状联动装置,使舵调整片在反平衡方向上运行。因此,调整片在方向舵运动方向上以每1.0°的舵行程有0.8°的比例偏转。舵机踏板运动,在舵机动力可用和零调整的情况下,在中立点前后各2 in。在动力模式下,TWA5787的三引擎最低控制速度约为117 kn。

在机械模式下,方向舵脚蹬的运动(在方向盘调整为零的情况下,前后各4英寸)通过电缆和推杆直接传递给方向盘调整片。调整片在平衡方向上移动,来气动定位方向舵,直到偏转角度达到近似17°。在机械模式下,TWA 5787的最小三引擎控制速度为177 kn(根据飞行手册为180 kn)。

当方向舵处于流线型位置,在关闭辅助系统泵时,或在辅助液压系统出现任何故障时,会自动恢复到机械模式。然而,如果方向舵被液压偏转,保持一个不对称的动力配置的方向,将不会自动恢复到机械系统。除非操作方向舵脚蹬使方向舵转向,或将动力开关转到"关闭",从而释放内部压力,否则调整后的锁将不会释放。在没有任何一个动作的情况下,调整后的锁不会释放,直到动力单元的内部泄漏率导致方向舵顺气流,以及液压压力的下降。

当读到这段关于方向盘控制系统的描述时,人们不禁要问,是否可以期望飞行员在紧急情况下知道这一切并采取相应的行动呢?

2.13.3 解决方案

NTSB建议采取一系列立即和后续的纠正措施,但这些措施(笔者认为)都没有解决方向舵控制系统过于复杂这一根本问题。

2.13.4 经验教训

如果进行了系统的故障树分析,整个情况是可以预测的。公平地说,这架飞机在审定时并没有要求进行这样的系统分析。

2.14　最小离地速度 Ⅱ

2.14.1　事故/事件概述

1972 年 9 月,一架光谱空中公司的北美(NAA)F‑86 佩刀(Sabre)5 式飞机(见图 2.16)在起飞时因两次未能安全升空离开跑道而坠毁。导致地面 20 人死亡,飞行员和地面的其他 28 人受伤。

图 2.16　北美 F‑86 佩刀(不是事故飞机,图片由 NASA 提供)

2.14.2　原因分析

根据参考文献 2.12,可能的原因是"飞机的过度抬头和随后的加速能力恶化。过度抬头是由于飞行员对飞机的熟练程度不够和误导性的视觉提示造成的。"

飞行员报告说,在最初离地后不久,他感到并听到了震动。显然,他没有足够的重视来中断起飞。飞行员说,当他降低机头时,加速似乎又正常了,他继续起飞。NTSB 认为,由于起飞时机头过高,气流受到干扰,从而引发了震动。一名地面观众拍摄的长胶带的视频记录了其过高的机头姿态。该姿态比指定的试飞员在同一跑道上驾驶的佩刀 5 式测试飞机的姿态高三倍以上。

根据参考文献 2.12,过度抬头无疑是由于飞行员对飞机不熟悉造成的。事实也证明,佩刀 5 式战斗机对过度抬头非常敏感,因为它的升降舵效率非常高。

2.14.3　解决方案

NTSB 提出了一系列建议,确定在允许私人驾驶军事飞机之前需要更多的培训和经验。

2.14.4 经验教训

（1）飞行员不应该在航展上驾驶飞机，除非他/她已经接受了适当的培训并已对这种飞机进行检查，这应该是一个常识问题。

（2）军用喷气式飞机在民用环境中运行时，应满足 2.4 节中讨论的最小离地要求。

2.15 起飞阶段发生应急情况下电气系统失效

2.15.1 事故/事件概述

1973 年 6 月，一架海外国家航空公司的道格拉斯 DC‐8‐63（见图 2.17）由于右主起落架的一系列轮胎故障而导致起飞中止（速度为 105～110 kn）。

图 2.17　道格拉斯 DC‐8‐63(不是事故飞机，图片由 www. al-airliners. be 提供)

飞机停了下来，右主起落架区域发生了火灾。紧急撤离直到飞机停止后 3 min 才开始。由于撤离过程中的混乱，34 名乘客受伤，其中 3 人受重伤。

2.15.2 原因分析

根据参考文献 2.13，该事故的原因是飞机在滑行准备起飞时，一个右主起落架的轮胎没气，且未被发现。这增加了其他轮胎的负荷，然后轮胎因过热而失效。

在紧急撤离过程中出现混乱的原因是，当机组人员关闭 1 号和 2 号发动机时，所有的电力都被切断了，机内广播系统也无法使用。客舱乘务长使用了手势和喊话的方式，但很多乘客都不明白。两个可用的便携式扩音器没有被使用。

2.15.3　解决方案

NTSB 建议改进客舱乘务员的培训程序。

NTSB 还建议 FAA 要求客机上的机内广播系统配备独立电源。

2.15.4　经验教训

客机上的公共广播系统不应该随着任何发动机的关闭而失效。电气系统的设计应能防止这种情况发生。

2.16　起飞时重心靠后和平尾误配平

2.16.1　事故/事件概述

1983 年 1 月,美国联合航空公司的一架 DC - 8 - 54F(见图 2.18)在起飞后失去控制而坠毁。驾驶舱内的三名机组成员遇难。

图 2.18　道格拉斯 DC - 8 - 54F(非事故飞机,图片由莫·贝特兰〈Moe Bertrand〉提供)

目击者指出,飞机起飞时的抬头是正常的。升空后,俯仰姿态异常陡峭。飞机随后向右翻滚并坠毁。

2.16.2　原因分析

根据参考文献 2.14,可能的原因是机组人员没有按照程序检查表的要求检测和纠正误配平的安定面。安定面的设置是 7.5 个刻度飞机机头向上(airplane nose up,ANU),这也是前次飞行中降落时使用的设置。起飞后,机组没有足够的使机头向下的升降舵控制能力来防止飞机失速,随后飞机滚落到地面。飞机的尾部重心也比调度文件中显示的要高,尽管这可能不是导致事故的原因。

导致事故的另一个原因是机长允许没有资格担任飞行员的人员占据正驾驶员的座位并执掌飞机起飞。

飞行数据记录器没有发挥作用,对调查有帮助的信息没有被记录下来。

2.16.3 解决方案

也许应该在滑行前提醒机组人员完成所需的检查清单。

2.16.4 经验教训

（1）这种类型的事故一次又一次地发生，也许应该考虑建立一个系统，不允许机组人员在没有执行规定的起飞检查清单的情况下就起飞。在许多飞机上，真正关键的是安定面配平的位置要设置恰当。

（2）商用飞机（客运和货运）在没有正常的飞行数据记录器的情况下不应该起飞。

2.17 飞行中反桨模式

2.17.1 事故/事件概述

1987 年 5 月，一架美鹰航空（American Eagle）CASA C-212（由 Executive Air Charter 运营）在最后进场时坠毁。如图 2.19 所示为同型号飞机。

图 2.19 CASA C-212（非事故飞机或航空公司，图片由赫尔默提供）

机组人员遇难，仅有 4 名乘客逃离并受轻伤。

2.17.2 原因分析

在参考文献 2.15 中，NTSB 确定了可能的原因："在设置螺旋桨飞行空转叶片角度和发动机燃料流量时维护不当，导致飞机在动力不对称的情况下失去控制。导致事故的一个因素是飞行员没有稳定的目视进场。"

作为调查的一部分，发现这架飞机实际上不符合有关飞行品质、襟翼反吹和座椅挡火层材料的若干适航标准。在通过比利时布鲁塞尔的 FAA 欧洲区办公室进行的审定过程中，这些事实不知为何没有被注意到。

2.17.3　解决方案

NTSB 向 FAA 提出了一些建议,涉及座椅上的挡火层材料、对螺旋桨大修设施的监督、涡轮螺旋桨飞行空转叶片角度的维护、螺旋桨俯仰控制的设计、飞行人员的培训以及双边飞机审定计划。

2.17.4　经验教训

(1) 重要的是,飞机要有良性的飞行品质,特别是在起飞和降落的构型上。这架飞机是根据双边飞机审定计划进行审定的。虽然在最初的审定过程中,有几位 FAA 的飞行员实际驾驶过这架飞机,但没有进行彻底的飞行测试。

(2) 时隔多年后(1984 年),几位 FAA 委任的飞行员在驾驶这架飞机时发现了一些缺陷,如因为襟翼作动系统的设计不良导致的失速警告和襟翼反吹。这反映了审定过程中的严重缺点。

2.18　重心位置过于靠后以及座椅设计问题

2.18.1　事故/事件概述

1987 年 11 月,一架瑞安航空服务公司的比奇 1900C 型飞机(见图 2.20)在跑道附近坠毁。当时没有起火。两名机组成员和 16 名乘客遇难,3 名乘客重伤。

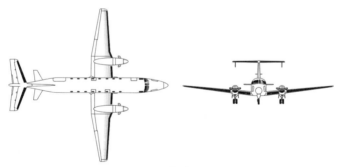

图 2.20　比奇 1900C

2.18.2　原因分析

参考文献 2.16 指出,可能的原因是"机组成员没有正确监督飞机的装载,导致重心偏移到过于靠后的位置,当襟翼放下着陆时,飞机失去了控制。"事故发生后,根据载货清单的计算结果显示,飞机的重心超过了允许的后限 8~11 in。

NTSB 的一位成员还表示:"导致乘员受伤严重的原因是飞机的座椅无法承受撞击力,如果这些座椅的设计符合委员会二十多年来一直倡导的标准,乘员受伤的严重程度可能会降低,更多的乘客可能会幸存下来。"

导致许多人死亡和受伤的因素如下。

(1) 救援人员无法找到关闭电源的飞机总开关。

(2) 救援人员不知道从哪里切开机身以救援乘客。

2.18.3　解决方案

NTSB 在其结论中指出,机组人员在确定重心位置时没有遵守公司和 FAA 的程序。委员会还建议(再次!)制定规则,提高座椅设计标准,并公布和传播有关飞机可切开位置以及主开关和电池位置的信息。

2.18.4　经验教训

(1) 飞机继续被装载到重心超出允许的后限位置,起飞前没有确认重心位置的人为失误,就可能,而且经常会造成致命的结果。这不符合"单个失败不应导致灾难"的思想。应该假定人类会在检查重心位置时产生失误。

(2) 飞机座椅是按照当时适用的标准设计的。然而,NTSB 长期以来一直主张修改这些座椅设计标准。

(3) 设计工程师应该牢记,不能因为 FAA 在修订这些标准方面可能进展缓慢,而消除设计工程师和他们的雇主的道德义务,即应在事件表明有必要这样做时自愿做出调整。

2.19　起飞时的结冰 I

2.19.1　事故/事件概述

1987 年 11 月,美国大陆航空公司的一架 DC - 9 - 14(见图 2.21)从丹佛附近的斯特普尔顿国际机场起飞后立即坠毁。

2 名飞行员、1 名空乘人员和 25 名乘客在事故中遇难。2 名空乘和 52 名乘客幸存下来。

2.19.2　原因分析

在参考文献 2.17 中,NTSB 确定,事故的可能原因是"机长在起飞前延误后没有对飞机进行第二次除冰,导致机翼上表面污染,副驾驶在快速起飞抬头时失去了对飞机的控制。"

据这架飞机上的几位幸存的乘客报告说,在除冰(使用 38％的乙二醇溶液)

图 2.21 道格拉斯 DC‑9‑14(非事故飞机,图片由 geminijets. com 提供)

后,看到发动机进气口或机翼上还有一些结冰。

如果飞机按照除冰程序用 100% 的乙二醇进行防冰,那么冰的积累所需的时间将被延长 2.8 倍,从而可以保证安全起飞。

在这次事故的公开听证会上,麦克唐纳-道格拉斯公司的一位代表说,少量的机翼上部的结冰可能会严重降低机翼的制升能力,导致 DC‑9‑10 系列飞机失去滚转和俯仰控制。

这些飞机没有前缘缝翼,而前缘缝翼往往能在机翼上表面出现轻微冰污染的情况下提供一些保护。

据估计,仅 0.030 in 的颗粒状冰(相当于 30~40 目的砂纸)就会使 DC‑9‑10 飞机机翼的最大升力下降约 20%。这会使失速速度增加约 11%,因此当飞机开始抬头时,将只能提供很少的余量。

在这次事故中,由于驾驶飞机的副驾驶积极抬头,使问题更加严重。飞行数据记录器显示抬头率为 6(°)/s,是推荐值的两倍。在正常的抬头率下,升空时达到的攻角应该是 9°左右。在事故飞机上,这个角度约为 12°,仅比未受污染的机翼的失速攻角低 2°。

委员会还发现,这两名飞行员在这种飞机上的飞行经验都很有限。

2.19.3 解决方案

在参考文献 2.17 中,NTSB 提出了一些建议,其中最重要的建议如下。

(1) FAA 应该指示所有这类飞机的运营商,要求这些飞机在结冰情况下用最大有效强度的乙二醇溶液进行防冰,直到检测机翼上表面结冰的准则纳入飞行手册之中。

（2）要求所有 DC - 9 - 10 的运营商在起飞前制定详细的检测机翼上表面结冰的程序。

（3）规定每个机长和副驾驶的最低经验水平，并要求使用这些标准，禁止在同一航班上搭配在各自岗位上经验不足的飞行员。

2.19.4　经验教训

结冰仍然是所有飞机运行中的一个问题。设计师应该使用敏感性较低的机翼翼型和/或考虑使用缝翼作为所有经审定可在已知结冰条件下飞行的喷气式飞机的标准。

2.20　未放襟翼起飞

2.20.1　事故/事件概述

1988 年，达美航空的一架波音 727 - 232（见图 2.22）在未放下襟翼的情况下从得克萨斯州的达拉斯/沃斯堡机场起飞。

图 2.22　波音 727 - 232 的模型（图片由 geminijets. com 提供）

飞机在升空后立即失速，然后坠毁。12 名乘客和 2 名机组人员死亡，21 名乘客和 5 名机组人员受重伤，68 名乘客受轻伤或无伤。

2.20.2　原因分析

根据参考文献 2.18，NTSB 确定可能的原因如下。

（1）驾驶舱未严格遵守规定，导致机翼襟翼和缝翼在起飞时没有被正确配置。

（2）起飞构型警告系统失效，未向机组人员警告飞机没有处于安全起飞的形态。

NTSB 发现，起飞警告系统有一个间歇性的失效问题，在上次维修活动中没有得到纠正。

2.20.3   解决方案

NTSB 建议对 B-727 飞机的起飞警告系统进行直接工程研究。另一项建议是，FAA 应发布适航指令，要求修改起飞警告系统。

根据 NTSB 的说法，FAA 很清楚达美航空的航线飞行机组表现出了需要纠正缺陷的需求。

2.20.4   经验教训

如果起飞警告系统出现故障问题，应该在进行收益飞行之前进行纠正。而这架飞机的起飞警告系统出现了间歇性的问题，在飞行前没有得到纠正。

起飞警告系统没有正常发挥功能的情况，应该被视为一个不合格的项目。

2.21   静默驾驶舱和方向舵配平开关位置

2.21.1   事故/事件概述

1989 年 9 月，美国航空公司的一架波音 737-400（见图 2.23）从纽约拉瓜迪亚机场中断起飞，停在了鲍威里湾的水上。

图 2.23   波音 737-400

2 名乘客死亡，3 名乘客受重伤。6 名机组人员和 12 名乘客受了轻伤。37 名乘客逃出飞机，没有受伤。

2.21.2   事故起因

参考文献 2.19 确定了可能的原因："机长没有及时行使他的指挥权，中断起飞或采取足够的控制来继续起飞，而起飞是在方向舵含有误配平的情况下开始的。根本原因是机长没有在尝试起飞前发现方向舵含有误配平。"

在推离登机口的时间里,有几个人进入驾驶舱,有文件被放在中央操纵台上。目前还不清楚是否有人将脚放在中央操作台上。这一点很重要,从图 2.24 中可以看出,方向舵配平旋钮位于操作台的末端,在那里很容易被无意中碰到。这个方向舵配平旋钮是由弹簧加载的,可以返回到中心位置。只有当旋钮从其中心位置移开时,方向舵配平作动器才会启动。

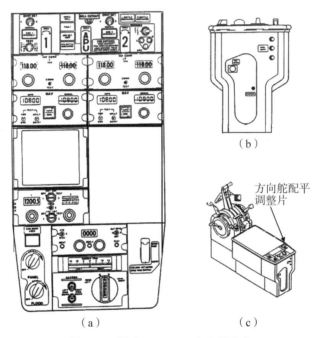

图 2.24　波音 737 – 400 中央操作台
(a) 俯视图;(b) 后视图;(c) 斜视图

在这架事故飞机上,在推离登机口之前,方向舵配平旋钮完全向左移动,而这并没有被飞行人员发现。方向舵全配平会导致方向舵脚蹬偏移 4.25 in,这并没有被注意到是不正常的。

在起飞过程中,机组人员遇到了方向控制的问题,最终做出了中断起飞的决定。委员会确定了这样一个事实:如果采取适当的控制措施,机组人员本可以保持控制,并可以将飞机停在跑道上。

2.21.3　解决方案

在参考文献 2.19 中,NTSB 提出了一些关于改进驾驶舱规定和使用检查单的建议。

在这次空难的调查过程中,人们发现在其他的波音 737 飞机上也发生了几起无意中方向舵配平旋钮启动的情况。笔者认为,NTSB 也应该建议将这些控制装置放在一个不容易误触的地方。

2.21.4　经验教训

几起无意中启动方向舵配平的先兆事件应该使设计工程师对将方向舵配平旋钮置于如此容易误触位置的决定产生怀疑。而这正是事实上发生的事情。波音公司在 1989 年 5 月启动了调查,以减少对方向舵配平控制的不慎干扰。

笔者认为,这些关键的控制装置一开始就不应该放在那个位置:太容易受到可预测的肢体运动的影响。

2.22　起飞时的结冰 Ⅱ

2.22.1　事故/事件概述

1991 年 2 月,瑞安国际航空公司的一架 DC‑9‑15(见图 2.25)从俄亥俄州克利夫兰起飞时坠毁。飞机上没有乘客。2 名机组人员遇难。

图 2.25　道格拉斯 DC‑9‑15(非事故飞机,图片由赫尔默提供)

2.22.2　原因分析

在参考文献 2.20 中,可能的原因被确定为飞行机组在起飞前未能检测并清除机翼上的冰污染。NTSB 认为,这主要是由于 FAA、道格拉斯和瑞安公司对已知的临界影响缺乏适当的反应,即微量的污染会对道格拉斯 DC‑9‑10 系列飞机的失速特性产生影响(见 2.18 节)。冰污染会导致机翼失速,在试图起飞时失去控制。

2.22.3　解决方案

NTSB 发布了一系列广泛的建议和程序,重点是冬季操作中使用的程序,以防止此类事件再次发生(见参考文献 2.20 第 52～53 页)。

2.22.4　经验教训

一直以来,飞机都对冰污染非常敏感。这里真正的教训有两点。

(1) 设计工程师应该运行测试或进行计算流体力学(computational fluid dynamics,CFD)模拟来确定翼型对可能发生的结冰情况的敏感性。一个流行的减小特定类型的冰对翼型气动特性影响的方法是使用前缘缝翼来确保机翼在较低迎角下不失速。

(2) 机组人员必须被反复多次警告,相信结冰是致命的,因此在没有确认机翼和尾部没有冰雪的情况下,绝不能尝试起飞。

2.23　高速下降以避免结冰

2.23.1　事故/事件概述

1994 年,美国大西洋海岸航空公司(Atlantic Coast Airlines)的一架英国宇航喷气流 4101(BAe Jetstream 4101)飞机(见图 2.26)在最后进近俄亥俄州哥伦布市时坠毁。机长、副驾驶、空乘人员和两名乘客受重伤,两名乘客受轻伤,一名没有受伤。

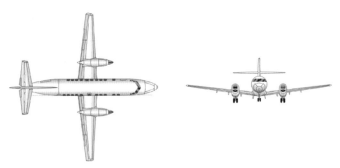

图 2.26　英国宇航喷气流 4101 飞机

飞行员当时正在进行高速进近以避免结冰。这使得飞机几乎没有时间进行稳定的最终进近,处于自动飞行状态。为了使飞机减速,飞机的发动机被拉回至慢车状态。自动驾驶仪修整飞机机头向上,连同低推力导致飞机速度降低到低于 130 kn 的最小进近速度。当飞机减速到 104 kn 时,开始抖杆,自动驾驶仪断开。飞行数据记录器显示,机长在没有加大推动的情况下使用了升降舵使飞机上仰。这一动作导致下降速度增加到 2 400 ft/min,并一直持续到坠机。由于副驾驶听从机长的命令,没有提出异议就把襟翼收起,使情况更糟。

2.23.2　原因分析

在参考文献 2.21 中,NTSB 确定可能的原因如下。

(1) 失速。当飞行机组人员在缺少程序纪律的情况下,规划和实施一个非常糟糕的进近后,让空速下降到失速速度,此时发生了失速。

(2) 飞行员对失速警告反应不当,包括未能将油门杆推进到最大,以及不适当地收起襟翼。

(3) 机组人员在"玻璃驾驶舱"自动驾驶的飞机、飞机型号和座位位置方面缺乏经验,航空公司和飞行员之间协议的副函使情况更加恶化。

(4) 公司未能提供足够的稳定进近准则,联邦航空局并未要求这样的准则。

2.23.3　解决方案

NTSB 就空勤人员的飞行训练和没有经验的空勤人员的配对问题提出了一系列建议。机长和副驾驶驾驶这架飞机的经验都很有限。

2.23.4　经验教训

设计工程师无法保证机组遵照驾驶程序。

2.24　重心位置过于靠后 Ⅱ

2.24.1　事故/事件概述

1999 年 1 月,一架海峡快运公司的福克(Fokker)F - 27 货机(见图 2.27)在最后进近阶段失控坠毁。两名飞行员均死亡。

图 2.27　福克 F - 27 - 600[非事故飞机,图片由舒尔曼(D. Schulman)提供]

当襟翼在接近的最后阶段放下时,飞机抬头,机组人员试图降低机头,但没有成功。飞机失速,进入尾旋,撞向一幢房屋。这所房屋的唯一居住者没有受伤。

2.24.2　原因分析

根据参考文献 2.22,该事故的原因如下。

(1) 飞机的运行超出了装载和平衡限制。

(2) 没有发现装载分布错误,因为装载表单签署人员没有将飞机上的货物分布与装载和平衡表单相协调。

(3) 机组人员在装载管理方面没有接受足够的正式培训。

2.24.3　解决方案

英国交通部提出了七项安全建议,涉及培训和适当的装载和平衡管理。

2.24.4　经验教训

这种事故多次发生,笔者再次强调:制造商应该为任何运输机提供一个简单的系统,当重量或重心位置超出限制时提醒机组人员。

2.25　重心位置过于靠后,超载和操纵不当

2.25.1　事故/事件概述

2003 年,一架中西部航空公司的比奇 1900D(Beech Model 1900D,见图 2.28)飞机从北卡罗来纳州夏洛特起飞后不久坠毁。2 名机组人员、19 名乘客和 1 名地面人员遇难。

图 2.28　比奇 1900D 飞机[非事故飞机,图片由珀金斯(T. Perkins)提供]

2.25.2　原因分析

根据参考文献 2.23,该事故的可能原因如下。

(1) 起飞时失去俯仰控制。

(2) 升降舵飞行控制系统安装不正确。

(3) 重心大大超出了允许的极限。

2.25.3　解决方案

NTSB 指出了中西部航空公司、雷神公司（比奇）和 FAA 的一些严重问题。

（1）中西部航空公司的一个维修站缺乏监管。

（2）缺乏适当的维护程序和文件。

（3）中西部航空公司的重量和平衡程序有问题。

（4）雷神公司的质量保证检查员未能检测到升降舵控制系统的不正确安装。

（5）FAA 不合适的平均重量假设（这些在坠机后向上修正）。

（6）FAA 缺乏对中西部航空公司维护大纲及其重量和平衡程序的监督。

2.25.4　经验教训

（1）从设计工程的观点来看，难以理解飞行关键控制系统需要烦琐的安装程序。这些设计应该是不必要的。

（2）同样令人费解的是，为什么在对飞行控制系统的一个关键方面进行维修后，维修组织或机组人员没有进行功能性检查。根据 NTSB 的说法，这些检查甚至是不需要的（原文如此！）

2.26　重心位置过于靠后和超载

2.26.1　事故/事件概述

2003 年 12 月，UTAG 公司的一架波音 727 - 200（见图 2.29）在起飞过程中坠毁。机上 160 人中有 140 人遇难。

图 2.29　波音 727 - 200 飞机（图片来自 geminijets. com）

2.26.2　原因分析

根据参考文献 2.24,飞机起飞重量比允许值多了 22 000 lb,尽管这并不会导致坠机。根据法国的初步调查报告,飞机的重心位置"远远超出了允许的范围"。

2.26.3　解决方案

熟悉的问题又在重演。虽然目前还没有正式的事故报告,然而,适当的重量和平衡程序的设置和遵守似乎是最基本的。

2.26.4　经验教训

这种事故多次发生,笔者再次强调:制造商应该为任何运输机提供一个简单的系统,当重量或重心位置超出限制时立即提醒机组人员。

2.27　在应急情况下旧习惯又回来了 I

2.27.1　事故/事件概述

塞斯纳(Cessna)336 超级空中霸主飞机(见图 2.30)采用中心线推力布置双引擎,旨在避免单发失效控制问题。由于两个螺旋桨都在中心线上,失去一个发动机不会产生偏航力矩,并能避免在过低的空速下失去控制。航空工程师和多发动机飞行员将此称为最小控制速度问题(关于此问题的数学讨论,详见参考文献 2.25)。这架飞机也有可收放的起落架。主起落架可以向后收起进入后部发动机下的空腔内。为了实现这一点,需要相当大的起落架门(见图 2.30)。这反过来又会导致在起落架放下时产生较大的阻力,也因此在起落架放下后关闭大多数起落架舱门。这是一种设计技巧,也常用在许多喷气式运输机上。

起落架舱门

图 2.30　塞斯纳 336 飞机(注意大的起落架舱门处于关闭位置)

从传统的双发飞机过渡到 336 飞机的飞行员必须学会,一旦发生单发失效,起落架应该保持在放下位置,以减少爬升时的阻力。然而,典型的单发失效训练是在发动机故障后收回起落架。

起飞后引擎出现故障,飞行员习惯使然,即收回起落架,造成了几起严重事故。而对于 336 飞机首先应放下大的起落架舱门在该位置,阻力急剧增大影响弹发失效时飞机的爬升能力。在发生几起此类事故之后,针对塞斯纳的诉讼导致该飞机停产。

2.27.2 经验教训

有时候,看似好的想法可能会带来无法预料的负面后果。基本上,塞斯纳 336 比传统的双发飞机更安全。但是,由于一些飞行员在应急情况下旧习惯又回来了,并且由于侵权责任的成本,飞机的生产寿命相对较短。

2.28 在应急情况下旧习惯又回来了 II

2.28.1 事故/事件概述

出于各种原因,制造商决定改变飞机驾驶舱的布局。对于经验丰富的飞行员来说,这样的决定往往是一个真正的陷阱。一个典型的例子就是比奇 A-36 富豪(Bonanzas)飞机(见图 2.31)。

图 2.31 比奇 A-36 飞机(非事故飞机,图片来自 www. airliner. net)

一个引起很多操作问题的变化是襟翼和起落架开关的互换,大多数可收放起落架飞机都不是如此,这导致飞行员在滑行到滑行道位置时收起起落架而不是襟翼。

以下摘自参考文献 2.26 第 138 页。

"为了解决这个问题,早期的机型只有一个蹲式开关,它位于右侧主起上。在起飞过程中,起落架支柱稍微伸展,如果选择起落架开关收起,则关闭电路并向起落架电机提供动力。当飞机停在地面上时,蹲式开关可以防止起落架收起,但如果在飞机滑行时选择开关收起,情况就不一样了。例如,如果右主起在离开跑道进入滑行道时承重减小,起落架可能会收起。从 20 世纪 70 年代中期开始,比奇公司在新款富豪飞机上的每个主起上安装了一个蹲式开关,解决了这个问题。"

另一个引起问题的变化是油门、混合气和螺旋桨杠杆的左右顺序倒转。

2.28.2 经验教训

当对驾驶舱进行改变时,设计师应该仔细评估潜在的后果。在这方面,如果做出这些改变的人本身就是有执照的飞行员,那将是有帮助的。

2.29 小结

综上所述,飞机的操作经验表明,一系列反复发生的事件往往会造成严重后果,常见的事故如下。

(1)起飞时重心太靠前或太靠后。

(2)起飞时重量超过最大允许起飞重量。

(3)飞行中反桨。

(4)在结冰情况下失速和/或失去控制。

(5)起飞时没有适当的襟翼设置。

(6)飞行时不稳定进近。

(7)阵风锁啮合时起飞。

(8)起飞抬头时擦尾。

在许多运行情况下,由于存在的仪表问题、其他问题引起的注意力转移、低能见度、中度或严重颠簸,飞行员的任务变得更加困难。换句话说:飞行员的工作量太大了。笔者认为,将这些任务自动化将有助于减少事故和事件。

设计师和设计管理人员应该熟悉他们所从事的任何飞机类型的运行历史。这可能有助于降低这些问题的严重程度和发生频率。

第3章 从结构设计中吸取的教训

"设计可检查和可维修的结构。"

——简·罗斯克姆博士(Dr. Jan Roskam),1990

3.1 概述

本章将回顾由结构设计所引起的一系列问题,介绍事故发生的原因,阐述解决方法和从事故中吸取的教训。附录 A 给出这些事故和其他设计领域的联系。

3.2 机翼接头的疲劳失效 Ⅰ

3.2.1 事故/事件概述

1948 年 3 月,一架私人飞机伏尔梯(Vultee)V - 1A(见图 3.1)在宾夕法尼亚州萨默塞特县以北 9 mile 处坠毁。机上 8 名成员全部遇难,飞机损毁。

图 3.1 伏尔梯 V - 1A(非事故飞机,图片来自皇家航空协会图书馆)

3.2.2 原因分析

参考文献 3.1 列出了事故发生的可能原因:"右侧机翼后梁下接头的钢耳片上的钢制环形板疲劳失效,引起了飞行过程中右机翼壁板和中央翼壁板分离"。

右机翼壁板在距离机身其余残骸 210 ft 外的位置被发现。检查中发现,疲劳失效发生在后梁接头下钢制凸耳的环形钢板上。而造成这起事故的原因是疲劳现象未能在常规的检查中被发现。

3.2.3　解决方案

为了避免疲劳,疲劳裂纹必须被尽早发现。只有当设计出来的受影响零件是容易被检查的时候,疲劳裂纹才更有可能被发现。因此,为了发现疲劳裂纹,受影响的零件需要设计成容易被检查的。

3.2.4　经验教训

按照现代标准,一个通过正常检测程序不完全可检的主结构是不能被审定认可的。设计师必须牢记于心,飞机所有的主结构都应该是易于检查的。

3.3　机翼接头的疲劳失效 Ⅱ

3.3.1　事故/事件概述

1948 年,一架西北航空的马丁 202(见图 3.2)在接近明尼苏达州上空的雷暴云时,失去了一个机翼。机上 37 人全部遇难。

图 3.2　马丁 202,上反角更改前[非事故飞机,图片由斯坦·皮特(Stan Piet)提供]

在事故发生后约 1 h,另一架西北航空的马丁 202 在穿越了同一雷暴云后降落。飞机降落后,检查发现该飞机用于连接机翼内段和机翼外段的一个楔形锻件上存在裂纹。

3.3.2　原因分析

参考文献 3.2 认为这起事故的可能原因是“由于左机翼的前外壁板接头设计错误,导致零件在飞机飞行时产生疲劳裂纹,该裂纹又因飞机穿越雷暴云时遭遇的多次严重湍流而迅速扩展,从而导致飞机左翼外壁板脱离。”

　　下面会解释这个接头存在的原因。图 3.3 展示了马丁 202 的逆航向视图，具有明显的 10° 上反角的特征。

图 3.3　马丁 202（非事故飞机，注意外侧机翼的大的上反角）

　　在飞机的早期飞行测试中，发现没有足够的上反角效应（即由于侧滑而产生的负滚动力矩）。这一点通过提高机翼的上反角进行了修正。为了从结构角度实现这一点，在机翼的梁上安装了一个楔形的锻件接头。这些接头在高应力区存在锐边，导致局部应力集中，从而引发早期裂纹。图 3.4 展示了这个接头及其在机翼安装的剖视图。

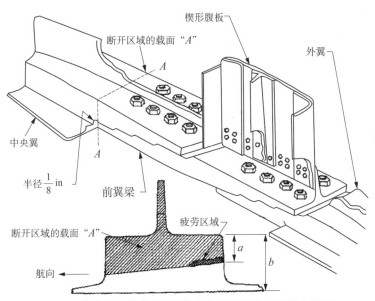

图 3.4　锻造接头的草图（图片由美国民用航空委员会提供）

3.3.3　解决方案

接头必须重新设计并替换所有马丁 202 运输飞机上的现有零件。

3.3.4　经验教训

（1）避免在关键结构的高载荷区域产生应力集中。

（2）不允许高承载结构零件存在锐边和锐角。关键设计审查应该关注这种情况。

3.4　必须注意座舱盖的受载

3.4.1　事故/事件概述

1951 年,在福克 S－14 喷气教练机(见图 3.5)的早期试飞过程中发现驾驶舱框在飞行中明显变形,从而产生间隙,导致泄压。

图 3.5　福克 S－14 马赫教练机［非事故飞机,图片由乔普・德・格鲁特(Joop de Groot)提供］

3.4.2　原因分析

事故的原因是座舱盖的吸力比预期的大得多。此外,锁销的数量太少,使得座舱框在负载下变形。

3.4.3　解决方案

使用钢材质的座舱盖进行一系列压力飞行测试以确定实际载荷。在此之后,座舱盖的连接结构以及锁销都完全进行了重新设计。

3.4.4　经验教训

在配有大型座舱盖的飞机中,这些座舱盖上承受的压力可能会非常极端。值得注意的是,赛纳斯在 1955 年研制塞斯纳 T‐37(见图 3.6)的过程中面临了同样的问题,英国电气公司在 1966 年进行 P1B 闪电飞行测试时也经历了同样的疑难。事实上,P1B 在早期飞行测试中曾两次丢失了座舱盖。

图 3.6　塞斯纳 T‐37(图片由圣地亚哥航空航天博物馆提供)

图 3.7　英国电气 P1B 闪电[图片由斯·佩特奇(S. Petch)提供]

一个有趣的问题是,为什么同样的教训会在三个不同的国家、不同的设计团队中出现如此多的次数。在现代飞机设计中,座舱盖载荷可以通过 CFD 估算,这对于节省大量成本来说十分有潜力。

3.5 结构设计中的验证

3.5.1 事故/事件概述

1953 年的夏天,笔者在英国卢顿的珀西瓦尔飞机有限公司当一名工程学徒,第一个任务是验证结构设计、载荷路径和计算彭布罗克·珀西瓦尔(Percival Pembroke)飞机(见图 3.8)的翼尖延伸区的应力。

图 3.8　彭布罗克·珀西瓦尔飞机[非事故飞机,图片来源:参考文献
3.3,由西尔维斯特夫人(Mrs. B. Silvester)提供]

为此,笔者获得了所有相应图纸的副本,这些图纸已经用于制造原型。彭布罗克·珀西瓦尔是"王子"(Prince)的稍大版,双发,由螺旋桨驱动,上单翼,是实用类的运输飞机。

笔者发现设计中存在一个重大缺陷,这将会在首次飞行中导致翼尖脱落。然而事实是,这种有缺陷的设计早已被应用在了第一架原型机上。

3.5.2 解决方案

笔者提出了重新设计,并获得了批准和应用。

3.5.3 经验教训

飞机的所有飞行关键结构设计都应由工程师进行交叉检查,不包括初始设计工程师。这对结构设计和分析的部门来说是非常重要的经验教训。

3.6 气密循环导致的疲劳失效

3.6.1 事故/事件概述

1954 年 1 月,一架德·哈维兰公司制造的彗星 1 型(De Havilland Comet 1)

图 3.9　德·哈维兰彗星 1 型飞机[非事故飞机,图片由西尔维斯特夫人(Mrs. B. Silvester)提供]

飞机(见图 3.9)坠入意大利斯特龙博利岛附近的海域中,无人生还。

所有彗星飞机暂时停飞。在对其结构设计标准进行了集中且深入的调查之后,没有发现重大问题,于是在 1954 年 4 月,该型号飞机被允许复飞。然而两周后,另一架彗星飞机也发生了类似的事故,这次是在意大利厄尔巴岛的附近。这一次,该机型的适航合格证被撤回,整个机队停飞。

3.6.2　原因分析

参考文献 3.4 第 15～21 页对事故原因进行了讨论。即使当时怀疑事故是由疲劳造成的,但也都没有真正确认,因为当时没有一架彗星飞机飞到接近 18 000 次起落的设计寿命。在第一次事故发生后,最老的一架彗星被带到了法恩伯勤的皇家航空研究院。在那里,机身被淹没在一个大水罐中,启动了一系列的增压-减压循环。在经历了相当于 9 000 飞行小时测试后,试验件失效了。研究人员排干水箱后,在机身上发现了一个巨大的裂口,这与出事的第一架、第二架彗星残骸上的裂口非常类似。至此,事故的原因已经确定:疲劳裂纹始于自动方位搜寻器(automatic direction finder, ADF)天线顶窗的一角。一个非常细小的疲劳裂纹在该窗一角的铆钉孔萌发并迅速扩展,最终撕裂了部分机身。

3.6.3　解决方案

由于这些事故和随后非常详细的调查,不仅使机身具有高压差的喷气式飞机的设计方式发生了改变,其试验的方式也发生了改变。

现代飞机机身的蒙皮很重,尤其是在门窗区域。此外,窗户做得更小,更圆,以避免应力集中。所有机身结构都有止裂特征,以防止像彗星 1 型飞机那样大的失效的出现。

现在,所有新设计的运输机机身都必须进行水箱疲劳测试。

3.6.4 经验教训

当一架飞机可能会在新的环境中运行时,设计工程师应当提出所有适当的"假如……怎么样"问题,以确定新的设计是否妥当。

3.7 垂尾颤振

3.7.1 事故/事件概述

1959 年,康维尔 880 的原型机(见图 3.10)在俯冲试飞时垂尾失效。飞机最终安全着陆。

图 3.10 康维尔 880

3.7.2 原因分析

原因被证实就是颤振。垂尾的工程数学模型上的一个错误被认定为主要原因。

3.7.3 解决方案和经验教训

准确的颤振预测需要非常仔细地注意沿着任何升力面的展长上的扭转和弯曲刚度分布来进行数学建模。必须正确对相对于结构弹性轴的质量分布进行建模。

3.8 天鹅使"子爵"坠落

3.8.1 事故/事件概述

1962 年 11 月,美国联合航空公司维克斯子爵飞机(见图 3.11)在马里兰州埃利科特附近坠毁。13 名乘客和 4 名机组人员均在事故中遇难。

3.8.2 原因分析

参考文献 3.5 将由于天鹅的碰撞使得左侧水平安定面的分离造成的失控视为可能的原因。

图 3.11　维克斯子爵 745D 型〔非事故飞机，图片由舒尔曼(D. Schulman)提供〕

对残骸的检查表明，两个水平安定面都受到鸟击。右侧安定面的损伤仅仅是表面的。但是，左侧安定面明显被一种大体型鸟类击穿了，这种鸟类被认定为天鹅。这些天鹅至少有 16 lb 重。图 3.12 展示了天鹅穿透结构的路径，致使左侧水平安定面结构受损以致于其在正常载荷下向下、向后坠落。

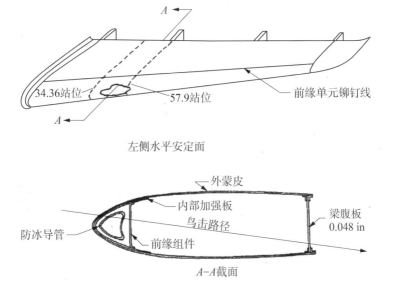

图 3.12　天鹅与左侧水平安定面碰撞的损坏路径(由美国民用航空委员会提供)

3.8.3　解决方案

这起事故发生在 1962 年。现代适航规章假定商用飞机的风挡玻璃在 250 kn 的速度下应能承受 6 lb 的鸟击，且风挡不能被穿透。对于主结构也有类似的规定。

　　究竟规定多大的一只鸟,在撞击飞机时认多大的速度才是合理的,这仍然是一个开放性的问题。

3.8.4　经验教训

　　鸟击已经在航空领域造成许多问题,并且还会继续引发很多问题。有一点很清楚:即使是相对较小的鸟,也会击穿机翼和尾翼的前缘,但只要对结构的损伤本质上是局部的,飞机就有安全着陆的可能。

　　下面的内容与本案例无关,但对于设计师来说,要铭记于心。如果鸟击飞机重要的液压管路、电器管路或者电缆等区域,那么极有可能发生飞机失控。因此,作为通用准则,这些系统不能放置在前缘位置。

3.9　一种新的颤振模式

3.9.1　事故/事件概述

　　当通用动力(General Dynamics)F - 111A(见图 3.13)进行飞行测试时,发现在动压下,可能会发生振动模式的耦合,这可能会导致颤振。

图 3.13　通用动力 F - 111A(非事故飞机,图片由 NASA 提供)

3.9.2　原因分析

　　由于 F - 111A 的后置发动机构型,后机身从结构角度来讲有一个 T 形截面。图 3.14 展现了这一点。

　　即使不是结构专家也能意识到,这会导致严重的扭转刚度问题。由于明显缺乏扭转刚度,一个新的颤振模式出现了:不对称的平尾弯矩驱动机身扭转,转而引起不对称机翼弯曲,反之亦然。

图 3.14　F‑111A 后机身横截面

3.9.3　解决方案

为了解决该问题,需要显著提高扭转刚度。相应地,需要提高后机身的重量。结果就是飞机的重心后移,大量的铅材料配重物需要被添加到机头舱室内。这两种因素都使得飞机的空载提升,任务效率降低。

这个问题本来应该在早期设计阶段就被发现的。事实上,波音在与通用动力竞争战斗轰炸机合同时就已发现这个问题(当然没有告诉竞争对手通用动力),那个时候该机型还叫 TFX(译注:TFX 项目分空军型和海军型)。波音建立了一个颤振模型,并且在风洞试验中发现了这种颤振模态。为了消除这种颤振模态,波音工程师决定在其空军型的飞机上使用钛合金的后机身结构。海军型的飞机(不需要在如此高的动压下飞行)还是采用传统铝合金结构。使用铝合金在一定程度上牺牲了一些通用性,但可以使重量维持在相当低的水平。(译注:TFX 项目最后中标的是通用动力 F‑111,其空军型号为 F‑111A,海军型号为 F‑111B)

通用动力工程师直到早期的飞行测试中才意识到这个问题。空载的增加使得飞机过重,难以进行一些运输工作。美国海军随后取消了 F‑111B 的一部分合同。海军随后发展形成了自己的战斗机格鲁曼 F‑14A 雄猫(Tomcat,见图3.15)。

图 3.15　格鲁曼 F‑14A(非事故飞机,图片由皇家航空社会图书馆提供)

美国空军坚持用 F-111A,并且为了保持合理的开发成本,决定降低任务要求,放弃低空超声速飞行。美国纳税人最终得到了一架性能相差甚远的飞机。

3.9.4　经验教训

当把合同交给一个很少进行信息通报的公司来做,并且该公司并未被要求进行公司之间的技术转让时,纳税人最终会得到一架性能很差的飞机。

3.10　腐蚀疲劳

3.10.1　事故/事件概述

1971 年 5 月,一架德·哈维兰 104 鸽子(Dove,见图 3.16)在亚利桑那州柯立芝附近坠毁。有人观察到飞机做了一个小的俯冲,当接近地面时,它的角度近乎垂直。2 名机组人员和 10 名乘客全部遇难。

图 3.16　德·哈维兰 104 鸽子[非事故飞机,图片由杜阿尔特(F. Duarte Jr.)提供]

3.10.2　原因分析

根据参考文献 3.6,这起事故的可能原因是"飞行中的失效以及右侧机翼的分离"。这种失效是由从腐蚀区域扩展到下根部主接头的疲劳断裂造成的。反过来,微动损伤是由设计缺陷造成的。这些设计缺陷是不可检的,因为补充型号合格审定过程以及改装大纲不足,难以确保其符合设计和检查要求。

读者应该了解 FAA 对飞机改装的批准流程是如何运作的。以下内容取自参考文献 3.6。

"事故发生前,在飞行到 1651 小时前,机翼下接头接受了涡流检查。这次检查是按适航指令 70-15-6 要求执行的。这次适航指令是由先前一次涉及鸽子系列标准型飞机的一起事故而引起的,该适航指令要求对所有德·哈维兰 104 机翼接头每 2 500 fh 进行一次检查。最后一次目视检查是在事故发生前的 2 周执行的。这次检查没有要求移除连接螺栓。

这种特殊的飞机经过改装,并获得了补充型号合格证(supplemental type certificate,STC) SA1747WE。STC 的日期为 1968 年 7 月 23 日,是发给加利福利亚州长滩的 von Carlstedt 公司的。

飞机改装包括安装两台 Airesearch TPE 331 系列发动机、增加机身长度和更改机翼油箱位置。von Carlstedt 公司将这项改装相关的工程分包给加利福尼亚州伯班克的斯特拉图工程(Strato Engineering)公司,各种接头的热处理分包给锡格纳尔山的 Comet Steel Treating 公司。

改装的一个重要方面是重新设计了机翼下部主根接头,以适应新的发动机安装和油箱重新定位。新接头(件号 CPD-2004)在结构上与原接头十分相似。这种相似性是设计获批的基础,无须进行补充的疲劳试验验证。

CPD-2004 接头的疲劳寿命取决于原始德·哈维兰的寿命,前提是新的接头维持验证原德·哈维兰接头疲劳试验时相同的精密公差和接头密封程序。1964 年,德·哈维兰公布了这些程序和公差的性质。此后,在疲劳测试期间,公司的下机翼接头不到其预期寿命的 25%。德·哈维兰确定这种过早的疲劳破坏是由接头腐蚀磨损引起的。

斯特拉图工程公司提交给 FAA 的关于 CPD-2004 接头的应力分析指出,接头的疲劳寿命取决于德·哈维兰公差的维持。然而,由斯特拉图工程公司准备、检查和发布,由 FAA 批准作为 STC 数据的一部分的工程图纸,指定了一个可能导致比疲劳分析中指定尺寸还大 0.002 2 in 的直径间隙公差。

CPD-2004 接头的疲劳寿命的预测也部分取决于材料的使用,目前这种材料比原接头的极限抗拉强度更大。相应的,图纸要求这种接头由 4130 钢制成,拉伸强度从 180 000 lb/in^2 热处理到 200 000 lb/in^2。然而图纸没有明确指定采用哪种热处理方式。根据用于此改装的《军事手册 5A》(*Military Handbook 5A*),由 4130 钢制成的具有像接头这样尺寸和几何形状的零件,不能沿着厚度截面完全硬化以达到指定的抗拉强度。《军事手册 5A》中图表显示,如要获得所需强度,应优先选择 4340 合金钢。

由于 NTSB 对目前用于空中出租车运营的飞机类型感兴趣,因此 NTSB 不仅评审了这架飞机的改装,而且还评审了这架飞机的制造过程。当对现有型号合格证进行的修改程度不足以要求一个新的型号合格证的要求时,将使用补充型号合格证。STC 被认为是对原 TC 的一个修正。

STC 的申请人必须证明更改后的产品符合规定的适航性要求。然而,FAA 有责任保证修改符合 CFR 的标准,并由 FAA 工程和制造人员在区办事处完成。

在实际实践中,对 STC 计划的大部分审查是由申请人的雇员完成的,这些雇员像 FAA 代表一样开展工作,并被称为委任工程代表(designated engineering representative,DER)。DER 的任命是在 FAA 的方便下任命的;他们受到与 FAA 员工相同的要求、指示和程序的指导;并且对其工作的审查程度部分取决于 FAA 地区人员对他们的能力的信任程度。

FAA 手册 8110.4《型号合格审定》中概述了授权 DER 的职责和责任。该手册指出,DER 有权批准特定数据(受限于 FAA 授权审查)或建议 FAA 批准数据。该手册还指出,在批准数据时,DER 必须完全确认所有相关 CFR 要求。他必须承担批准技术数据至少符合规定的最低适航标准的责任。但是,在结构和飞行测试区域担任 DER 的斯特拉图工程公司的总工程师作证说,在一个案例中,他在技术数据上的签名仅表明他已经审查了数据,并且他认为这是一份无误的文件。

在得出这一结论时,他批准了计算中使用的一般方法,但他没有检查数值准确性。他认为实际批准数据是 FAA 的责任。他还指出,作为 DER,他签署了图纸 CPD-2004,但并未检查其材料许用值。

该项目的另一位 DER 作证说,除 FAA 手册 8110.4 外,他没有收到有关其作为 DER 的职责和责任的指导。

除了负责设计充分性外,FAA 还负责确保改装后的飞机制造上符合设计图纸。飞机的制造符合性检查由当地地区办公室的 FAA 制造检查代表进行。一个承担了大部分制造符合性检查工作的检查代表说,这些检查是在抽样的基础上进行的。他还说,他没有得到地区工程人员的指示,说明他应该检查或校验什么。

尽管未发现材料选择/热处理标准的差异,但 NTSB 指出,制造检查代表根据其强度拒绝了该配件。该零件被拒绝是因为同一热处理批次的另一零件的硬度测试不在其硬度规格范围内,并且整个批次均被拒绝。

但是,检查代表没有继续跟进这些零件在之后是否按照他的要求检查确保其经过了适当的热处理。尽管从未最终确认该零件的接收程序,但随后仍安装了接头,飞机得到了审定。"

以下内容也取自参考文献 3.6。

"在审查此改装的设计时,NTSB 指出了两个错误,这些错误影响了接头 CPD‑2004 的疲劳寿命和承载能力。

(1) 未能将有关尺寸公差的信息从设计数据传输到制造零件的工程图。鉴于已知的德·哈维兰疲劳试验件的过早失效,并且该公司发现该失效与螺栓公差有关,因此对 NTSB 而言,这一遗漏似乎特别重要。尽管事故飞机中失效接头的变形使得孔的实际直径难以确认,但工程图上的孔公差标注比疲劳分析中指定的要大得多。间隙过大可能会在孔壁上引起较高的轴承应力。因此,NTSB 得出结论,间隙的增加可能会导致疲劳的产生。

(2) 在零件热处理时选择在接头的各个部分中不能均匀硬化的合金(4130)。这导致接头的平均抗拉强度低于应力分析中使用的值。NTSB 认为,这种较低的强度也可能导致接头的过早失效。

除了这两个设计错误对事故原因的影响外,审定程序的其他方面也是重要的。例如,如果 DER 正确地审查了设计数据和工程图,则可能已经检查到上文所讨论的两个错误,这些数据和工程图实际上是通过在其上附加签名或首字母来批准的。但是,NTSB 指出,DER 的相关人员并不完全了解与该职位相关的责任。同样,如果制造检查代表对热处理接头的整个批次驳回后进行了跟进,则很可能会发现设计图上错误的热处理标注。

因此,允许对飞机进行型号合格审定批准的因素似乎来自 STC 审定工作实施的程序。从理论上讲,该系统应该运行良好,但是,正如本案例所实施的那样,它使这个问题继续扩大。回想起来,很明显,如果有关各方之间能充分沟通,以及 FAA 对 STC 流程和实施该审定工作的各方存在更多监视,都可能避免这一事故再发生。"

3.10.3　解决方案

笔者认为,这一系列事件反映了审定过程的崩溃和失败。在这种情况下,结果显然是悲惨的。

在参考文献 3.6 中,NTSB 向 FAA 提出了以下建议。

(1) 为快速解决该问题,对所有根据 STC No. SA1747WE 进行了改装的德·哈维兰 104 鸽子飞机上的所有下部主梁根部接头(件号:CPD‑2004)进行一次性的金相检查,并予以批准。

(2) 审查适航指令 70‑15‑6 的充分性,并根据需要进行修订,以确保该接头有足够的服役限制。

FAA 同意这些建议,并暂停了这些飞机的适航证,直到采取补救措施。对于受影响的飞机,此补救措施包括在前梁下部安装钢制的连接带板,并用由 4340 钢制成的相同零件替换上部机翼接头。

NTSB 还得出结论,FAA 应重新评估其 STC 的审定过程,以确保在 STC 审定过程中质量控制的持续性。

3.10.4　经验教训

(1) 对于设计工程师来说,教训是飞机结构的所有飞行关键部件都应受到双重的仔细审查,包括①所有的计算;②计算前的任何假设;③关于制造公差的任何图纸标注;④特殊处理的所有标识。

(2) 对于制造人员来说,上一条的最后两个项目当然需要他们的特别仔细检查。

(3) 显然,在这种情况下,关于 DER 的委任代表系统存在问题。DER 的工作,就像飞行员一样,将人们的生命掌握在手中。他们的资格、培训、继续教育和对道德的理解应当成为授权 DER 过程的一部分。此外,还应该定期审查 DER 是否仍然有资格承担该委任工作。

3.11　后压力柜破坏 I

3.11.1　事故/事件概述

1971 年 10 月,一架维克斯先锋(Vickers Vanguard,见图 3.17)飞机在比利时上空坠毁。事故没有幸存者。

图 3.17　维克斯先锋(不是事故飞机,图片由赫尔默提供)

3.11.2　原因分析

事故原因已确定：后压力柜在巡航高度发生破坏(见参考文献 3.7 第 176～184 页)。客舱中的高压空气进入了未增压的后机身尾锥处，并从那里进入了水平安定面盒段。安定面盒段上的几块上部蒙皮由于在设计时未考虑承受来自内部的高压载荷而被撕开。这导致尾翼的大范围气流分离，进而使飞机抬头，随后主要的结构破裂。

调查还发现，压力柜破裂的原因是腐蚀引起的疲劳裂纹迅速扩展。但对机体进行正常检查时，腐蚀区域不易检测到。图 3.18 为压力柜安装的示意图。

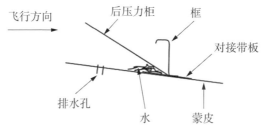

图 3.18　带有积水的后压力柜

注意，排水孔的不良位置会导致水的积聚，从而引起腐蚀。在正常的结构检查中，很难看到该特定区域，因此腐蚀一直未被发现。

3.11.3　解决方案

建议的解决方案如下。

(1) 在水易积聚的区域安装有效排水(必须总是在最底部区域)。

(2) 使所有主要结构部件从各个侧面都易于检查。

(3) 在后机身尾锥区域中设计压力释放系统，以防止由于任何原因引起的高压。

这次事故的结果之一是，从 A300 开始，所有空客飞机的后机身尾锥中都装有压力释放装置。这一设计决策取得了成效。

1973 年，泰国航空公司的 A310 因黑帮成员在后厕所试图自杀，手榴弹爆炸导致后压力柜破裂。爆炸在后压力柜上炸出了一个洞。后机身尾锥中的压力释放装置防止了飞机的进一步损坏，飞机安全着陆，甚至该黑帮成员也幸免于难。

3.11.4　经验教训

（1）所有主结构都应被设计得易于检查。

（2）如果后压力柜发生破坏，客舱中的高压气体造成严重损伤致使飞机无法控制是不可接受的。

3.12　裂纹扩展 I

3.12.1　事故/事件概述

1974 年 5 月，土星（Saturn）航空公司的洛克希德（Lockheed）L - 382（见图 3.19）在伊利诺伊州斯普林菲尔德附近坠毁。

图 3.19　洛克希德 L - 382（非事故飞机，图片由 www. al-airliners. be 和土星航空公司提供）

三名机组人员和一名航线监察员遇难。左机翼的外侧部分（包括 1 号发动机）在飞行中与机翼的其余部分断开。

3.12.2　原因分析

参考文献 3.8 显示，NTSB 确定最可能的原因是未发现的、已经存在的疲劳裂纹，在中等颠簸气流造成的严重气动载荷下降低了左侧机翼强度，导致破坏。

参考文献 3.8 第 9 页显示："对外翼站位（outer wing station, OSW）162 的断裂表面进行的金相检查显示，前梁下缘条因疲劳完全断裂。梁缘条在疲劳断裂的主要区域变形。对于 7075 - T6511 铝合金，对梁缘条的硬度和电导率的测试发现，对使用的 7075 - T6511 铝合金材料来说是正常的。梁腹板的下部包含大约 4.9 in 的疲劳裂纹，并带有间歇性拉伸撕裂。

机翼下蒙皮断裂是由于第一个紧固件孔处已存在的疲劳裂纹引起的，该裂纹位于梁缘条失效的主要萌生区域外侧 3/4 in 处。在机翼下蒙皮的疲劳断裂处可以观察到变形和多条裂纹。

进一步的研究表明,如果上述裂纹在事故发生前已存在,则只需要大约 60% 的机翼载荷就能使该 4.9 in 裂纹扩展。当裂纹扩展超过 4.9 in 时,下部蒙皮壁板中的应力强度因子将接近临界值,并将导致壁板中的裂纹不稳固。从那时起,蒙皮和腹板中的裂纹扩展同时发生。在这种情况下,可以预计机翼部分将会完全破坏失效。"

自 1969 年,对美国空军大力士(Hercules)飞机启动了疲劳裂纹监控项目。大约 700 架累积超过了 6 000 fh 的飞机接受过或正在接受调查。因此,洛克希德公司在 1971 年 10 月制定了工程更改建议(engineering change proposal,ECP)954。此 ECP 规划了疲劳预防改装包,该组件已应用于所有美国空军飞机。1 号发动机(左翼)和 4 号发动机(右翼)附近的前梁开裂记录显示有 36 例,其中有 11 例裂纹发现在 156 站位至 162 站位之间。

但事故飞机没有安装此机翼改装包。

从图 3.20 可以看出,疲劳裂纹并不总是容易识别的。某些裂纹萌生可能被其他结构的遮挡。

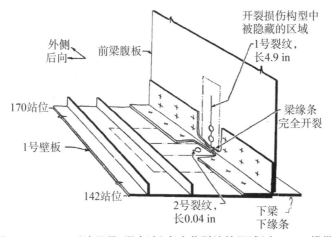

图 3.20　N14ST(注册号,译者注)中疲劳裂纹的区域(由 NTSB 提供)

3.12.3　解决方案

作为 NTSB 调查的结果,FAA 发布了适航指令 74 - 12 - 06(修正案 39 - 1867)。此 AD 要求检查所有适用的洛克希德飞机。如果在指定的检查区域发现裂纹,则需要根据洛克希德服务公告 382 - 169A 进行维修。没有裂纹的飞机需要每隔1000 fh进行一次检查。已维修过的飞机则无须定期检查。

对所有美国注册的L-382飞机的检查显示,一架飞机的前梁下缘条处在外翼站位(OWS 160)整个截面开裂,该飞机的飞行小时超过了16 000 fh。

3.12.4　经验教训

(1) 在使用有限元方法进行结构分析之前,很难预测疲劳可能导致适航问题的疲劳的所有区域。如今,考虑到某些特定用户的载荷谱,确定结构关键区域中的实际应力水平相对容易。因此,FAA可能要求以这种方式分析所有新飞机。

(2) 结构中被认为对飞行至关重要的所有区域都是可检查的。设计人员应确认可以尽早完成此工作。使用当今的计算机辅助设计方法,此工作也变得更加容易。

3.13　水平安定面破坏

3.13.1　事故/事件概述

1977年,丹纳尔航空公司的一架波音707(见图3.21)前往赞比亚卢萨卡机场,在最后进近着陆阶段坠毁。该事故没有幸存者。

图3.21　波音707(非事故飞机,图片由www. al-airliners. be和丹纳尔航空提供)

3.13.2　原因分析

原因被确定为右侧水平安定面在飞行中出现结构破坏,破坏的产生是由于在一条线上的多个孔同时有裂纹萌生和扩展,且这些孔具有相似或接近的应力水平。

3.13.3　解决方案

这种特殊的结构破坏案例导致了对飞机结构设计和审定的重大改进。非常有趣的是如参考文献第 30 页所示的以下内容。

"1978 年之前,CAR 4 b. 270 和 14 CFR § 25. 571 要求根据疲劳强度或破损安全强度要求的规定,对可能导致飞机灾难性破坏的飞机结构进行评定。如果未证明该结构能够承受使用中预期的变幅重复载荷,则其必须具有破损安全设计。设计特征破损安全结构是指单个主要结构元件(primary structural element,PSE)疲劳破坏或明显部分破坏后,不会出现对飞机飞行特性有不利影响的灾难性破坏和显著的结构变形。在单个 PSE 发生破坏后,剩余的结构必须能够承受与所需的剩余强度载荷相对应的静态载荷。如果破损安全的理念不切实际,则使用安全寿命理念对结构进行审定。使用安全寿命进行审定的结构最常见示例是起落架部件和与活动面相关的结构。"

卢萨卡事故证明,这些理念是不充分的,因为波音 707 飞机的安定面是依据破损安全要求进行审定的。

事实证明,在卢萨卡事故中积累的结构损伤不容易发现。因此,在 1978 年 10 月 5 日发布了 25-45 修正案。该修正案增加了损伤容限的理念。引用自参考文献 3.9:

"损伤容限是结构的属性,它允许在结构承受给定水平的疲劳、腐蚀和离散源损坏后,在一段使用时间内保持其所需的剩余强度。25-45 修正案要求完成结构的损伤容限评定,以确定最可能的损伤位置,并提供需要对关键结构进行直接检查的检查大纲。损伤容限评估理念基本上取代了破损安全和安全寿命设计理念。"

3.13.4　经验教训

结构设计人员的教训是,结构的所有关键区域(即最可能出现损坏的区域)必须易于检查。

卢萨卡事故发生后,波音公司和 FAA 通告其他运营商检查具有类似服役历史(飞行周期和飞行时间)的波音 707 飞机。一些运营商做了检查,并发现飞机安定面也接近破坏。这一检查工作防止了更多严重事故的发生。

3.14　升降舵结构破坏

3.14.1　事故/事件概述

1984 年 12 月,一架普罗温斯敦-波士顿航空公司的 EMB-110P1 飞机(见图 3.22)在佛罗里达州杰克逊维尔附近坠毁。全部 11 名乘客和 2 名机组人员遇难。

图 3.22 巴西航空工业公司制造的 110P1[非事故飞机,图片由埃利斯·切尔诺夫(Ellis. M. Chernoff)提供]

3.14.2 原因分析

参考文献 3.10 指出问题可能的原因是"升降舵控制系统或升降舵配平系统的故障导致飞机产生俯仰控制问题。飞行机组纠正俯仰控制问题的反应使左升降舵控制杆承受了过大的应力,从而导致不对称的升降舵偏转和水平安定面结构的应力过大破坏。"

NTSB 无法确定为何升降舵配平调整片偏转至后缘最上位置,但它就这么发生了。

结果是飞机突然向下俯冲,飞行员试图通过以高拉力向后拉升降舵操纵装置来纠正这种运动。此动作在左升降舵控制杆中产生了压缩载荷,该载荷超过了控制杆的设计强度并导致其断裂。图 3.23 为升降舵控制装置的图示。

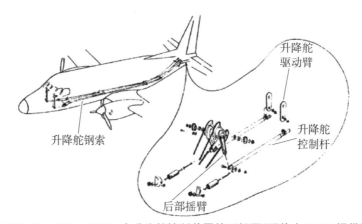

图 3.23 EMB‐110P1 中升降舵控制装置的透视图(图片由 NTSB 提供)

　　在失去左控制杆约束的情况下,左升降舵立即对完全向上偏转的调整片产生的气动力做出反应,并迅速向下偏转。同时,左控制杆的断裂导致飞行员控制杆上的高拉力完全转移到完整的右升降舵控制杆上,这就迅速迫使右升降舵向上偏转。在大约 170 kn 的空速和差动升降舵偏转的同时作用下,水平安定面上产生了极高不对称气动载荷,超过了前部连接结构的强度。

　　如图 3.24 所示为安定面连接结构。事故中,水平安定面以顺时针扭转的方式从机上脱落。

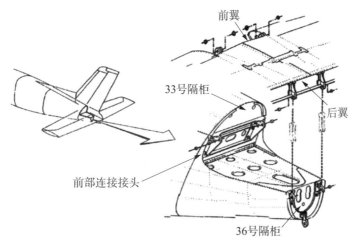

图 3.24　EMB‐110P1 水平安定面的连接结构(图片由 NTSB 提供)

3.14.3　解决方案

　　参考文献 3.10 提及,NTSB 确认该飞机依据 1969 年飞机审定时生效的载荷和强度准则进行了合适的审定。

　　NTSB 还发现,设计标准和审定要求都不包括对水平安定面的反对称气动加载的结构设计载荷考虑。NTSB 认为,因为在没有其他可能使飞机产生无法控制的故障时,不可能产生这样的载荷工况,因此非对称载荷工况是不合理的设计考虑。

　　但笔者不认可这个观点。由于升降舵控制杆破坏是由飞行员控制力引起的,因此应当被预测并且得到纠正。

　　由于飞行中的结构破坏总是引发有关审定流程的问题,因此成立了专门的审定评审小组来评估设计载荷准则。

　　在参考文件 3.10 的第 39 页中,NTSB 提出:

　　"特别审定评审报告没有特别外置飞机的审定工作,因为这起事故和飞机的控制系统强度或者配平系统失控保护有关。NTSB 对此感到担忧,因为此次事件中飞行控制系统主要部件的破坏是因飞行员施加的载荷而导致的,尽管载荷由两名飞行员施加,均以接近最大强度的力拉动其控制轮。尽管两个飞行员的拉力所产生的总载荷远远超过了飞机飞行包线内可产生的反作用气动载荷,但可能需要这样的拉力来克服来自飞行控制状态下的卡塞。CFR 强调飞行控制系统的强度要求自 EMB‐110P1 和 P2 审定以来一直保持不变,其规定飞行控制系统强度的设计应能承受飞行员对系统的最大拉力,该最大拉力被定义为施加到升降舵控制轮的 238 lbf(编注:1 lbf＝4.45 N)。包括升降舵控制杆在内的 EMB‐110P1 和 P2 飞行控制系统的强度远远超过了这一要求。在进一步考虑系统的设计强度时,施加在后摇臂上的载荷通常分配在左右升降舵控制杆之间,每个都应能够承受一个飞行员可以施加的最大控制系统力。此外,左右升降舵控制杆是冗余设计的,因为任一杆的飞行中的故障仅导致在故障一侧的升降舵失控。可以通过其余升降舵控制飞机的俯仰。然而,冗余考虑的谬误是升降舵高度偏转的配平调整片的影响,如该事故所示,会导致主定面的非对称加载。NTSB 承认,EMB‐110P1 和 P2 飞行控制系统的设计强度符合审定标准。此外,该事故的情况是特殊的,飞行员绝望地用最大的力操作,因为升降舵配平调整片已完全偏转了。然而,NTSB 还是认为升降舵控制系统应具有足够的强度,以承受两位飞行员的最大拉杆力。"

　　自事故发生以来,加拿大运输局(Canadian Transportation Agency,CTA)和 FAA 都要求运营人在 EMB‐110P1 和 P2 飞机上安装强度更高的升降舵控制杆。

3.14.4　经验教训

　　在具有两个飞行员的飞机的控制系统设计中,系统本身应设计为能够承受两个飞行员同时向驾驶舱控制杆施加的最大作用力。不管是否在规章之内,这似乎都是"正确"的事情。

3.15　后压力柜破坏Ⅱ

3.15.1　事故/事件概述

　　1985 年,一架载有 509 名乘客和 14 名机组人员的日航波音 747(见图 3.25)在日本坠毁。只有 4 名幸存者生还。该事件的详细描述见参考文献 3.11

图 3.25　波音 747 原型机(非事故飞机,图片由波音提供)

和参考文献 3.12。

3.15.2　原因分析

事故原因是确定的,即飞机后压力柜壁在巡航飞行中破坏,流入后机身尾锥的高压空气造成了结构严重损伤,导致气流大量分离。这导致了严重的横向振动,破坏了起到纵向和方向飞行控制的所有四个液压系统管线。垂直尾翼也与飞机分离,液压系统随之失去所有液压油。因此飞机基本上无法控制,导致最终坠毁。

由于维修上的失误,导致金属快速疲劳,从而引发压力柜壁的破坏。图 3.26 显示了后压力柜壁的横截面。

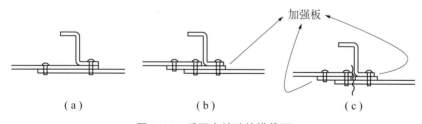

图 3.26　后压力舱壁的横截面

(a)原始结构;(b)预期修理后结构;(c)错误维修结构

3.15.3　解决方案

所有波音 747 飞机都必须进行改装,增加设备如下:①后机身尾锥区域的液压系统中增加止回阀;②后机身尾锥区域增加压力释放装置。

3.15.4　经验教训

（1）对于设计工程师来说，熟悉过去的事故和事故报告是很有必要的。设计师要是阅读了3.10节中描述的事故报告（发生在1971年，本事故的整整十四年前！），压力释放装置就会被自愿安装上，飞机当时可能会保持可操纵。

（2）另外，由于压力柜破坏似乎是有规律的，因此设计人员最好牢记这一点，并确保这种破坏是良性的，不会造成灾难性后果。

3.16　裂纹扩展Ⅱ

3.16.1　事故/事件概述

1988年4月，一架阿罗哈（Aloha）航空公司的波音737（见图3.27）遭受了机身爆炸性释压。一名空乘被气流卷走，推测已丧生。最终，飞机安全着陆。

图3.27　波音737的模型（图片来源：geminijets. com）

3.16.2　原因分析

确定事故原因是未发现上部机身蒙皮壁板存在广布疲劳损伤（widespread fatigue damage，WFD）。该飞机用于岛际服务，每天增压循环多达16次，总共进行了89 680次飞行。参考文献1.3和参考文献3.13～参考文献3.15包含了有关此事故的详细信息。

根据参考文献3.13的第49页，其中一名乘客在登机时看到了机身上的裂缝。她没有向任何人提到这一点。事故发生后，她被要求在另一个未受影响的737指出这一部位。她指出的区域后经证实是破坏开始的区域。

下文引自参考文献 3.15(第 48～49 页)。

"如果波音 737 通常在一个工作日内经历一个或两个加压和减压循环,岛屿之间的短途飞行意味着阿罗哈飞机正在经历这种反复的加压和减压的模式,频率是一般飞机的六到七倍。此外,这些热带岛屿周围温暖、潮湿,盐分和空气的结合形成了最具腐蚀性的大气环境。湿气渗透到壁板之间的连接处,并且使这些壁板之间的胶结失效时,就会由将壁板固定在一起的铆钉来承受增压和减压的全部应力。

调查人员更仔细地检查了这些铆钉,发现钉孔是沉头的,以便沉头铆钉可以与蒙皮齐平安装,尽可能地减少空气阻力。但是,问题在于斜切部分一直穿透了蒙皮的顶层,在每个孔的底部都留下了锋利的圆形边缘(见图 3.28)。

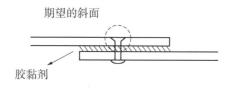

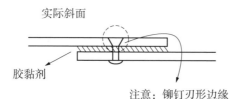

图 3.28 实际和期望的铆钉安装

由于铆钉在每个加压-减压循环中都受到应力和松弛作用,因此这些锋利的边缘在每个铆钉处给疲劳裂纹的产生提供了绝佳的条件。

通常,疲劳裂纹在到达旨在限制其行程的加强构件之前只能延伸一小段距离。然后,它们只能垂直于原始方向延伸,因此,如果问题未得到纠正并且发生了减压,一个小的缝隙就会被打开,空气就会从孔中涌出,不会直接导致结构的损坏。在这个事件中,似乎整排铆钉都出现了疲劳裂纹,形成了一条断裂线,该断裂线跨越了整个的长桁加强件。结果是,当裂纹导致壁板的部分失效时,损伤能够从一个机身部分延伸到下一个机身部分,直到整个上部机身蒙皮壁板被分离气流撕开"。

3.16.3 解决方案

下文摘自参考文献 1.3,第 31 页。

"由于这次事故,FAA 和工业界对许多'老龄'飞机提出了研究倡议:

(1) 发布描述必要修改和检查的服务公告。

(2) 制订检查和预防大纲以解决腐蚀问题。

(3) 制订老龄飞机的通用结构维护大纲指南。

(4) 审查和更新描述检测疲劳开裂的程序的结构检查文件(supplemental structural inspection documents,SSIDS)。

(5) 进行结构维修的损伤容限评定。

(6) 编制程序以排除机队中的 WFD。"

3.16.4 经验教训

(1) 飞机的所有主要结构(包括压力舱的蒙皮)都应易于检查。

(2) 在某种程度上,阿罗哈航空公司使用的外部喷漆方案使裂纹的目视检查非常困难。因此,教训是:从可检性的角度来看,涂装越少越好。

3.17 货舱门铰链设计

3.17.1 事故/事件概述

1989 年 2 月,美国联合航空公司的一架波音 747(见图 3.29)的货舱门在飞行中意外打开(见参考资料 3.16 第 31~47 页和参考文献 3.17)。

图 3.29 波音 747[非事故飞机,图片由埃利斯·切尔诺夫(Ellis Chernoff)提供]

客舱侧壁板结构上被撕开了一个大洞。包括 8 名仍被安全带绑在座位上的乘客在内的 9 名乘客被吸出飞机(这些乘客之后再也没有找到)。由于结构碎片被吸进 3 号和 4 号发动机,机组人员必须将其关闭。结构碎片还在其他几个区域对飞机造成了重大损坏。机组人员在檀香山成功紧急降落。

3.17.2　原因分析

调查显示,因为在出发前没有正确闩在适当的位置,货舱门被吹开了。更详细的调查显示了门闩机构设计存在各种缺陷(见参考文献 3.17)。

当人们检查飞机的侧面损坏(见图 3.30)时,得出的结论是,一旦门在飞行中打开,门铰链结构就会连带撕下客舱蒙皮的很大一部分,就如同撕开沙丁鱼罐头一样。

图 3.30　飞行中货舱门打开造成的损坏(图片由 NTSB 提供)

3.17.3　解决方案

FAA 根据 NTSB 的建议发布了许多涉及闩机构的适航指令,以防止货舱门再次被意外打开。笔者认为,NTSB 和 FAA 都没能指出门铰链结构设计上的问题。

3.17.4　经验教训

无论如何,应仔细设计和检查货舱门闩机构,此类门都有可能再次发生事故。在笔者看来,门铰链结构的设计准则应包含即便破坏也不会撕开飞机的蒙皮。设计师应该在未来的设计中考虑这一点。

3.18 涡旋脱落引起的垂直尾翼疲劳

3.18.1 事故/事件概述

在麦克唐纳-道格拉斯 F-18A 早期使用过程中(见图 3.31),人们发现垂直尾翼连接到机身的接头出现严重的疲劳迹象。

图3.31 麦克唐纳-道格拉斯 F-18A(图片由 NASA 提供)

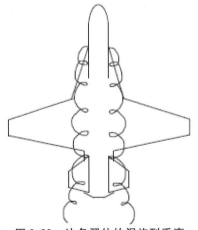

图3.32 边条翼外的涡旋到垂直尾翼的路径

3.18.2 原因分析

事件发生的原因是边条翼的涡旋脱落,从机翼跑到了机身。如图 3.32 所示为涡旋路径的草图。

在机动飞行过程中,这些涡旋会在尾翼安定面的底部施加较大的动载荷。参考文献 3.18 给出了此类涡旋的 CFD 模拟。

3.18.3 解决方案

该事件的解决方案是对垂直尾翼连接件结构进行细致的重新设计和制造。

3.18.4 经验教训

这个事件是可以被提前发现的。通过水洞研究,可以确定在何种攻角和侧滑角时,涡旋会撞击飞机的垂直尾翼。知道了战斗机在训练和战斗中经历的机动程度就能知道飞机的动载荷谱,然后就可以在详细结构设计中应用。

3.19　忽略设计指导引发的事故

3.19.1　事故/事件概述

1995 年 9 月,一架马加尔·酷比(Magal Cuby)Ⅱ超轻型飞机(见图 3.33)在加拿大阿尔伯塔省勒加尔附近坠毁。

图 3.33　马加尔·酷比Ⅱ超轻型飞机[非事故飞机,图片由普雷斯特鲁德(Presterud)提供]

目击者报告他们听到一声很大的响声,然后看到一些碎片从飞机上掉下来。他们还观察到飞机左翼的外部少了一块。飞行学员和他的教练都在事故中遇难。

3.19.2　原因分析

参考文献 3.19 描述了此事故的发生原因。如图 3.34 所示为典型的前翼梁和后翼梁横截面的设计者草图,其指示了应使用的木材类型和纹理方向。如图 3.35 所示为制造方使用的实际布置结构。

下文摘自参考文献 3.19。

"对飞机破坏的左侧机翼的检查表明,它们不是按照设计师的草图建造的。经检查发现,失效的翼梁的纹理方向与设计要求的方向成 90°,并且直线度不佳。翼梁缘条和腹板的尺寸不足;3/16 in 的红木取代了草图中要求的 1/4 in 的杉木胶合剪切腹板。此外,梁缘条木质材料是道格拉斯冷杉而不是西加云杉。进一步的检查表明,飞机机翼的结构稳定性值得怀疑。这个飞机上的任何形式的特技机动,尤其是需要以高攻角才能进入的特技机动,都是很危险的。以前左侧机

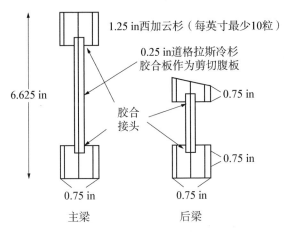

图 3.34　翼梁横截面草图(图片由加拿大运输安全委员会提供)
注：本图未按比例绘制

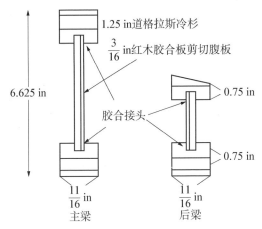

图 3.35　事故飞机的实际翼梁横截面(图片由加拿大运输安全委员会提供)
注：本图未按比例绘制

型翼尖和织物的修理使左侧机翼曾经出现损伤。同时,飞机缺少合适的机翼检查口盖,从而无法对内部机翼结构进行充分的定期检查。"

3.19.3　解决方案

虽然超轻型飞机不需要满足适航审定要求,但我认为他们不应该被豁免。

3.19.4　经验教训

（1）对于不需要适航的飞机，在其结构图中添加设计师的说明，包括材料规范和尺寸等，可能是很有必要的。

（2）设计或制造不能被定期检查的飞机结构是一种伦理道德上的错误。

第4章 从飞行操纵系统设计中吸取的教训

> "如果操纵装置或电缆线可以以错误的方式进行安装，
> 它们就会被安装错。"
>
> ——墨菲定律的铁证

4.1 概述

本章将回顾飞机操纵系统设计中出现的一系列问题，介绍事故发生的原因，阐述解决方法和从事故中吸取的教训。附录A给出这些事故和其他设计领域的联系。

4.2 靠近热源的飞行操纵装置

4.2.1 事故/事件概述

1944年，在韦斯特兰旋风一号（Westland Whirlwind Ⅰ，见图4.1）的一次试飞中，右副翼出现故障（见参考文献4.1第264页）。副翼上浮，飞机开始向右滚转。试飞员通过使用仍在工作的左副翼使飞机成功着陆。

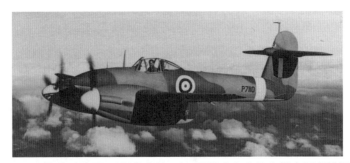

图4.1 韦斯特兰旋风一号（非事故飞机，图片由皇家航空学会图书馆提供）

4.2.2 原因分析

韦斯特兰旋风一号飞机副翼操纵拉杆的敷设路径靠近排气管。

在该次飞行中,排气管发生故障,热气弱化了副翼拉杆的能力,导致其在承压过程中发生故障。人们还发现,排气管失效的部分靠近主翼梁,该梁的失效将意味着机翼的灾难性故障,幸运的是这事并没有发生。

4.2.3 解决方案 I

排气管应布置在外部,以避开飞行操纵装置和翼梁。

4.2.4 经验教训

(1)一个好的设计规则是:永远不要让飞行操纵装置靠近热源。

(2)此外,切勿将飞机主结构暴露在热源下,除非该结构是经专门设计成可以承受高温的。

4.3 副翼偏转反向 I

4.3.1 事故/事件概述和原因分析

1946 年 8 月,在阿芙罗都铎 2 号(见图 4.2)的审定试飞项目中,由于面对来自洛克希德和道格拉斯[分别拥有星座(Constellation)和 DC - 4]的竞争压力,公司迫切希望加快进度。

图 4.2 阿芙罗都铎 2 号的模型(图片由 www.collectorsaircraft.com 提供)

在首次试飞中,人们发现飞机需要一个相当大的垂直尾翼和方向舵,其飞行操纵系统也须进行重大改装。在一次夜班轮班中,人们更换了新的操纵钢索,包括副翼操纵钢索。

虽然难以置信,但这些改装是在没有图纸和程序的情况下进行的(见参考文献 4.2 第 12 页)。此外,在工作完成后,没有进行操纵系统功能检查,飞机也没有签字确认就准备飞行。

第二天,在滑行试飞时,机组人员没有注意到副翼钢索被错误地装反了。结果,飞机起飞后失控坠毁,无人生还。

4.3.2　解决方案

在对飞机构型和飞行操纵系统进行重大改装后,在飞行前,对飞机飞行操纵系统进行功能检查应作为一个标准程序,这是从本事故中汲取的经验教训。

另外,在维修或改装后的首次飞行滑行前,飞行员应对飞行操纵系统的功能进行验证。

4.3.3　经验教训

在新飞机放飞之前,制订、记录并遵守飞机的检查程序至关重要。

4.4　飞行中突风锁被啮合

4.4.1　事故/事件概述

1947年10月,一架美国航空公司的道格拉斯DC‐4(见图4.3)执行了一次大机动。结果导致5名机组成员和49名乘客中的30人受了轻伤,飞机受到轻微损坏。

图4.3　道格拉斯DC‐4(非事故飞机或航空公司,图片由赫尔默提供)

4.4.2　原因分析

根据参考文献4.3,事故的可能原因是在飞行过程中,在飞行员不知情的情况下发生了突风锁的啮合和脱开。

驾驶舱内有三位飞行员,其中一位坐在跳伞座位。飞行过程起初很顺利,直到在没有控制输入的情况下飞机开始爬升。为了纠正爬升,机长(pilot-in-command,PIC)将升降舵调整片的控制轮向前滚动,这通常会引起机头姿态向下,然而,飞机继续爬升。PIC 继续向前滚动升降舵调整片的控制轮,这导致了飞机的机头抬高或爬升姿态的增加。然后,PIC 试图将升降舵调整片控制轮恢复到原来的位置。在他完成这个动作之前,飞机猛烈地向下俯冲,飞机执行了部分低头-抬头-低头循环,但实际上,飞机变成了倒立。

PIC 和坐在跳伞座位上的飞行员没有系好安全带,他们被甩到了驾驶舱顶部,意外地撞到了顺桨控制器,从而使 1 号、2 号和 4 号螺旋桨处于顺桨状态。坐在右侧座位上的飞行员系好了安全带,从而保持在座位上,他设法将飞机从倒立的位置上翻转过来,在离地面 300～400 ft 的地方重新获得了控制权。1 号、2 号和 4 号螺旋桨被解除顺桨,飞机在得克萨斯州的埃尔帕索进行了正常的、计划外着陆。

由于剧烈的俯冲和翻滚,许多没有系好安全带的乘客被抛向机舱。机翼除冰气囊的一部分被损坏,机舱内部的衬垫也被撕破。

飞行员对调查人员的陈述表明,坐在跳伞座位上的飞行员在飞机处于平飞状态时启动了突风锁。其他飞行员表示,他们没有意识到这个动作。飞机开始爬升,在将升降舵调整片操纵轮向机头下方滚动时,PIC 问道:"自动驾驶开启了吗?"在得到否定的回答后,他想到突风锁在飞行中可能被啮合,于是操纵调整片来抵消它的影响。在这之前,坐在跳伞椅上的飞行员松开了突风锁杆,由于弹簧的作用,突风锁回到了解锁的位置。这时,升降舵可以自由地被调整片移动,而调整片被置于上偏最大位置或机头向下的位置。升降舵突然猛烈地移动到向下的位置,导致飞机像前文描述的那样猛烈地俯冲下来。

4.4.3　解决方案

坐在跳伞座位上的飞行员被解雇,他的飞行执照也被吊销。

4.4.4　经验教训

(1) 从设计的角度来看,应该提出这样的问题:"在飞行中,突风锁是否应该/有可能啮合?"

(2) 坐在驾驶舱或乘客舱时不系安全带是个坏主意。

4.5　螺旋桨叶片切断控制装置 I

4.5.1　事故/事件概述

1948 年 2 月,美国东方航空公司的一架洛克希德 L-649 星座飞机(见图 4.4)在从拉瓜迪亚飞往西帕尔米海滩的途中,在海洋上空飞行时,3 号螺旋桨发生故障,导致叶片切断了操纵钢索、电线和发动机控制装置,并使一名机组工作人员死亡。

图 4.4   洛克希德 L‑649 星座飞机(非事故飞机,图片由 www. prop-liners. com 和美国东方航空提供)

飞机迅速减压,产生剧烈的振动,所有的飞行和发动机仪表都无法读取。4号发动机继续运转,但无法控制。在 1 号和 2 号发动机的控制下,飞机改航到佛罗里达州的邦内尔(Bunnell)紧急降落,在紧急撤离过程中,几名乘客受了轻伤。

4.5.2   原因分析

参考文献 4.4 指出,可能的原因是发动机故障累积引起螺旋桨叶片的高应力而导致其失效。

调查显示,机身内的损坏只限于厨房部分。该部分大致在内侧螺旋桨的平面上。在厨房地板下的右侧,有三束电缆,其中包括大约 500 条单独的电线、控制所有四个发动机的油门和混合气设置等的钢索,以及操纵升降机和方向舵调整片的钢索。几乎所有的电线都被切断了,所有的调整片操纵钢索和 4 号发动机的油门操纵钢索也均被切断。

对 3 号发动机的检查显示,螺旋桨和螺旋桨轴以及连接的固定减速器、小齿轮和前部的部分都不见了,已掉进了大海。

对 3 号发动机的运行历史详细检查发现,在其大约 1 186 h 的运行历史中(自最后一次大修后有 461 h),报告不正常的情况很多。事实上,这比同类的发动机多了三倍。

这种持续存在的一系列发动机故障应该构成一个警告,即发动机后来可能会出现更严重的问题(这些现在被称为前兆)。

对发动机的检查发现了六个严重的问题,包括轴承、平衡器的损坏,点火装置的故障以及发动机支架上止动螺母的丢失。

测试表明,所有这些因素都将会增加螺旋桨的应力水平,超出正常预期。

4.5.3　解决方案

(1) 发动机制造商更改了该型号发动机平衡器的设计。

(2) 调查获得了很多关于发动机累积故障存在潜在危险的知识,再加上已知 3 号发动机的服役经历,NTSB 发现这些特定的螺旋桨叶片(汉密尔顿-标准 2C13)与这种类型的发动机[莱特(Wright)74 9C18BD‐1]一起使用时是有裕度的。

4.5.4　经验教训

(1) 发动机、飞行操纵系统钢索和飞行关键的电缆应受到保护,以避免螺旋桨叶片故障带来的破坏,或采用冗余的布置。

(2) 在服役中,频繁的发动机故障应报告,并在更严重的问题发生之前得到修复。

4.6　单向装配设计

4.6.1　事故/事件概述

1954 年 6 月,美国大陆航空公司的一架康维尔 340 飞机(见图 4.5)在起飞后遇到了严重的操纵困难,实施了机腹紧急着陆。

图 4.5　康维尔 340(非事故飞机,图片由赫尔默提供)

没有人死亡,但 8 名乘客中有 2 名受重伤,机组人员和其他几名乘客受轻伤。飞机严重损坏。

4.6.2　原因分析

参考文献 4.5 指出,这次事故的可能原因是"由于承运人依赖制造商的图解零件目录作为维修参考,使得右升降舵调整片的惰轮装反了,造成右升降舵调整片拉杆故障,从而导致了飞机的失控。"

　　飞机起飞后,机组人员感受到飞机有轻微的振动,但将其归结为主起机轮旋转的原因。机长在收回起落架的过程中踩了刹车,但振动却越来越严重。在离地面约 75 英尺处,振动突然停止,飞机呈现出机头向下的姿态。两位飞行员都用尽了力气拉驾驶杆,才使飞机没有撞到地面。让飞机抬头的配平也收效甚微,机长决定直接做机腹着陆,并成功完成。

　　通过对右水平安定面和升降舵的检查,没有发现外部损坏。然而,人们注意到,右升降舵调整片卡在了上偏 24°或飞机机头向下的位置。配平铰链点前缘的蒙皮上发现了比较大的痕迹和缺口。打开舵面下表面的检修门,发现通常从作动器组件延伸到升降舵铰链轴惰轮的拉杆已经失效。该故障发生在拉杆后端接头附近。连接到惰轮上拉杆的自由端将升降舵结构梁底部边缘戳出了一个孔,并楔入这孔里,其以这样的方式将调整片牢牢地卡在其上偏最大(即飞机机头向下)位置。

　　将安装好的组件与康维尔的相关图纸进行比较,发现惰轮和拉杆都被装反了。惰轮和拉杆之间的干扰是由反向的惰轮造成的。

　　大陆航空公司的维修记录显示,公司维修人员已将右升降舵调节片组件拆下,重新安装并检查。这项工作是在事故发生前 15 h 进行的,目的是消除组件过大的装配间隙。在重新安装和装配的过程中,使用了康维尔公司的维修手册和制造商的图解零件目录作为参考。

　　参考的维修手册中的一个图显示,惰轮是一个直的设计部件,而实际的部件是弯曲的。同时,手册也错误地描述了前部和后部拉杆的内、外侧关系。

　　为了确定弧形惰轮的安装方式,查阅了制造商的图解零件目录。该参考资料正确地显示了左侧升降机调整片惰轮组件的爆炸图,包括其左惰轮。由于右侧升降舵调整片组件的设计与左侧不同,它单独出现在左侧组件的下面,但在同一张图中。它被显示为弧形,正确地描述了实际的设计。因此,对于右边的组件,有必要用右边的惰轮来代替左边的。该公司表示,根据对这幅图的传统解释,左边的组件将被正确安装。但是,如果按照右边组件的要求替换右边的惰轮,并按照同样的传统解释,结果将导致相反的惰轮安装。

　　安装完成后,机械师告诉检查员他是如何安装惰轮的。检查员使用相同的参考资料,同意机械师的解释并批准了这项工作。按照规定的程序对该组件进行了功能测试,结果是正常的。随后的测试显示,在惰轮反转的情况下也能获得正常的指示。如果检查程序要求在升降舵最大偏度情况下操纵调整片,就会发现有干涉。

4.6.3　解决方案

（1）对所有康维尔 340 飞机抓紧开展检查。发现有 4 架飞机在服役时，其惰轮的安装状态是颠倒的。其中两架据称是直接从制造商那里购买的；另外一架飞机的拉杆被是发现弯曲的，证明在检查前的一段时间内，惰轮的安装颠倒了。这些飞机的总飞行时间从 1600 h 到 3000 h 不等。

（2）鼓励美国民用航空委员会（Civil Aeronautics Board，CAB）重新加强 CAR 18.30 的宣贯，其内容如下。

"执行标准：通用。所有的维护、修理和更改都应按照局方批准或接受的方法、技术和措施来完成。"

4.6.4　经验教训

（1）将所有飞行的关键部件设计成单向装配方式。因为墨菲定律指出，如果一个部件可以以相反的方式装配，它就会那样被装配。

（2）在维护和修理飞行关键部件后，建议应对系统在其行程范围内进行检测，以确保没有干涉。

4.7　副翼偏转反向 Ⅱ

4.7.1　事故/事件概述

1953 年 6 月，美国西部航空公司的一架道格拉斯 DC-3A（见图 4.6）在一次大修后的例行飞行测试中，在起飞后不久坠毁。两名机组成员受伤，机上的一名公司检查员遇难。

图 4.6　道格拉斯 DC-3A（非事故飞机，图片由梅尔·劳伦斯提供）

4.7.2　原因分析

参考文献 4.6 指出,可能的原因是"副翼操纵钢索和滑轮的安装颠倒了,而检查部门没有发现这个错误"。

通过对操纵系统的检查表明,驾驶杆内副翼操纵钢索被安装颠倒了。具体来说就是,位于两个驾驶杆弯头处的两个导向滑轮,一个是铝制的,一个是米卡塔的,在组装时被互换了位置。

显然,这个错误是由于机械师认为大修手册中的图的角度是从机长的一侧在向前看。这张图所表达的内容比较模糊,因为它没有对图中的驾驶盘进行说明,也没有明确是哪个方向的视图,但该图的说明表明,它其实是副驾驶驾驶盘的后视图。其结果是副翼的偏转方向发生了逆转,而机械师并没有意识到他的错误,在工作单上签了字,认为检修结果令人满意。

两个驾驶杆都安装在飞机上,检查员(即该事故的死者)在飞机大修记录上签字,表示他对工作很满意。最后检查了驾驶盘与副翼在全行程范围内相对应的运动情况,它们全行程内都能自由运动,但没有注意到副翼的偏转方向与驾驶盘的是相反的。

当试飞员登上飞机时,进行了"自由"操纵检查,但没有注意到运动方向。

4.7.3　解决方案

NTSB 认为,该公司的维修程序应该更加明确,操纵装置与其所控舵面偏转方向的一致性应该是最后检查的一部分。西部航空公司在他们的 DC‐3 大修手册中进行了适用性修改。

4.7.4　经验教训

(1)将所有飞行关键部件设计成单向装配方式。因为墨菲定律指出,如果一个部件可以以相反的方式安装,它就会被装反。

(2)在对飞行操纵系统进行维护或大修后,要验证飞行操纵的正确性。

这些教训显然很难吸取。2006 年,光谱(Spectrum)VLJ 原型机在起飞后立即坠毁,原因是副翼操纵钢索安装不正确。

4.8　螺旋桨叶片切断控制装置Ⅱ

4.8.1　事故/事件概述

1957 年 8 月,一架美国航空公司的道格拉斯 DC‐6A(见图 4.7)在起飞时遇到了 3 号螺旋桨的叶片故障。

图 4.7 道格拉斯 DC‑6A 模型(图片由 geminijets.com 提供)

故障的叶片击中了机身,切断了许多操纵钢索、液压管路和电线管路,导致机械的和方向的控制几乎完全丧失。起飞失败,飞机受到严重损坏,但机组人员没有受伤。这是一架货运飞机。

4.8.2 原因分析

参考文献 4.7 指出这起事故的可能原因是"冷弯导致的螺旋桨叶片失效。"

断裂的螺旋桨叶片的很大一部分从右到左穿过机身的下部,切断了 38 根控制电缆,使其他 74 根电缆无法使用。

断裂的叶片随后击中了 2 号螺旋桨的桨尖和螺旋桨罩,使其断裂并导致油从桨罩处泄漏出来。

操纵钢索被切断或以其他方式损坏,使得所有的油门和混合气控制以及所有的主燃料和辅助燃料选择器都无法使用。1 号和 2 号发动机的防火墙关闭钢索被切断,点火开关无法使用,大部分电气仪表和警告电路也被切断。由于液压和空气管线的损坏,液压和紧急制动系统无法工作。

对螺旋桨叶片失效原因进行的详细分析表明,3 号螺旋桨叶片出现了疲劳痕迹,经证实,断裂区域的残余应力在产生过程中受到了冷弯载荷的影响。

4.8.3 解决方案

NTSB 的结论是,没有采取足够的预防措施来防止叶片因冷弯载荷残余应力发生故障带来的影响。

4.8.4 经验教训

(1) 参考文献 4.7 并没有在任何地方质疑发动机控制系统的设计完整性。

想象一下,如果这是一次客运飞行,且叶片故障发生在飞机升空之后,会发生什么? 那时,一次故障就可能造成严重的生命损失。

(2) 这架飞机设计中使用的发动机控制系统设计的认证标准要求比较低。

4.9　升降舵助力系统螺栓脱落

4.9.1　事故/事件概述

1961 年 9 月,一架跨世界航空公司的洛克希德 L-049 星座型飞机(见图 4.8)在伊利诺伊州芝加哥中途(Midway)机场以西约 9 英里处坠毁。

图 4.8　洛克希德 L-049 星座飞机(非事故飞机,由图片 www. propliners. com 和环球航空公司提供)

在预定航线上爬升时,飞行 5 min 后,飞机出现了纵向失控并坠毁,机上的 78 人全部遇难,飞机完全损毁。

4.9.2　原因分析

参考文献 4.8 指出,这次事故的可能原因是"升降舵助力系统的平行四边形连杆上的 AN-175-21 镍钢螺栓脱落,导致了飞机的失控。"

该飞机配备了一个转换机械装置,以便在液压系统发生故障的情况下,机组人员可对升降机直接进行机械控制。我们发现,在驾驶杆上施加很大力的情况下,操作这个转换系统会非常困难。由于平行四边形连杆中的螺栓脱落了,所以升降舵会向上偏转,飞行员的本能反应是推驾驶杆,在此场景下,切换到机械操纵升降舵是有问题的。

从飞机残骸可以看出,水平尾翼在飞行中与飞机分离。这是因为升降舵后缘向上偏转了约 40°。在尾翼故障期间,升降舵在某一时刻向上偏转了 40°,这一点从右外侧的端肋被背鳍和方向舵压碎并留下印记的事实中可以看出。

在发生了几起涉及海军 R7V 和空军 C‑121 飞机(同一飞机的军用型号)的事故后,空军对星座飞机的升降舵系统进行了分析。一些测试表明,当施加 100 磅或更多的杆力时,不能总是完成切换操作。

美国联邦安全委员会认为,紧急切换系统的设计理念是有问题的。

螺栓脱落最可能的原因(尽管这无法确定)是,在最后一次安装平行四边形时遗漏了扁销键,螺栓逐渐旋出脱落了。尽管对该地区进行了详细的搜索(包括对事故现场的泥土进行筛查),但仍无法找到该螺栓。

4.9.3　解决方案

FAA 对《"星座"飞行手册》进行了修订,加入了"关闭不可控升降舵助力功能的程序"。他们认为,鉴于"该飞机自 1946 年认证以来的良好服务历史",要求改变飞行控制系统的设计是没有必要的。

4.9.4　经验教训

(1) 一个维护错误导致了一次致命的坠机(若算上军方遇到的同一问题,共发生三次)。设计工程师应该在设计飞行关键系统时考虑这一点。

(2) 此外,如果设计了机械备份,即使在紧急情况下,驾驶舱的操纵力施加到系统上,也应该可以切换到备份系统。

4.10　克服电动调节片故障的升降机操纵力变得太大

4.10.1　事故/事件概述

1962 年 9 月,一架由阿什兰石油和炼油公司运营的洛克希德 L‑18 北极星(Lodestar,见图 4.9)在飞行中失去了右翼,在俄亥俄州米尔顿湖附近的一块田地上坠毁并燃烧。飞行员、副驾驶和 11 名乘客遇难。

4.10.2　原因分析

在参考文献 4.9 中指出,可能的原因是"电动调整片装置发生故障,导致飞机无法控制,随后机翼失效。"

升降舵配平驱动装置和两个升降舵调整片钢索鼓轮被发现处于相较飞机机头完全向下的位置。失效的机翼被发现受到了很大的负气动载荷。

根据参考文献 4.9,右翼面板的故障与机头完全向下的配平指示似乎是相互关联的。

安装在这架飞机上的电动纵向配平系统需要一个很大的驾驶杆力来克服有

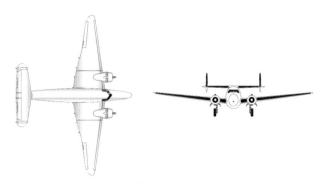

图 4.9　洛克希德 L‑18 北极星飞机

害的升降舵配平。在后重心、空速 170 kn 的情况下,飞机机头每向下配平一度大约需要 30 磅力。

如果不加抑制,升降舵调整片的偏转速度大约是每秒 5°,从中立位置到全机头向下 25°位置,需要大约 5.5 s。

将驾驶杆的力与时间相关联,飞行员需要施加大约 150 lbf 来克服第一秒有害的机头向下的配平。在两秒后,所需的超控力将是这个数字的两倍。

如果在这起事故发生之前,在机头向下的方向上进行了纵向配平(有意或无意),并且出现了失控的配平状态,飞行员的自然反应可能是向后拉驾驶杆来抵抗飞机低头,或者通过反向配平,或者两者兼而有之。任何纠正行动必须在 1 s 内完成,在这个时间内,操纵力已经达到了人类能力的极限。

从有害的配平开始到右翼的灾难性故障,可能只有几秒钟的时间。

4.10.3　解决方案

在 NTSB 向 FAA 提出建议后,发布了立即停用 L‑18 飞机上的斯巴达 (Spartan)电动纵向操纵系统的指令。

该指令发布后,对 STC SA2‑183 进行了修改,现在需要一个额定功率为 0.12 hp(编注:1 hp＝735.5 W)、转速为 4 000 转/min 的驱动电机;而不是原来的 0.17 hp、转速为 8 500 转/min 的电机。此外,这一修改限制了升降舵调整片的行程,使其在机头向下 5°和机头向上 10°之间。所有使用斯巴达电动纵向配平系统的 L‑18 飞机都必须遵守此修改的规定。

4.10.4　经验教训

(1) 这次发生的事故是可以预见的,本应通过适当的设计加以避免。当时驾驶杆力的计算是众所周知的。人类能力的极限也是众所周知的。很难理解,在没有这样分析的情况下,这个 STC 是如何被批准的。

(2) 无论在 STC SA2-183 时代适用哪种法规,追求具有这种(完全可预测的)后果的 STC 是不道德的;

(3) 这个案例表明了 DER 体系的严重崩溃。

4.11　俯仰配平失效逆转了升降舵杆力-速度梯度

4.11.1　事故/事件概述

1964 年 2 月,美国东方航空公司的一架道格拉斯 DC-8(见图 4.10)在路易斯安那州的庞恰特雷恩湖坠毁。所有的 51 名乘客和 7 名机组人员全部身亡。

图 4.10　道格拉斯 DC-8 模型(图片由 geminijets.com 提供)

4.11.2　原因分析

参考文献 4.10 指出,这次事故的可能原因是纵向配平部件位置异常,导致了飞机在湍流中的稳定性性能下降。

为了了解这次事故是如何发生的,有必要介绍一下 DC-8 纵向飞行操纵系统。图 4.11 是该系统的示意图。

以下材料引用自参考文献 4.10。

通过升降舵或可动水平安定面对飞机进行纵向控制。升降舵通过两个独立的钢索系统与升降舵控制片(伺服片)相连,通过驾驶杆(左或右)进行操纵。升降舵与水平安定面后梁的扭矩管连接在一起,这个系统的摩擦力是 5~6 lb。升降舵后缘的独立片(调整片)为飞行员的控制输入提供气动助力。

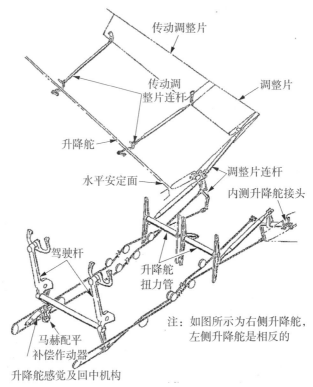

图 4.11　升降舵操纵系统示意图(图片由 NTSB 提供)

　　大部分飞行员的杆力(在这里,实际上是驾驶杆力)是由一个带有两个相对的弹簧载荷感觉装置提供的,该装置建立了一个中立点。

　　在高速飞行中,有一种趋势:机翼的气动中心后移,导致飞机的低头力矩增大。这种特性对于在高马赫数飞行的后掠翼飞机是相当普遍的。在 DC-8 中,这种趋势被俯仰配平补偿器(pitch trim compensator,PTC)系统抵消了。在低海拔、高动压状态下,也需要 PTC 的运行,以改善飞机的杆力-速度梯度特性。

　　PTC 由一个模拟计算机、一个电作动器、弹簧连接装置和一个机械指示器所组成。计算机在高空感知马赫数,在低空(低于 20 000 ft)感知动压(指示空速)。计算机向作动器提供电指令信号,作动器实际移动副驾驶的驾驶杆。作动器从 $Ma=0.7$(或指示空速 310 kn)开始,位移和速率增加到 $Ma=0.88$(或指示空速 410 kn)。最大的输入是 36 lb 的杆力。PTC 的启动是通过连接在副驾驶驾驶杆左侧的柔性钢索外壳的柱塞的延伸来向飞行人员显示的。指示器的显示量与 PTC 作动器的伸展程度之间没有可测量的关联。位于操纵台左侧的三档开关允许正常操作,在弹簧加载测试位置对系统进行测试。还有一个超控位置,在发生故障时可用于缩回作动器。

图 4.12 为载荷感觉机构(升降舵载荷感觉弹簧)和 PTC 配平作动器的工作示意图。图中没有显示 PTC 指示系统的工作情况。

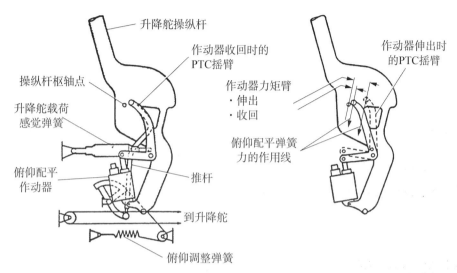

图 4.12　PTC 操作示意(图片来自《DC‐8 飞行研究指南》)

图 4.13 显示了 PTC 作动器控制律与马赫数和动压之间的关系。

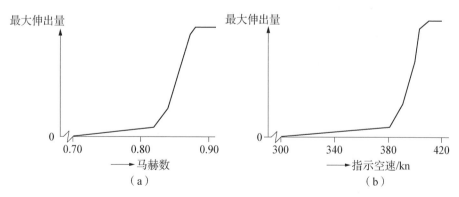

图 4.13　马赫数和指示空速的 PTC 作动器控制律(来自《DC‐8 飞行研究指南》)
(a) 高于 20 000 ft;(b) 低于 20 000 ft

图 4.14 显示了 PTC 对只有马赫数的杆力‐速度梯度的影响(20 000 ft 以

上）。注意,PTC 对 $Ma=0.7$ 以上,特别是 $Ma=0.8$ 以上的杆力-速度梯度有强烈影响。如果没有 PTC 的运行,飞机会表现出不稳定的杆力-速度梯度,根据飞行品质规定,这是不可接受的。

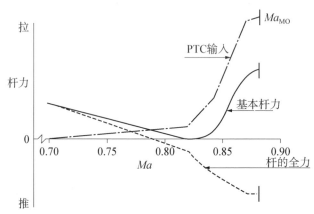

图 4.14　PTC 对 20 000 ft 高度以上的杆力-速度特性的影响(来自《DC‐8 飞行研究指南》)

因此,在 PTC 失效的情况下,飞机不能以 0.8 马赫数以上的速度飞行。

在 20 000 ft 以下的高度,动压也有类似的情况(但这里没有显示)。当指示空速大于 310 kn 以上,飞机也不能运行。

DC‐8 的纵向配平是通过液压或电驱动水平安定面来完成的。液压马达以 $0.5°/s$ 的速度在 $-10°$[后缘向上或机头向上(ANU)]到 $+2°$[后缘向下或机头向下(aircraft nose down,AND)]的范围内配平。

通过操纵驾驶杆上的双极开关,或通过并排安装在中控台上的分体式"手提箱"手柄来驱动液压配平马达。

电动配平电机以 $\frac{1}{17}°/s$ 的速度配平,由中控台上的双极开关驱动,或由自动驾驶仪驱动。

两台电机都通过差动齿轮向驱动轴提供动力,驱动轴上安装有一个双链轮组件。链轮通过剪切铆钉连接到驱动轴上,每个链轮通过滚子链将驱动装置的旋转传递到一个不可逆转的作动器上。任何一组剪切性铆钉的失效都会使水平安定面锁定在最后的位置上,并且不能再操纵。水平安定面位置的指示是通过在中控台左侧刻度上的一个"小指针"的前后移动来实现的。

飞机的纵向控制也可以通过自动驾驶仪来完成,自动驾驶仪利用升降舵偏转来初步保持选定的俯仰姿态。一个自动配平耦合器感知升降舵扭矩信息,当扭矩值达到给定值或时间间隔时会产生水平安定面配平指令。

系统中的"失控"或矛盾会导致自动驾驶仪的电源中断,警告灯亮起。

这架 DC‑8 的俯仰姿态信息是由柯林斯(Collins)105 进近地平线提供的,在参考仪器全黑背景下,通过"微型飞机"的移动来获得。没有俯仰姿态变化的度数指示,而俯仰变化率有显示,变化如表 4.1 所示。

表 4.1　俯仰变化率的显示

姿态范围	显示比例
0~20°	0.033 in/°
20~70°	0.012 in/°
70~85°	0.006 in/°

因此,当俯仰姿态变化达到 20°,即使实际俯仰速率是常数时,仪表指示了可能减小的俯仰速率。同理,如果姿态超过 20°,显示的飞机对控制输入响应速率将比实际响应慢一些。

对飞行控制系统的描述到此为止。现在回到事故上。

这架飞机是在 PTC 失灵的情况下(机组人员都知道)被派遣的,并且降低了巡航速度。在爬升阶段,有中度至严重的湍流,飞行在仪表气象条件下进行。

对飞机记录的审查显示,PTC 已经被更换了 8 次,其中 4 次是在运行的最后一个星期。在事故飞行的前七天,尽管 PTC 指示器已失效,但报告表明 PTC 仍在使用。

事故发生时安装的 PTC 电脑,自 1960 年以来已经从不同的飞机上拆下 15 次。事故发生后,人们发现美国东方航空公司和其他 DC‑8 运营商的功能测试甚至无法检测出某些计算机故障。

飞行维护日志还显示,在过去 30 天的运行中,有 11 次自动驾驶仪出现故障:两次航线偏航、六次纵向控制问题、三次自动断开。

从残骸中可以看出,水平安定面作动器的丝杠离全部 AND 的配平设定值剩余不到一圈。

在飞行测试中发现,DC‑8 在速度 300 kn、后重心爬升构型与最大连续推力和 PTC 不工作的情况下,其杆力‑速度梯度基本为零(注:这与规章的要求相反)。

在 FAA 试飞员进行的另一次飞行测试中发现,在重心为 24%(比事故飞机的计算重心位置向前约 1%）时："……在完全伸展 PTC，速度约为 220 kn，飞机配平到之前的机头向下最大值（＋2°）的情况下进行操纵。据观察，任何试图用升降舵系统操纵飞机的行为都会导致飞机的操纵稳定性的急剧变差。"

另一位试飞员报告说，对 DC‐8 在非正常情况下的操纵特性进行飞行测试，例如 PTC 伸展到 0.5°机头向下的安定面设置，在 220 kn 的巡航构型中发现："……杆力存在不稳定性。这种缺乏杆力稳定性的情况是由于当 PTC 伸展时，杆的中立位置被转到载荷感觉弹簧的一个非常平坦的部分造成的。这个区域的载荷感觉弹簧的低梯度被控制系统的摩擦力所掩盖，这使得飞机只能通过操纵杆位置飞行。在任何正常姿态下，包括 45°转弯飞行时，飞机在围绕配平点的小空速增量下都是中性稳定的，并且会保持 45°协调转弯的手感，直到速度改变。当速度变化为 10 kn 时，飞机表现出典型的不稳定，并且根据情况，这种不稳定性将继续增加或减少，直到受到抑制。"

现在大家都知道，从飞行员的角度来看，飞机对升降舵偏转的响应速度对飞机性能的影响非常大。再加上在仪表气象条件（instrument meteorological conditions，IMC）中飞行，一个俯仰姿态指示系统不准确，PTC 不工作，水平安定面驱动失效（几乎是 AND），飞行员很可能会失去对飞机的控制。

NTSB 还得出结论，水平安定面驱动装置中的一个支撑衬套装反了，这将使驱动装置最终发生故障，而在事故飞行中它确实发生了故障。

4.11.3　解决方案

尽管报告中包括以下结论（见参考文献 4.10 第 57 页），但参考文献 4.10 并没有包含具体的改革建议。

（1）姿态指示器很小，背景是实心的，在夜间很难辨认。

（2）姿态指示器的俯仰指示是"向下的"，但不是以度数为索引的。

（3）这架飞机速度稳定性很差，甚至根本不稳定，试飞员以为每 g 杆力特定也不稳定。

4.11.4　经验教训

（1）在目视气象条件（visual meteorological conditions，VMC）和 IMC 下，若飞行控制系统中有不影响签派的失效部件，飞机的飞行品质必须是良好的。

（2）在获得认证之前，若飞行控制系统中有不影响签派的失效部件，则必须在现实可预期的条件下进行飞行试验。

（3）这一悲剧是有许多先兆的。"安全监督体系"必须更好地处理这些先兆所发出的警告。

（4）鉴于 4.11.3 节的第 3 项,很难理解这架飞机是如何获得认证的。

4.12　俯仰阻尼器的极性接反

4.12.1　事故/事件概述

1964 年 5 月,一架洛克希德 C‑141(见图 4.15)军用运输机从华盛顿州塔科马附近的麦考德(McCord)机场爬升。收回襟翼后不久,飞行员就启动了俯仰阻尼器,这是为飞机爬升到巡航高度而规定的部分操作。飞机随即开始了一系列的短周期发散振荡。经过几次震荡后,g 值上升到令人担忧的水平,机组人员不知道发生了什么。幸运的是,这时飞行员想起了有人教他的东西,如果你在飞机上遇到了麻烦,试着解除你最后做的事情。飞行员解除了俯仰阻尼器,振荡就平息了。飞机顺利着陆,没有出现其他问题。

图 4.15　洛克希德 C‑141(非事故飞机,图片由洛克希德-马丁公司提供)

4.12.2　原因分析

事实证明,在之前的一次飞行中,俯仰阻尼器发生了故障。诊断结果有个速率陀螺仪出故障。在一夜的维修中,安装了一个新的速率陀螺仪。然而,进行维修的机械师不小心把陀螺仪的线路接反了。结果,俯仰率-升降舵反馈回路中的信号的符号被颠倒了,并且阻尼器使飞机不稳定。有关原因的详细讨论,请参见参考文献 4.11 第 11 章。

单向配合连接器

单向配装线束

图 4.16　关键线路单向配合的建议示意

4.12.3　解决方案

　　飞行操纵系统中关键设备的导线束应设计成单向装配方式。图 4.16 提出了两种实现这一目标的方法。

4.12.4　经验教训

　　墨菲定律一次又一次地发生！应通过采用单向装配的设计方式来防止飞行关键系统的错误接线。

4.13　锁定升降舵的起飞 I

4.13.1　事故/事件概述

　　1967 年 12 月,边疆航空公司的一架道格拉斯 DC-3 货机(见图 4.17)在从科罗拉多州的斯特普尔顿国际机场起飞时坠毁。两名机组成员都遇难了。

图 4.17　道格拉斯 DC-3[非事故飞机或航空公司,图片由查洛纳(H. Chaloner)提供]

4.13.2　原因分析

　　调查显示,飞机起飞时右升降舵上带着一个外部突风锁。NTSB 确定,可能的原因是机组人员没有进行起飞前的控制检查,导致飞机在锁定升降舵的情况下起飞。

4.13.3　解决方案和经验教训

　　这是在 DC-3 和类似飞机上经常发生的问题。设计师应该记住的一个解决方案是将突风锁置于驾驶舱操纵器件上,并使其非常显眼。

4.14　飞行操纵系统中的弹性止动螺母

4.14.1　事故/事件概述

1970 年 4 月,一架塞斯纳 340(见图 4.18)试验机的伴飞机飞行员观察到试验机俯冲、倒转,然后进入了拉平盘旋,没有改出,试飞员坠亡。

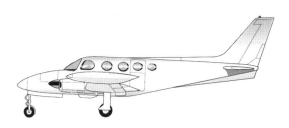

图 4.18　塞斯纳 340 的生产版本

4.14.2　原因分析

发现原因是升降舵调整片上一个弹性止动螺母松动了,导致操纵调整片拉杆上的螺栓脱落。这使得调整片摆动了几次之后,卡在了调整片上偏的方向。而这需要超过 300 lb 驾驶杆拉力以克服它的影响,而这超出了飞行员的能力。

4.14.3　解决方案

弹性止动螺母被替换成了一个槽形螺母,它通过锁线与螺栓连在一起,以防止螺母旋转。

4.14.4　经验教训

弹性止动螺母不应使用在主或次飞行操纵系统中。所有的螺母都应是这样一种类型:可以与它们的螺栓连在一起,以防止旋转。槽形螺母是实现这一目的的首选方式。

4.15　因外来物导致操纵系统受阻

4.15.1　事故/事件概述

1970 年 9 月,一架跨国际航空公司的道格拉斯 DC - 8 - 63F(见图 4.19)在从纽约肯尼迪国际机场起飞时坠毁。

观察到飞机抬头到一个过高的姿态。飞机升空之后继续抬头,超过 60°。然

图 4.19　道格拉斯 DC - 8 - 63F 模型(图片由 geminijets. com 提供)

后它向右滚转了大约 20°,反向并向左又滚转了 90°,并以这种姿态坠毁。机上的 11 名机组成员全部遇难。

4.15.2　原因分析

在参考文献 4.11 中,NTSB 确定了这次事故的可能原因是"一个尖锐的、被沥青包裹着的物体卡在了右升降舵前缘和水平安定面后部翼梁肋检修门之间,导致俯仰失控。由于这种极不寻常的未知情况造成的升降舵运动的限制,机组人员没能及时发现,也就没中断起飞。然而,由于机组人员对极不寻常的情况明显缺乏响应,再加上机长没有对起飞情况进行充分的监控,导致未能中断起飞。"

为了理解为什么会出现这种情况,我们有必要重新审视一下 DC - 8 系列飞机的纵向飞行操纵系统。图 4.11(在 4.11 节)展示了这个系统的原理图。

该系统是一个可逆的机械系统。飞行员可直接操纵升降舵调整片(每个升降舵的内侧有一个)。在飞行中,当飞行员向后拉驾驶杆时,调整片向下偏转,这就产生一个铰链力矩推动升降舵后缘向上偏转。升降舵的运动由位于每个升降机外侧的调整片辅助。

这种操纵系统的一个众所周知的问题是,当飞行员在地面上停机时操纵驾驶杆,只有调整片会偏转,而升降舵不会。在大多数采用可逆式操纵的飞机上,滑行前的标准检查是检查驾驶舱操纵装置是否可以自由移动。意思是说,如果驾驶舱的操纵装置可以自由移动,升降舵也会跟着移动。在 DC - 8 上却不是这样。

因此,DC - 8 的一个标准检查是在起飞过程中稍微启动纵向操纵(但低于飞机的抬头速度),以验证飞机是否有反应。如果飞机对纵向操纵的输入没有反应,那么就必须放弃起飞,由于这是在抬头速度以下进行的,所以被认为是安全的。在更高的速度下中断起飞会有潜在的危险。

现在可以理解,当升降舵因某种机械原因(如异物)被卡阻的情况下,驾驶舱的操纵装置仍可自由移动。

调查显示,在事故飞机上,当飞机开始起飞时,升降舵后缘向上偏转了约11°,飞机开始以 80 kn 的速度抬头。一旦在这个位置上升降舵被卡住,就没有足够的俯仰操纵能力来纠正飞机的姿态。

显然,在这次起飞过程中,机组人员没有发现飞机的响应能力不足,也没有中断起飞。

值得注意的是,在最初的 DC‐8 系列飞机中,驾驶舱内没有升降舵位置指示器。后来增加了这样一个系统,但不是所有的飞机都有。

4.15.3　解决方案

在参考文献 4.11 中,NTSB 向 FAA 提出了四项建议。

(1) 所有 DC‐8 的运营商都应被告知升降舵被异物卡阻可能造成的危险情况。

(2) 所有 DC‐8 运营商都应被告知,在起飞过程中出现过早或不可接受的抬头时,应该中断起飞,直到制定出能够检查升降舵位置情况的合适程序。

(3) FAA 应对 DC‐8 飞行操纵系统进行评估,以期建立一个从驾驶舱检查系统的标准程序。

(4) 应考虑要求在所有 DC‐8 飞机驾驶舱内安装一个升降舵位置指示器。

4.15.4　经验教训

飞行操纵系统的设计者可以很容易地预知,这种类型的事故会在某个时候发生。若对一架飞机进行认证,在起飞前其飞行控制系统的功能不能很容易被检查,这似乎确实不合理。

4.16　方向舵接头故障

4.16.1　事故/事件概述

1971 年 6 月,美国西部航空公司编号 N3166 的波音 720‐047B 型飞机(见图 4.20)在加利福尼亚州安大略市的安大略国际机场坠毁,当时正在执行模拟发动机停车进近失败的程序,5 名机组成员全部遇难。

图 4.20　波音 720(非事故飞机,图片由 www. al-airliners. be 和西部航空提供)

4.16.2　原因分析

在参考文献 4.13 中,NTSB 确定可能的原因是"飞机方向舵液压作动器支撑接头故障。该故障导致方向舵左偏失控,在这种条件下,飞行员模拟发动机停车时,就无法进行方向控制。"

其中一个接头吊耳由于应力腐蚀开裂和高拉伸载荷共同作用而故障。由于使用了不同的材料,腐蚀是在接头凸耳的衬套处开始的。

参考文献 4.13 中报告 S 的详细调查发现:"一个完好作动器支撑接头所能承受的极限载荷约为 10 万磅。如果作动器与支撑接头连接的一个吊耳失效,剩下的吊耳将承受大约 18 500 磅的拉伸载荷,在方向舵液压系统压力为 3 000 psi (编注:1 psi＝6.895 kPa)的情况下,方向舵最大左偏转(25°)在飞行中对支撑接头产生的拉伸载荷大约为 26 300 lb。在 N3166 规定的不对称推力和方向舵至少向左偏转 23°的情况下,几乎所有的 23 600 lb 的拉伸载荷都施加在支撑接头上。"

自 1967 年以来,方向舵支撑接头裂纹的历史有据可查。其中有几个案例是在 KC - 135 飞机上发现多起此类情况,并由美国空军报告给波音公司。机队检查显示有几架飞机存在接头裂纹,在问题得到解决前,这些飞机只能使用机械方向舵操纵。

波音公司建议对商用波音 707 和 720 飞机进行检查,但在 1967 年没有发现问题。

波音公司发布了一份服务通告(SB 2903),其中对接头问题描述如下。

"……五位运营商报告说,五架飞行时间为 7 000～26 000 h 的飞机上的方向舵作动器支撑接头的上和/或下吊耳都出现了裂纹。完全的故障发生在作动器的螺栓孔中,有两次事件中作动器与方向舵分离,导致方向舵的液压控制丧失。

万幸,在这两次事件中,飞机都顺利着陆了。接头故障是由于从衬套开始的应力腐蚀而造成的裂缝。"

在 1969 年 6 月 4 日对服务通告 SB 2903 的修订中指出,一位经营者在检查了他的大部分机队后发现了五个有裂缝的接头。

波音公司的记录显示,在 1971 年 6 月之前,707 飞机的两个吊耳有四次完全故障的记录:三家外国航空公司和一家国内航空公司在使用非对称推力的训练时发生了这些故障。这些事件发生在 1967 年 10 月、1969 年 5 月、1970 年 12 月和 1971 年 6 月,都在 N3166 事故发生之前。

NTSB 发现,波音公司、FAA 和西部航空公司都没有强调与支撑接头故障有关飞行中的潜在操作危险。

4.16.3　解决方案

NTSB 提出了一些建议,导致 FAA 发布了一些适航指令和运行警示通告,包括如下内容。

(1) AD 71 - 9 - 2 于 1971 年 4 月 27 日生效,要求更频繁地检查去掉凸缘衬套的支撑接头。该指令还要求在接下来的 5 400 个飞行小时内,但不晚于 1972 年 10 月 1 日,将所有 7079 - T6 接头更换为 7075 - T73 接头。

(2) 第 8430 号运行警示通知了所有波音 707/720 的运营商,并建议在符合 AD 71 - 9 - 2 的要求之前不要进行低空模拟发动机故障飞行。

4.16.4　经验教训

(1) 看来,"适航报告和监督体系"没有对这些严重的问题做出认真的反应。有许多前兆预示着导致 N3166 号飞机的坠毁。

(2) 设计工程部门应随时了解本节所述的发展情况。然后,设计工程师和他们的管理层应该启动"如果……怎么办……"("what-if")理念。这样做可以预测到类似 N3166 的事件,使人们为避免此类事件而做出更早的检查、设计和制造行动。

(3) 这是一个单一故障导致灾难性结果的例子。

(4) 最后,若在彼此完好无损的部件上使用不同的材料,会引起腐蚀。

4.17　飞行操纵系统钢索的布置

4.17.1　事故/事件概述

1972 年 6 月,一架美国航空公司的道格拉斯 DC - 10 飞机(见图 4.21)由于

图 4.21 麦克唐纳-道格拉斯 DC - 10 的模型（图片由 geminijets.com 提供）

后部货舱门的闭锁系统发生故障,使得货舱门在 11 750 ft 高度的飞行中打开,导致机舱迅速减压。

机门从机身上分离,导致水平尾翼的前缘和上表面严重受损。所有纵向、方向舵操纵以及中央发动机操纵装置被卡住。机组人员艰难地将飞机降落在底特律机场,没有人受伤。

在两年后的 1974 年 3 月,另一架 DC - 10(土耳其航空公司)在法国巴黎附近经历了一次类似的事件,这一次,飞机失去控制并坠毁,346 人遇难。

4.17.2 原因分析

NTSB 对 1972 年 6 月的美国航空公司 DC - 10 事故的调查信息见参考文献 4.14,其他信息见参考文献 4.15 第 159～162 页。

土耳其航空公司 DC - 10 事故的调查信息见参考文献 4.16 第 127～144 页。

对这两起事件的调查显示,其原因是在大压差载荷的作用下,部分机舱地板"塌陷"。当货舱门脱离飞机时,增压空气迅速从货舱内排出,客舱则保持着其高度的压力,这相当于在客舱地板上施加了一个大的压力载荷,而设计并没有考虑这样的场景,图 4.22 是机身的剖面示意图,显示了升降舵操纵钢索的大致位置。

在美国航空公司的事故中,由于地板的变形,导致操纵钢索的一部分被卡住,使飞机难以控制;在土耳其航空公司的事故中,操纵线系被切断和/或被卡住,飞机变得无法控制。

4.17.3 解决方案

NTSB 向 FAA 提出了一些建议,其中大部分都得到了落实。这些建议涉及

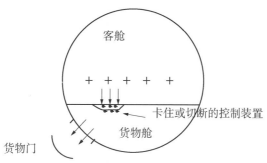

图 4.22　飞行操纵钢索在机身剖面图中的位置示意

改进压力通风装置、货舱门锁扣的设计和改进地面人员的培训。

　　安装在后货舱的压力通风装置的工作原理如下：当客舱和货舱之间的压力差超过一定值时，适当大小的弹簧门被打开，将压力差排出舱外。

　　这些故障场景不仅可以预测，而且已经能预料到了，正如参考文献 4.17 和 4.18 所讨论的那样，康维尔、道格拉斯和荷兰民航局的工程师们都已经预测到了。

　　在笔者看来，飞行操纵钢索的布置原则应是单点故障不能危害到整个系统，这项工作应在飞机设计早期完成。DC - 10 的设计应永不被认证。

4.17.4　经验教训

　　（1）当单点故障可以使整个系统失去作用时，冗余系统就不是冗余的了。在这种情况下，飞行操纵系统冗余的液压作动器的机械信号路径本身就不是冗余的。因此，该系统不是真正的冗余。

　　（2）即使安装了压力通风系统，该系统仍然不是冗余的。一些其他原因（如操纵钢索附近的轻微爆炸）仍然可以导致飞机无法控制。

　　（3）DC - 10 的这些事件引出了本书介绍中首次提到的"先兆"这一重要观点。一旦货舱门松动，类似的后续事件就一定会发生。审定方和他们的 DER 应该牢记这一点。

4.18　飞行员诱发振荡

4.18.1　事故/事件概述

　　1971 年 8 月，环球航空的一架波音 707 - 331B（见图 4.23）在向洛杉矶国际机场下降时发生振荡。

图 4.23　波音 707 - 331B 的模型(图片由 geminijets.com 提供)

整个振荡持续了大约 2 min,其间发生了 50 多次振荡。在飞机重心处测得的峰值加速度为 $+2.4\,g$ 至 $-0.3\,g$。一名乘客遇难,一名空姐和另外两名乘客受了重伤。随后,飞机在洛杉矶国际机场顺利着陆。

4.18.2　原因分析

在参考文献 4.19 中,NTSB 确定了可能的原因:"在某些条件下,飞机纵向操纵系统设计公差的组合,会使飞行员操纵力与飞机响应之间的关系处于临界状态,这架特殊飞机的飞控系统中存在让飞行员过度操纵的非典型操纵力特性。飞行员对非预期纵向扰动的正常反应导致了俯仰振荡,为重新获得稳定飞行,飞行员施加控制杆力,使得俯仰振荡暂时得以维持。"

在 33 000 ft 高度,飞机开始下降到洛杉矶国际机场,机组断开自动驾驶仪,问题首次出现:飞机突然抬头,然后低头,开始了振荡,或者说波浪式运动。飞行员在副驾驶的协助下,试图通过操纵驾驶杆来抵消波状运动的影响。飞机在减速的同时继续下降,在高度 19 500 ft 和速度大约 300 kn 时,俯仰振荡消失,飞机恢复稳定飞行。

最初俯仰振荡的原因是由于自动驾驶仪断开后,飞机轻微丧失了配平。自动驾驶仪失去配平的原因是配平控制继电器的触点被烧坏了。

发现的另一个偏差是升降舵铰链轴的摩擦力超过了波音 707 维修手册中规定的允许值。

波音公司的试飞员以及 FAA 和环球航空的飞行员对事故飞机和其他的707 飞机进行了大量的飞行测试。这些飞行测试的结果如下:事故飞机的纵向飞行操纵系统有许多小的偏差,当升降舵偏转角度较大时,它们会使得杆力-速度梯度降低。产生的原因如下。

（1）左右升降舵之间有轻微的不对称偏转。

（2）在没有气动载荷的条件下,左侧水平安定面蒙皮的波纹度会产生不同的气动边界层,从而造成升降舵铰链力矩的差异。

（3）在有气动载荷的条件下,左右水平安定面的波幅相差约为 0.1 in,同样可能导致不同的气动边界层,从而造成升降舵铰链力矩的差异。

4.18.3　解决方案

波音公司建议对飞控系统的装配采取一些纠正措施以确保更刚性的杆力-速度梯度。水平安定面蒙皮也做了适应性更改。

NTSB 和 FAA 基本上采纳了这些建议。从那时起,就没有发生过类似问题。

4.18.4　经验教训

检验自动驾驶仪是否能保持飞机配平应该是自动驾驶仪安装的一部分工作。

观察到的振荡大致与这架飞机的短周期频率相对应,该频率在重心中部约为 2.6 rad/s。大多数喷气式运输机的短周期阻尼比从大约 35 000 ft 高度的 0.35 到大约 20 000 ft 高度的 0.5。因此,飞机在高海拔地区会出现相对较差的俯仰阻尼,而在低海拔地区的阻尼要好很多。

然而,飞机在所有高度上都具有阻尼特性。因此,当意外的振荡开始时,飞行员应该做的第一件事就是什么都不做。

人类往往不是飞机振荡运动的良好控制者。因此,飞行员确实存在试图阻止振荡反而让振荡增强的倾向。这种效应被称为飞行员诱发振荡（pilot induced oscillations,PIO）。

4.19　偏航阻尼器极性反向

4.19.1　事故/事件概述

1973 年,利尔喷气 36 型（Learjet Model 36,见图 4.24）的认证被搁置,因为偏航阻尼器（由一个分包商设计）没有适当地阻止飞机的荷兰滚。该分包商的设计师被要求与一个工程师小组一起研究这个问题。

经过大量的根轨迹分析,人们发现,将速率陀螺的敏感轴向后倾斜,可以获

图 4.24 利尔喷气 36 型(非标的飞机,由盖茨·利尔喷气机公司提供)

得阻尼的显著改善。换句话说,原来的偏航阻尼器的陀螺安装角度是错误的。

管理层被告知了拟议的解决方案,要求笔者起草一个支架方案,允许陀螺仪向后倾斜,并由试验车间制作。然后在第二天早上,也就是星期六,对该修改进行飞行测试。图 4.25 是该支架的草图。注意速率陀螺的尾部"倾斜"。

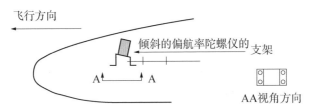

图 4.25 倾斜的偏航率陀螺仪的试验支架

周五深夜,笔者回到了劳伦斯,以为问题已经解决了。然而,在星期六早上,笔者接到了试飞员鲍勃·贝里的电话:"简,你的偏航阻尼器不工作了,事情比以前更糟了。一旦启动偏航阻尼器,飞机就开始了不稳定振荡。请到威奇托来帮助我们解决这个问题。"

笔者问鲍勃是否有人把线路接反了,但他保证,他们已经核实了线路的极性。

4.19.2 原因分析

在返回威奇托的路上,笔者绞尽脑汁地想可能出错的地方,突然想到,也许是倾斜支架装反了。

根据前期的根轨迹研究,这确实会导致无阻尼的荷兰滚。因此,笔者一到工厂就去了试验车间检查支架。果然,它被装反了。"可以证明,将陀螺仪向错误的方向"倾斜"的结果是导致不稳定的原因。这方面的详细解释可在参考文献 4.11 第 11 章中找到。

4.19.3 解决方案

为防止陀螺仪支架被错误装配,应将其设计为单向装配方式。

4.19.4 经验教训

总之,如果某样东西可以以错误的方式安装,它就会被错误地安装。在这种情况下,设计师应该把支架设计成只能以一种方式安装。同样,在可能的情况下,就要设计成单向装配方式。

4.20 地面和飞行扰流板意外展开导致飞机失控

4.20.1 事故/事件概述

1974 年 6 月,一架 IBM 公司运营的格鲁曼 G-1159(见图 4.26)正在进行飞行训练。

图 4.26 格鲁曼 G-1159(非事故飞机,由赫尔默提供)

飞机做了几个 360°的翻滚,然后俯冲到南卡罗来纳州克莱恩附近的一个沼泽地里。机组成员中有 3 人遇难。

4.20.2 原因分析

在参考文献 4.20 中,NTSB 确定这次事故的可能原因是"地面和飞行扰流板的意外展开,导致飞机在一个无法恢复的高度上失去控制。地面扰流板展开可能是因为扰流板扩展电路中的热电短路。由于扰流板是对称展开,左边的地面扰流板作动器在飞行中发生故障,造成横向控制丧失。随后的俯仰控制丧失是由机头向下的升降舵调整片最大偏度和高的飞机速度所造成的。"

参考文献 4.20 中的以下发现有助于理解为防止再次发生事故所需的设计

更改。

（1）唯一能证明飞机故障的证据是撞击时地面扰流板处于展开位置。

（2）升降舵调整片处于机头向下最大偏度，到达电止动位置。副翼人工配平设定为左翼下偏 9.5°。

（3）撞击时，起落架和襟翼都在收上位置。

（4）左右两边的地面扰流板在飞行中被解锁并展开。他们的确切位置无法确定。每个机翼的内侧和外侧飞行扰流板分别处于 24°～25° 和 24°～35° 之间的位置。左边的地面扰流板作动器断裂了，可能是由于受到大的气动负荷作用。

（5）导致地面扰流板意外展开的原因可能是热电短路，绕过了系统中安装的四个地面扰流板联锁装置，地面扰流板的展开导致了飞行扰流板的展开。

（6）扰流板的意外展开发生在相对较低的空速和飞机处于着陆进近状态时。

（7）扰流板意外展开导致了飞机的倾覆和迅速失去高度。

（8）飞行员可能试图通过收回起落架和襟翼、增加推力、将飞机加速到 300 kn 以上来从倾覆中恢复过来。

（9）由此产生的高气动负荷使左侧地面扰流板作动器的活塞杆失效，导致了横向不对称和高滚动力矩。

（10）在试图从随后的翻滚中恢复的过程中，飞行员可能无意中启动了电动配平调整片，将机头置于完全向下的位置。

（11）飞行员无法保持俯仰控制，也没有足够的高度让其从随后的俯冲中恢复。

4.20.3　解决方案

在给 FAA 的信中（见参考文献 4.11 附录 E），NTSB 说：

"尽管该飞机在认证时可能认为地面扰流板启动系统的设计提供了足够的冗余来防止飞行中的展开，但委员会对系统设计的审查揭示了我们所认为的是一个潜在的危险状况。热电短路绕过了线路中的冗余开关到电磁铁的电源终端，可能导致地面扰流板系统的意外启动。飞机的原始构型在每个主起落架支柱上安装了一个开关，通过连接电源到地面扰流板的控制阀电磁铁形成了控制电路。

1971 年 8 月 20 日，制造商发布了第 98 号服务变更，通过起落架开关切断电磁铁的电源和地源，提供额外的冗余。这个改变不是强制性的，影响了 1～90 号飞机的序列号。制造商表示，有 39 架飞机没有更改，包括事故飞机。我们相信,执行这一服务的变更将减少类似故障所带来的危险,即热电短路、在飞行中意外的地面扰流板展开,以及随后可能的失控。

尽管'服务变更 98'可能会消除飞行中地面扰流板展开的可能性,但我们认为,热电短路可能会阻止扰流板从着陆复飞的收回。

出于这个原因,机组人员应该有一个可以在任何时候都能收回扰流板的手段。在这方面,扰流板的展开不能被视觉检测到,可能需要一些警告系统来提醒机组人员注意扰流板的意外展开。"

这些更改都已做了。

4.20.4　经验教训

设计工程师应该预测到导致这架飞机坠毁的情况。如前所述,玩"如果……怎么办……"("what-if")的假设游戏对识别潜在的飞行危险很有帮助。

4.21　锁定升降舵的起飞Ⅱ

4.21.1　事故/事件概述

1975 年 9 月,一架由恩特雷里奥斯航空公司运营的康纳戴尔(Canadair)CL - 44 - 6(见图 4.27)。在试图起飞时坠毁。机组人员和两名乘客在坠机中幸存,地面上有一人受伤。

图 4.27　康纳戴尔 CL - 44 - 6(非事故飞机,图片由赫尔默提供)

4.21.2　原因分析

在参考文献 4.21 中,NTSB 确定了可能的原因是:"在右升降舵上安装了一个临时的外部飞行控制锁的情况下试图起飞"。

下文引自参考文献 4.22 第 8 页。"该机型是布里斯托尔-布列塔尼娅客运机的货运版本,配备了内部突风锁定系统,以防止地面上的突风对飞行控制系统的损害。当任何控制面被锁定时,安装在锁定作动器上的微动开关会操作琥珀色的主警告灯和指示板上的控制面锁定窗口。这些灯将一直亮着,直到所有的控制面被解锁。突风锁定杆与发动机动力杆相互连接,因此当突风锁定杆处于'锁定'位置时,起飞动力不能应用于每侧的一个以上的发动机。"

根据 CL-44-6 的操作手册,在起飞前的检查清单中,飞行控制必须解锁,飞行人员应观察指示器上控制舵面的位置。在右升降舵安装了外部突风锁的情况下,释放内部突风锁将允许左升降舵下垂,而右升降舵仍与水平安定面对接。操纵面指示器将显示这些位置。

外部升降舵控制锁不是由飞机制造商生产的。制造商在这次事故的调查中第一次知道这个装置。这种装置不属于认证的范围。

结果发现,飞机上所携带的外锁只是当内部锁系统出现故障时使用,正常情况下不应该使用。

4.21.3　经验教训

这个例子证明,设计者做了所有正确的事情,但操作者却仍导致了问题的出现。

4.22　锁定方向舵和副翼的起飞

4.22.1　事故/事件概述

1977 年 12 月,一架道格拉斯 DC-3 飞机(见图 4.28)在印第安纳州埃文斯维尔地区机场坠毁,该飞机由(美国)国家喷气机服务公司运营,提供客运包机服务。

图 4.28　道格拉斯 DC-3[非事故飞机,图片由查洛纳(H. Chaloner)提供]

飞机是在 IMC 的天气下起飞的。坠机发生在起飞后不到 1.5 min,机上所有 29 人全部遇难。

4.22.2　原因分析

根据参考文献 4.22,以下因素导致了这次事故。

(1) 右副翼和方向舵被安装了外部控制锁。在起飞前的检查清单中没有发现控制锁,飞机坠毁时控制锁还在。

(2) 飞机的重心在载荷表上显示的重心之后,在该飞机的最佳重心范围之后,但在最靠后的允许重心前面。

(3) 飞机过早离地,并且低于起飞的决断速度。这可能是后重心导致的结果。

(4) 随后飞机进入了所谓的反转区域,飞行员无法逃脱。

在 DC - 3 中,当以后重心装载时,驾驶杆需要相当大的前推力以防止飞机过早升空。除非飞行员充分意识到这一点,否则,飞机在升空后会有一个抬头的趋势。这可能使飞机处于所谓的反转区域,在极低的高度上不可能逃生。

关于这种现象的详细讨论可见参考文献 4.11 第 186 - 189 页(其中,这种现象被称为速度不稳定)。

在 DC - 3 中,即使安装了外部舵面锁,由于操纵钢索的弹性变形的原因,驾驶舱的操纵装置也有可能移动一点。

因此,飞行员可能认为操纵系统是可以自由操纵的。

4.22.3　解决方案和经验教训

已经有很多次 DC - 3 飞机在飞行操纵装置被锁定的情况下起飞,而且并不总是造成致命的后果。如前所述,飞机的设计应从一开始就防止这种事情的发生。

4.23　水平安定面误配平起飞

4.23.1　事故/事件概述

1978 年 2 月,一架比奇 99 型飞机(Beech Model 99)(见图 4.29)在华盛顿的里奇兰(Richland)附近起飞后立即坠毁。

机上的 17 个人全部遇难。

4.23.2　原因分析

在参考文献 4.23 中,NTSB 列出了可能的原因:"飞行员未能或无法通过对驾驶盘施加足够的推力来防止飞机的快速抬头和失速。抬头是由水平安定面误配平和重心接近后极限所共同引起的。水平安定面误配平是由于飞机配平系统

图 4.29　比奇 99 型[非事故飞机,图片由小杜阿尔特(F. Duarte)提供]

不一致和机组人员可能过于专注于及时起飞而造成的。此外,水平安定面作动器故障分散了机组人员阻止飞机失速的努力。"

重要的是,NTSB 将以下因素列为诱因:机组人员培训不足、配平警告系统检查程序不足、维护程序不足,以及 FAA 的监督不力。

参考文献 4.23 列出了 NTSB 几项调查结果,很有启发意义:

(1) 水平安定面配平位置指示器不可靠。

(2) 水平安定面运动配平系统不可靠。

(3) 水平安定面配平功能丧失警告系统无用。

(4) 水平安定面作动器离合器打滑。

(5) 该飞机不适航。

通过对这架飞机服务历史的研究表明,这架飞机曾经历了三个运营人,飞行控制和配平系统有很多问题。NTSB 还发现,由于缺乏飞行数据记录器(flight data recorder,FDR)和驾驶舱语音记录器(cockpit voice recorder,CVR),调查受到了阻碍。

4.23.3　解决方案

参考文献 4.23 发布了适用于所有比奇 99、99A、A99、A99A 和 B99 型号飞机的适航指令,要求对水平安定面配平系统进行一次性检查,以确定系统的所有部件及其相关的位置指示和警告电路在规定的公差范围内运行。

要求进行检查,以确保水平安定面作动器的一级和二级模式能够在规定的气动载荷作用下使水平安定面偏转。准确的说明应该由比奇飞机公司提供。一旦有了比奇公司的说明,就应该立即进行检查,并且每隔 2 000 h 重复检查一次。

修改最低设备清单,使超出限度的警告系统成为飞行的强制性要求。

NTSB 指出,"由于缺乏关于飞机性能和机组人员对起飞后立即出现的紧急状况的确切信息,调查是困难且耗时的。FDR 和 CVR 的信息将在这两个方面提供宝贵的信息,大大减少调查工作,并将提供更直接的因果关系的证据。NTSB 认为,这些记录器实际上是改善涉及复杂的多引擎飞机的通用航空公司和公司/行政运营安全的先决条件。因此,我们重申 1978 年 4 月 13 日的安全建议 A-78-27、A-78-28 和 A-78-29,我们敦促 FAA 对这些建议尽早采取行动。"

4.23.4　经验教训

(1) 设计工程师们应尽量使配平系统的鲁棒性更好。在支线客运业务中,飞机每天的飞行次数比许多其他类型的飞机多得多。这架飞机的服役历史表明,该系统的设计不是具有鲁棒性的。

(2) 另外,配平功能丧失警告系统不作为客机飞行的强制性要求是不合适的。笔者对设计师提出的问题是:"真的需要为此制定法规吗?"

4.24　失效的升降舵硬止动装置

4.24.1　事故/事件概述

1978 年 8 月,一架由拉斯维加斯航空公司运营的派珀(Piper)PA-31-350(见图 4.30)在从北拉斯维加斯机场起飞后不久坠毁。

图 4.30　派珀 PA-31-350[非事故飞机,图片由科林·祖皮契奇(Colin Zuppicich)提供]

机上所有人员(1 名飞行员和 9 名乘客)无一生还。

4.24.2　原因分析

在参考文献 4.24 中,NTSB 确定可能的原因是:"升降舵的下止动螺栓从其固定的铸件上有一定量的旋出,从而导致升降舵下偏行程受到了限制(变小了),使飞行员无法阻止飞机抬头和起飞后的失速。委员会无法确定下止动螺栓的锁紧装置是如何松动并让止动螺栓从其固定的铸件上有一定量的旋出。"

这架飞机正常的升降舵行程是后缘向上 16°到后缘向下 20°。在这次事故中,由于止动螺栓后退,升降舵行程变为后缘向上 16°到后缘向下 1.5°。

结果发现,螺栓止动装置的设计包括一个拧在铸件上的止动螺栓,并由一个锁紧螺母将其固定在铸件上,这在任何通用航空飞机上都是相当普遍的设计。然而,如果螺母没有被恰当地扭紧,它可能会由于振动而松动,这就导致止动螺栓从其固定铸件上有一定量的旋出。

4.24.3 解决方案

重新设计所有操纵面的止动器装置,以确保止动器装置不会受到磨损或松弛的影响。它们应在最不利的飞行条件下仍能承受住飞行操纵载荷。这实际上是 CAR 3.340(该飞机已获得认证)和其后续法规 14 CFR 23.675 中所规定的。

4.24.4 经验教训

(1)设计工程师应将操纵面止动方式的详细设计作为飞行关键要素。它们的失效已经造成了重大事故。

(2)在操纵面止动方式的设计中,采用扭矩螺母进行锁紧,这似乎不符合老的 CAR 3.340 或新的 14 CFR 23.765 中的相关规定。

4.25 操纵系统的符合性

4.25.1 事故/事件概述

SIAI-马歇蒂(SIAI-Marchetti)S. 211 于 1981 年进行了首次飞行(见图 4.31)。当试飞员着陆时,他报告说飞机的滚转速度性能只有预期的三分之一左右,看来该飞机的滚转操纵能力是不足的。

图 4.31 SIAI-马歇蒂 S. 211(非事故飞机,图片由 SIAI-马歇蒂公司提供)

设计 S. 211 的横向(滚转)飞行操纵系统的合同已经交给了意大利的一家小公司。该公司从未为高性能的飞机设计过飞行操纵系统。在签署该合同之前,SIAI - 马歇蒂公司请笔者访问他们,并举办为期一天的短期课程,讲解飞行操纵系统设计的注意事项。笔者做了,但其中的一些内容他们肯定没理解透彻。

4.25.2　原因分析

笔者怀疑在驾驶杆横向满偏后,副翼没有满偏。因此,笔者要求试飞员用模拟加载装置将副翼加载,并在驾驶舱内将驾驶杆偏转到其止动位置,测量副翼的偏角。第二天他打电话来说,他只得到了大约 9°的副翼偏转。这时笔者知道原因是操纵系统的一致性问题。

如果一个或多个滑轮支架没有牢固地安装在结构上,就会出现操纵系统的顺应性即变形。图 4.32 显示了操纵钢索上的力是如何对安装在柔性结构上的滑轮产生作用力的。

因此,笔者怀疑一个或多个副翼操纵滑轮支架没有被牢固地安装在机身上,随之而来的变形限制了副翼的偏转。笔者的意大利朋友检查后发现,一个滑轮被安装在后部压力舱壁的正中间。在 S. 211 中,压力隔板是铝制的0.06 in 的薄板。

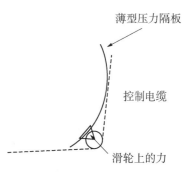

图 4.32　安装在柔性结构上的滑轮支架实例

4.25.3　解决方案

通过加强隔板的刚度,问题得到了解决,其代价是增加了一些重量。

4.25.4　经验教训

为避免操纵系统的变形,在将设计交付制造之前,要检查所有滑轮和扇形件的刚度。即便如此,在首飞前,应在地面上做模拟试验:对操纵面施加规定的载荷,并检查操纵面的偏角是否满足预期要求。设计工程师应始终关注系统中的弹性变形,因为系统中的力较易使支撑结构变形,特别是在操纵系统中,弹性变形(称为系统适应性)是不可接受的。

4.26　一台发动机故障的飞机操纵问题

4.26.1　事故/事件概述

1985 年 9 月,中西快运(Midwest Express)航空公司的一架道格拉斯 DC -

9‐14(见图 4.33)在起飞后右发动机压缩机出现了非包容性的故障。

图 4.33　道格拉斯 DC‐9‐14(非事故飞机，图片由赫尔默提供)

此后不久就失去了控制，飞机坠毁，机上 31 人全部遇难。这起事故发生在晴朗的天气中。

4.26.2　原因分析

在参考文献 4.25 中，NTSB 认为飞机失控是由于飞行员不当地操纵飞行操纵系统造成的，特别是在右发动机故障后 4～5 s，操纵左方向舵脚蹬，随后向后拉驾驶杆，这些操纵使飞机在右发动机故障后约 10 s 以高速失速(加速失速)。

事实上，DC‐9 系列飞机的操稳特性非常好，即使在起飞后一个发动机发生故障。但是，此时如果方向舵向错误的方向偏转，由于飞行中发动机产生的不对称偏航力矩，故障发动机的额外阻力和方向舵引起的偏航力矩会在相当短的时间内产生非常大的侧滑。由于侧滑导致的高滚动力矩，所有后掠翼喷气式运输机都将开始快速滚转，如果在此基础上再纵向操纵飞机抬头，飞机就会失速、失控。在参考文献 4.25 中公布的许多问题中，以下是特别值得关注的。

(1) 在右发动机故障时，机组人员无法获得前方的视觉提示(驾驶舱外)。周边的视觉线索是可用的。

(2) 飞行员在训练中使用的视觉飞行模拟器没有提供初始的偏航和纵向加速度提示、周边视觉提示或听觉提示，而这些提示都是飞行员在飞机上可以获得的。

(3) 两名飞行员对 DC‐9 飞机的飞行操纵经验不足。

(4) 负责监督中西快运航空的 FAA 首席运营检查员在 CFR 121 涡轮喷气飞机运营方面缺乏经验。

(5) 为应对某些紧急情况，中西快运航空提出了"静默驾驶舱"理念，这一理念没有得到 FAA 的批准，而且还与批准的应急程序冲突。

4.26.3　解决方案

NTSB 提出了一系列与发动机故障类型有关的建议。委员会还向 FAA 提出了关于机组培训程序的建议。

4.26.4　经验教训

(1) 许多喷气式运输机会在起飞后立即出现发动机故障,尽管这并不是特别难以控制,但设计者应假定操纵飞机的飞行员可能并不十分熟练,这似乎是一个不争的事实。

(2) 飞行操纵系统应被设计成能自动将关键操纵装置向正确的方向移动。在许多现代运输机中已经做到了这一点。笔者认为,所有的多引擎飞机都应该加入这一功能。

4.27　冗余系统并不冗余

4.27.1　事故/事件概述

1989 年 7 月,一架麦克唐纳-道格拉斯 DC‒10‒10 飞机(见图 4.34)的中央 2 号发动机的风扇盘发生了非包容性故障。

图 4.34　麦克唐纳-道格拉斯 DC‒10‒10(非事故飞机,图片由 www. al-aliners. be 提供)

风扇碎片使所有用于横向、纵向和其他方向的飞行操纵的液压管路失效。飞行员利用剩余的 1 号和 3 号发动机的不对称推力来操纵飞机,在艾奥瓦州的苏城实现了部分成功着陆,机上的 11 名机组成员和 285 名乘客中,有 1 名乘务员和 110 名乘客遇难。

4.27.2　原因分析

参考文献 4.27～4.29 详细描述了这次事故及其调查情况,基于参考文献 4.26,NTSB 确定可能的原因是"美国联合航空公司发动机大修厂使用的检查和质量控制程序没有充分考虑到人为因素的局限性,导致未能发现位于通用电气飞机发动机公司制造的第1级风扇盘关键部位的疲劳裂纹,该裂纹是以前未发现的冶金缺陷造成的。随后,风扇盘的灾难性解体导致了碎片的释放,其分布模式和能量水平超过了 DC-10 液压飞行操纵系统设计所提供的保护能力。"

参考文献4.26关注了一些重要的安全性事项,其中三个如下。

(1) 通用电气飞机发动机公司的 CF6-6 风扇转子组件的设计、认证、制造和检验。

(2) 美国联合航空公司对 CF6-6 发动机风扇转子组件的维护和检查。

(3) DC-10 液压飞行操纵系统的设计、认证和对非包容性发动机碎片的保护。

为了理解这次事故中的失控是如何发生的,有必要回顾一下 DC-10 的设计。图4.35 显示了机身中1号、2号和3号发动机的总体布置。

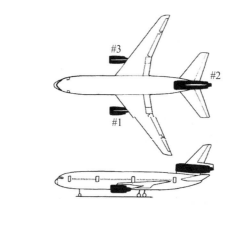

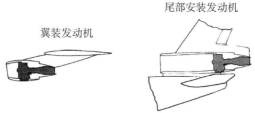

图 4.35　DC-10 的发动机布置(图片由 NTSB 提供)

图4.36 显示了被撕裂的发动机部件(由第一阶段风扇盘故障引起的)所在区域。由于图4.37 所示的水平安定面区域的液压管路故障,该区域的一些碎片使所有的液压系统无法完成任务。

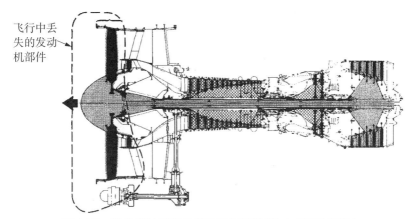

图 4.36　致命碎片所在的发动机区域（图片由 NTSB 提供）

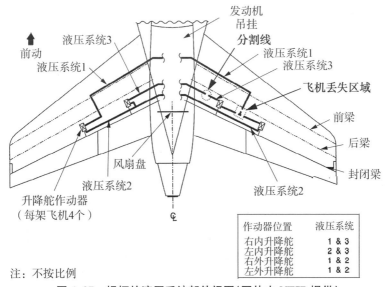

图 4.37　损坏的液压系统部件视图（图片由 NTSB 提供）

在图 4.37 中，注意表示第 1 阶段风扇盘的线，可预测的碎片扩散区域包括一个与风扇盘前方呈 15°角的圆锥体（有时称为扩散角）。关于碎片扩散角、扩散模式和能量水平的更精确定义见参考文献 4.29，该文献在 DC‑10 被认证时还没有出版。这样一个圆锥体将包括如图 4.37 所示的液压系统损坏区域。

现在回想起来，DC‑10 液压系统的设计并不是冗余的：一个故障事件就会导致飞机无法控制。

风扇盘失效的原因是在加工该盘的材料中存在一个未被发现的冶金缺陷。

不仅通用电气公司没有发现这一缺陷,而且当该缺陷区域出现疲劳裂纹时,也没有发现该疲劳裂纹。NTSB 对风扇盘的设计、制造、质量控制和检查问题表示关注是正确的。

4.27.3　解决方案

由于这次事故,麦克唐纳-道格拉斯公司在所有的 DC‐10 飞机和后来所有的 MD‐11 飞机液压系统中安装了可靠的安全增强装置,当中央发动机风扇盘再次发生故障的情况下,该装置可以防止液压油的全部流失。

另外,鉴于非包容性发动机故障的飞行关键系统的安全性,现在必须在正式的故障树分析方面进行详细分析。参考文献 4.29 包含了一个可使用方法的总结。

此后,通用电气公司和美国联合航空公司都引入了改进的制造和检查流程。

NTSB 在参考文献中表达了他们的担忧。参考文献 4.26 表示:"其他飞机在设计时可能也没有充分考虑到飞行操纵系统的动力源冗余或保护新一代飞机的电子飞行和发动机控制。因此,NTSB 建议 FAA 根据这次事故的教训,对目前认证的飞机进行系统性的安全审查,尽可能考虑飞行和发动机控制的动力源的冗余和保护问题。"

4.27.4　经验教训

(1) 设计师不应该需要一个法规来得出结论,DC‐10 液压系统设计基本不是冗余的,因此不安全。笔者认为,该飞机不应该以这种方式获得认证。

(2) 一些其他不可预见的事件可能会使运输机的空气动力飞行控制在未来的某个时候无法使用。因此,NASA 德莱登(Dryden)开发了一个自动系统,可以使用剩余的、可操作的发动机作为安全降落飞机的唯一手段。这个有趣调查的一些结果可在参考文献 4.30 中找到。该系统在双引擎战斗机、三引擎和四引擎运输机上进行了广泛的飞行模拟,表明这种系统确实可以用来安全降落飞机。

(3) 笔者认为很难理解为什么当今的飞机设计没有采用这些系统。

4.28　升降舵非指令运动

4.28.1　事故/事件概述

1993 年 10 月,英国航空公司的一架波音 747‐436 飞机(见图 4.38)起飞后,在收起落架时突然俯冲下来。

飞行员几乎将驾驶杆拉到最大位置,以保证飞机的正向爬升率。几秒钟后,飞行操纵系统再次恢复正常,飞机继续飞往目的地(泰国曼谷),没有发生进一步

图 4.38 波音 747 - 436 的模型(图片由 geminijets. com 提供)

的事件。

4.28.2 原因分析

参考文献 4.31 给出了以下事件原因。

内侧升降舵动力控制单元(power control unit,PCU)伺服阀的二级滑块能够超程移动到内部缩回止动点;随着一级滑块移动到连杆伸出止动点,作动器的四个腔体都与液压供应和回流相连,伺服阀处于完全交叉流动状态,导致右翼升降舵完全向下的非指令偏转。

在波音 747 - 400 系列飞机上,对右内侧升降舵 PCU 的液压管道进行了更改,但没有意识到这可能对该装置的性能产生影响,从而对飞机升降舵系统的性能产生影响。

4.28.3 解决方案

为防止这种情况再次发生,提出了三项安全建议,详见参考文献 4.31。

4.28.4 经验教训

这里真正的困惑是,为什么在对运输机的主飞行操纵系统进行任何改变前,没有在系统模拟器上(用实际的硬件)或至少在原型机上检查影响。对主飞行操纵中液压系统的更改应在仔细检查其影响之后再实施。

4.29 起飞时的非指令滚转

4.29.1 事故/事件概述

1993 年 8 月,英国航空公司一架空客 A320 - 212(见图 4.39)在更换襟翼后进行了首次飞行。

图 4.39 空客 A320 - 212(非事故飞机,图片由 www. al-airliners. be 和英国航空公司提供)

飞机在升空后出现了向右滚转的情况。这个问题一直持续到大约 37 min 后,飞机在伦敦盖特威克机场降落,没有人受伤。

4.29.2 原因分析

参考文献 4.32 中确定了原因,其中重要原因如下。

(1) 在更换襟翼过程中,有两个方面没有达到 A320 维修手册的要求。

(2) 在拆除襟翼过程中,扰流板被置于维护模式,并使用不完整的程序进行移动。具体来说,套环和警示牌都没有安装。

(3) 襟翼安装之后,没有将扰流板恢复,也没做功能检查。

(4) 维修工程师们没有完全理解套环的用途和扰流板的工作方式。这种误解部分是出于对其他飞机的熟悉,导致在交接班时对 A320 - 212 扰流板的状态缺乏足够的介绍。

(5) 在对飞行操纵系统独立功能的检查中,飞行员没有注意到右翼的 2 号和 5 号扰流板对向右滚转指令的没有响应。

(6) 工作人员没有向飞行员详细说明检查飞行操纵系统的相关程序。

4.29.3 解决方案

为防止再次发生此类事件,需要做一些安全方面的建议。

4.29.4 经验教训

维护手册应该是容易理解的,应该清楚地说明飞行操纵系统的操作方式以及在维护过程中应该做什么。

4.30 升降舵调整片故障

4.30.1 事故/事件概述

1995 年 12 月,加拿大国际航空公司的一架波音 737 - 200(见图 4.40)在爬升至巡航高度的过程中出现了严重的机身振动。

图 4.40　波音 737‐200(非事故飞机,图片由赫尔默提供)

　　机组决定返回温哥华,当飞机减速时,振动停止了。在进场时,飞机放下襟翼后又出现了较大的振动,所幸飞机安全着陆,没有人受伤。对飞机的检查显示,右升降舵配平调整片的一个长为 2 ft 的部分不见了。

4.30.2　原因分析

　　波音 737 有两个升降舵配平调整片,每侧一个。每个调节片有长为 90 in,通过 4 个铰链点连接到升降舵上,铰链点之间相距 27 in 左右。

　　第一和第二铰链点之间的部分已经断裂,没有找到。剩余小片的内侧部分从第一个铰链处断裂,只通过操纵拉杆连接到升降舵上;外侧部分仍由其余三个铰链连接。铰链上的痕迹表明,调整片可能在其幅度范围内快速摆动,调整片的摆动反过来又引起了升降舵的摆动,这就是机组人员感受到振动的原因。

　　通过对剩下调整片的调查(见参考文献 4.33)发现,复合材料舵面的外层已经与蜂窝核心脱胶,这削弱了调整片承受气动载荷的能力,并导致其在飞行中失效。剩余的调整片部分被送到波音公司进行详细分析。波音公司的工程师得出结论,调整片的损坏与地面车辆撞击调整片所造成的损坏是一致的。

4.30.3　经验教训

　　据估计,地面车辆对停在坡道上的飞机造成的损害每年达 20 亿美元。在更谨慎的地面车辆操作员出现在现场之前,设计者应在他们的"如果⋯⋯怎么办⋯⋯"场景分析中包括飞行操纵舵面和安定面舵面损坏而没有报告的可能性。

4.31　不是"硬止动"的"硬止动"

4.31.1　事故/事件概述

　　2000 年 1 月,阿拉斯加航空公司的一架麦克唐纳-道格拉斯 MD‐83 型飞机(见图 4.41)在巡航高度失去控制,坠入太平洋。事故没有生还者。

图 4.41　麦克唐纳-道格拉斯 MD‐83[非事故飞机,图片由蒂姆·帕金斯(Tim Perkins)提供]

4.31.2　原因分析

该事故原因被确定为水平安定面作动器螺杆上的螺母的螺纹剥落。这一故障使水平安定面的前缘移动到一个非常大的角度,导致飞机俯仰失控。NTSB的报告(见参考文献 4.34)指出,该系统没有按规定进行维护,缺乏润滑,是造成这一故障的主要原因。

图 4.42 为水平安定面配平驱动机构的透视图。图 4.42 中的两个机械止动

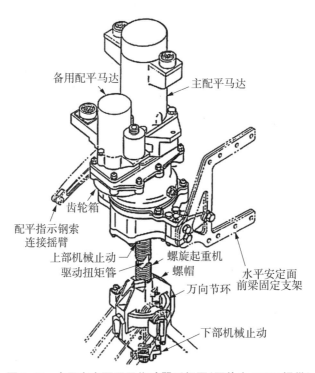

图 4.42　水平安定面配平作动器透视图(图片由 NTSB 提供)

是用来限制水平安定面上下运动的极限位置。在 MD-83 中,这些限制被设定为水平安定面从-12.5°(前缘向下)～+2.1°(前缘向上)。也有一些电气限位开关被设置成相同的角度。

一般来说,在飞行操纵系统中设计机械止动块的目的是防止舵面超过其最大偏转角度,否则,飞机的可控性就会出现问题。这种止动方式通常被称为硬止动。在大多数飞机上,这些机械止动块被固定在飞机的主结构上,通过物理约束以阻止舵面的进一步运动。

在 MD-83(事实上在全部 DC-9、MD 80/90 和波音 717 衍生产品系列中),这些硬止动实际上不是硬止动。只有水平安定面作动器螺杆上的梯形螺纹是完好的,梯形螺母止动才可以被认为是硬止动,其原因是在设计螺杆时采用了非常大的安全系统。

然而,如果由于维护程序不当而导致螺纹剥落,硬止动就不再是硬止动了。在维护不当的情况下,某个事件(如机械师没有正确地完成工作,或者维护机构没有设置和遵守维护程序)就可以导致灾难性事件的发生。

商用运输飞机的飞行关键结构或系统的设计原则是单点故障不应导致灾难性事件。很明显,这种设计违反了这一原则。

以下引自参考文献 4.34 第 166 页的内容应引起所有设计工程师或 DER 的关注。

"此外,NTSB 对 FAA 认证的水平安定面配平系统具有单点灾难性失效模式表示担忧。"

4.31.3　解决方案

NTSB 的报告在参考文献 4.34 第 166 页,其还建议采取以下行动。

"NTSB 的结论是,如果可行的话,应对运输类飞机进行改装,以确保水平安定面配平系统的故障不会妨碍飞机的继续安全飞行和着陆。因此,NTSB 认为,FAA 应进行系统的工程审查。

(1)确定消除 DC-9、MD-80/90 和波音 717 系列飞机水平安定面配平系统作动器组件中梯形螺母螺纹故障的灾难性影响方法,如果可行,要求在所有现在和未来的 DC-9、MD-80/90 和波音 717 系列飞机及其衍生产品的设计中纳入这种故障安全机制。

(2)评估所有其他运输类飞机水平安定面配平系统,识别任何对于所有此类系统具有灾难性单点故障模式的设计。

（3）确定消除导致灾难性结果的单点故障的方法，如果可行，要求将此类故障安全机制纳入所有现在和未来配备此类水平安定面配平系统飞机的设计中。"

4.31.4　经验教训

（1）单点故障，无论是由结构故障、系统故障还是维修程序故障造成的，都不应该造成灾难性的后果。

（2）在这种情况下，有几个前兆事件（事故）指向最终的灾难性后果（具体细节见参考文献 4.34 第 41～42 页），从这些事件中从未得出适当的推论。

（3）笔者懊恼地注意到，FAA 还没有要求对硬止动设计进行根本性的更改[满足经验教训（1）的要求]。

4.32　伺服调整片卡阻

4.32.1　事故/事件概述

2000 年 2 月，一架属于世界航空货运公司（Emery Worldwide Airlines）的道格拉斯 DC-8-71F（见图 4.43）在起飞后立即出现控制困难。

图 4.43　道格拉斯 DC-8（非事故飞机，图片由 www. al-aliners. be 提供）

机组人员试图返回机场，但没有成功，飞机坠毁，3 名机组成员全部遇难。

4.32.2　原因分析

DC-8 有一个可逆的飞行操纵系统，飞行员直接操纵两个伺服调整片，一个在左升降舵，另一个在右升降舵（见图 4.11）。事故是由一个断开的螺栓所导致的。该螺栓将拉杆（由驾驶舱驾驶杆上的钢索系统操纵）与右升降舵上伺服调整片摇臂接头连接在一起。螺栓通常是用一个槽型螺母和一个开口销固定的，无法确定在维修程序中哪个环节遗漏了这两个部件。

因此，调整片被卡在后缘向下的位置，随着起飞时动压的增加，这个被卡住的调整片就会驱动升降舵后缘向上。升空后，飞行员难以克服巨大的操纵力，以阻止飞机的抬头。

4.32.3　解决方案

图 4.44 显示了在一架测试飞机上,右升降舵调整片拉杆与伺服调整片摇臂接头的连接,以证明这种效果。

图 4.44　测试飞机右升降舵调整片拉杆与摇臂接头的连接(图片由 NTSB 提供)

下文引自参考文献 4.35 第 62 页。

"波音公司在关于这次事故的报告中指出,在 DC - 8 的开发和认证过程中,制造商和 FAA 都考虑过调整片摇臂接头/拉杆连接的故障/断开。然而,报告指出,后缘向下的调整片运动与随后的杆端从摇臂接头凸耳之间脱开是一种没有预料到的故障模式,在这次事故之前也没有遇到过。"

NTSB 建议对维修和机组操作程序进行 15 项调整,以防止这种情况的再次发生(见参考文献 4.35 第 84~85 页)。

4.32.4　经验教训

设计者应该预见到这种类型的故障模式,并改变设计,使这种类型的卡阻变得极不可能。

4.33　非必要的失控

4.33.1　事故/事件概述

2001 年 5 月,一架由东海岸航空服务公司运营的英国宇航公司喷气流 3101

（见图 4.45）在宾夕法尼亚州威尔克斯-巴里市（Wilkes-Barre）附近坠毁。由于天气低于最低标准，该飞机刚刚经历了一次进近失败。

图 4.45　英国宇航公司喷气流 3101[非事故飞机，图片由小杜阿尔特(F. Duarte)提供]

在第二次进近时，右发动机因燃油耗尽而停车，机组人员失去了方向控制。17 名乘客和两名机组人员全部遇难。

4.33.2　原因分析

在参考文献 4.36 中，NTSB 确定了可能的原因："机组人员未能确保为飞行提供足够的燃料，导致右发动机因燃油耗尽而停车，左发动机因同样原因而间歇性停车。机组人员在最初的发动机停车后未能保持方向控制。"

据认为，左发动机的间歇性运行（在右发动机停车后，机组人员开始操纵飞机左转）是由左翼油箱的间歇性供油造成的。

4.33.3　解决方案

在本书出版时，NTSB 还没有公布其最终报告和建议。

4.33.4　经验教训

（1）很明显，机组人员应确保机上有足够的燃油。

（2）然而，如果燃油系统被设计成有足够数量的端口，那么事故可能仍然不会发生。读者可以参考 6.12 节中的类似事件。

（3）在恶劣的天气条件和发动机停车（无论什么原因）的情况下，保持飞机的控制对机组人员的要求很高。如果飞行操纵系统被设计成可以自动处置发动机停车的情况，事故也可能不会发生。

4.34　被冻住的副翼

4.34.1　事故/事件概述

2000 年 12 月,一架利尔喷气 35A(见图 4.46)正在进行医疗撤离飞行。起飞后,随着自动驾驶仪的接通,飞机开始无缘无故地向右倾斜5°。飞行员断开了自动驾驶仪,副翼变得不能移动,无法进行各种控制输入,倾角增加到20°。在施加相当大的力量后,副翼控制完全恢复,飞机在温哥华着陆,没有发生其他事件。

图 4.46　利尔喷气 35A 飞机(非事故飞机,图片由小杜阿尔特提供)

4.34.2　原因分析

根据参考文献 4.37,问题原因是副翼刷密封圈内有过量的水和排水通道的变形。飞机在飞行前已经在大雨中停留了几个小时,排水通道由于磨损而变形。

4.34.3　解决方案

在利尔喷气 35A 上使用了副翼刷密封件,以防止副翼在高马赫下的嗡嗡声。刷密封件必须每 300 h 用一种特殊的硅脂进行润滑,尽管利尔喷气机维护手册中提醒不要过度使用润滑脂,这可能会堵塞排水通道,导致副翼在高马赫数下的嗡嗡声。因此,解决方案是要非常小心地检查和维护这些刷密封件。此外,有经验的利尔喷气机飞行员会在飞行时保持副翼稍微移动,以利于刷密封件不被冻结。

4.34.4　经验教训

副翼冻结一直是一个(可预测的)操作问题。设计师应该寻找其他的解决方案。翼面形状对副翼的嗡嗡声有很大影响。另外,精心定制的涡流发生器可能可以解决这个嗡嗡声问题。

4.35　错位的操纵钢索

4.35.1　事故/事件概述

根据参考文献 4.38,2001 年 2 月,一架波音 737-33A(见图 4.47)在下降到澳大利亚悉尼的过程中,当进行空中减速时,飞机开始向右轻微滚转。

图 4.47　波音 737-33A[非事故飞机,图片由基思·伯顿(Keith Burton)提供]

断开自动驾驶仪,再次进行空中减速,结果是一样的。在放弃空中减速,继续飞行并着陆后,没有发生进一步的事件。

4.35.2　原因分析

根据参考文献 4.38 对飞机的检查显示,位于左机轮舱翼臀线(wing buttock line,WBL)73.00 滑轮处的左翼 3 号飞行扰流板"上行"钢索故障,该故障是由腐蚀造成的,这从故障位置的锈迹可以看出。在整改期间,所有有轻微腐蚀的其他左翼扰流板钢索也被更换。在维修之后,飞机恢复飞行。

该问题的根源是操纵左翼扰流板的钢索错位。有关的维修工程师当天从布里斯班到悉尼,工作时间超过 24 h,休息时间很短。工作时间过长和维修工程师的疲劳被认为是导致钢索错位的原因,并且在对扰流板操纵系统进行复查时也没有发现错位的情况。

4.35.3　解决方案

为防止再次发生,对工作规则进行了更严格的监管。

4.35.4　经验教训

对于设计工程师来说,将飞行操纵钢索和滑轮放在机轮舱里可能不是一个好主意,机轮舱非常容易受到雨水、泥浆和泥土的影响,而且必然会受腐蚀作用。

4.36　再次发生的漏水事件

4.36.1　事故/事件概述

2001 年 8 月,澳洲(Qantas)航空公司的一架空客 A330 - 341(见图 4.48)在飞往澳大利亚墨尔本的途中出现了以下情况(见参考文献 4.39)。

图 4.48　空客 A330 的模型(图片由 geminijets. com 提供)

在最初下降到墨尔本的过程中,机组人员将自动飞行系统设置为进近模式。这个设置使自动飞行系统为 16 号跑道的仪表着陆系统(instrument landing system,ILS)提供了定位和下滑道模式。这也使得机组人员可以使用第二套自动驾驶仪进场。当飞机下降到 2 500 ft 时,机组人员将地面扰流板手柄放到了预位位置。不久之后,无线电高度计指示从两位飞行员的电子飞行仪表显示器上消失了。然后,两套自动驾驶仪都断开了。大约 20 s 后,两套飞行导引系统都断开了定位和下滑道模式,但重新进入了当前垂直速度和航向的基本模式。

飞行员选择继续进场并手动驾驶飞机,因为他认为在没有自动飞行系统进场信号或无线电高度表信息的情况下,他能够控制飞机。自动推力没有受到自动驾驶系统断开的影响,仍然保持着。

在完成着陆进近后,PIC 着陆拉平,并将两个油门杆放慢车位,从而断开了自动推力系统。当左右主轮着陆、弹跳,在空中停留了 4.5 s,然后左右主轮再次着陆,飞机再次弹起,在空中停留 1 s,然后第三次,右主轮抬离跑道约 1 s。之后,飞机左右主轮着陆并稳定下来。2 s 后,油门杆被推进到复飞推力,又过了 5 s,飞机升空。在这一过程中,前起落架一直保持在空中。此外,地面扰流板没有展开,发动机反推功能也没有启动。

PIC 将飞机重新定位,再次进入 16 号跑道。在第二次着陆时,飞机在着陆后再次弹跳,然后稳定在跑道上。4 s 后,地面扰流板展开,但是,当机组选择发动机反推功能时,它没能被启动。完成着陆后,飞机滑行到登机口,没有人受伤。

4.36.2　原因分析

为了了解其原因,有必要回顾一下 A330 的飞行控制系统设计。以下内容摘自参考文献 4.39,并做了少量的编辑修改。

"飞机的飞行控制系统采用了全时、全权限电传操纵形式。三台飞行控制主计算机和两台飞行控制辅助计算机控制飞行控制系统。这些计算机处理机组人员和自动驾驶仪的输入,为液压驱动的飞行控制舵面提供合适的电子输出信号。机组人员对飞控计算机的输入是通过两个侧杆控制器中的任何一个发出的电信号进行的,而自动驾驶仪的输入是通过与飞机飞行管理和导引系统(flight management and guidance system,FMGS)的接口进行的。对飞控计算机的输入是按照各自的飞行控制律来处理的。无论飞行员的输入如何,控制计算机都会阻止过度机动和/或超出安全飞行包线。飞行控制律取决于飞机是在地面上还是在飞行中,或者是在飞行的拉平模式下。在地面模式下,侧杆偏度和舵面偏度之间是直接的一一对应的关系;在飞行模式下,舵面偏度受过载系数的控制,而过载系数正比于侧杆偏度,与速度无关。

飞行模式提供了对飞机的三轴控制,并提供飞行包线保护和机动载荷减缓。

在飞行模式下,正常控制律如下。

(1) 用于俯仰控制的过载(Nz)法则,包括过载保护。

(2) 用于横向(滚动和偏航)控制的侧向法则,包括倾斜角保护。

(3) 对高速、俯仰角和失速(攻角)的保护。

在拉平模式下,常规控制律如下。

(1) 在俯仰控制方面,用拉平法代替过载(Nz)法,允许常规拉平。

(2) 用于横向(滚转和偏航)控制的侧向法则,包括倾斜角保护。

(3) 失速保护。

拉平模式允许飞行员使用与非电传飞机相同的着陆技术。当无线电高度计探测到飞机离地面不到 100 ft 时,就会从飞行模式过渡到拉平模式。

如果两套无线电高度计都发生故障,在自动驾驶仪关闭的情况下,当起落架放下时,会从飞行模式切换到拉平模式。当使用自动驾驶仪时,也会从飞行模式切换到拉平模式,前提是起落架已经放下。

空客公司报告说,A330 的飞行测试包括在飞行模式下的着陆,即不过渡到拉平模式。在这种情况下降落并不困难,然而,它需要一种与非电传飞机不同的操作技术。在这种情况下,飞行员需要向后拉侧杆以启动着陆拉平,然后松开侧杆以保持所需的俯仰姿态,直至着陆。

A330 配备了两个无线电高度计,提供有关飞机离地面高度的信息。来自无线电高度计的数据也被飞机上许多系统的逻辑序列所使用,以确定某些操作参数是否已经达到允许某个特定系统运行的程度。

无线电天线位于飞机后机身的龙骨上。它们通过同轴电缆与飞机的电子系统相连。在这次事件发生后,对无线电高度表系统天线的检查表明,天线同轴电缆处进水了,无线电高度计天线进水导致无线电高度计信号被解释为超出范围的信号,而不是无线电高度计的故障。

从 2001 年 6 月 11 日到事发之日(2001 年 8 月 27 日),在飞机的维修日志中,有 19 条记录报告了无线电高度计的问题。对无线电高度计进行了维修,包括更换收发装置和清洗进水的部件。

(笔者认为这些维修事件可能是完全了解系统工作的人对事件前兆的处理方法。)

飞机配备了自动飞行系统和飞行导引系统。当飞机高度高于地面 400 ft 时,来自无线电高度计的无线电高度信号被用来使自动飞行系统进入着陆(LAND)模式。在着陆模式下,失去有效的无线电高度计信号会导致自动驾驶系统和飞行导引系统都恢复到垂直速度和航向的基本模式。在 ILS 进近过程中,自动驾驶仪还使用无线电高度信号来调整自动驾驶仪的增益,所需的增益取决于飞机与跑道端头的距离。任何非自愿断开的自动驾驶仪都会触发一个自愿断开(ap off in voluntary)警告信息给机组。

飞机配备了机翼上的地面扰流板。这些参数包括两个主起落架从飞行到地面的过渡(轮载),以及无线电高度低于 6 ft 或主起落架的前轮和后轮的速度高于 72 kn。

这架飞机配备了联合信号(allied signal)固态数字飞行数据记录器。对记录的数据进行检查后发现,在整个飞行过程中,每台飞控主计算机和辅助计算机都运行正常。记录的数据显示,在两次进场时,自动驾驶仪在横向和纵向轴上都有摆动。

两套自动驾驶仪同时断开,但断开时并没有同时发生警告。着陆模式在400 ft的无线电高度上启动。1 s后,两套飞行导引系统都断开了定位和下滑道模式,然后重新进入当前垂直速度和航向的基本模式。记录的数据还显示,两个无线电高度计的信号在进入墨尔本的两个进场序列的大部分时间里都是无效的。"

根据参考文献4.39:"在第一次着陆过程中,前轮在整个着陆过程中始终保持在空中,表明飞机没有发生低头。因此,主起落架的前轮可能没有接触地面足够长的时间,使其加速到所需的轮速状态。这导致地面扰流板所设定的逻辑条件没有被满足。这些条件要求压缩左右主起落架(轮载),无线电高度低于6 ft或主起落架的前轮和后轮的轮速大于72 kn。在没有有效的无线电高度、信号低于6 ft,并且没有展开地面扰流板的情况下,反推的逻辑条件也没有被满足,它也无法使用。没有自愿断开的警告,表明机组在进场时故意断开了自动驾驶仪的连接。

有效的无线电高度计信号的丢失并没有导致自动驾驶仪断开时从飞行模式自动切换到拉平模式。这是由于水进入了无线电高度计的天线,导致无线电高度计信号被解释为超出范围的信号,而不是由于无线电高度计产生故障。

4.36.3　解决方案

进水的地方被清理干净,系统被修复。

4.36.4　经验教训

(1) 有这么多的项目可能以不同的方式出错,期望飞行员完全理解飞行控制系统在做什么或者它不能做什么是不合理的。

(2) 设计工程师必须考虑在复杂的自动系统中可能因任何原因发生故障的所有项目。

(3) 水(或一般来说,液体)进入仍然是一个问题,只有通过良好的初始设计才能避免。

4.37　非指令偏航

4.37.1　事故/事件概述

2001年11月,一架澳洲航空公司的波音747SP-38(见图4.49)在澳大利亚蒙巴(Moomba)附近的43 000 ft飞行时,突然向右偏航,随后出现了20°的倾斜。飞行员及时排除了故障,并顺利降落在目的地。

图 4.49　波音 747SP‑38[非事故飞机,图片由小杜阿尔特提供]

4.37.2　原因分析

以下内容摘自参考文献 4.40。事故发生时,飞机在自动驾驶仪 A 的作用下飞行,下部和上部方向舵的偏航阻尼器均被启动。飞行员断开了自动驾驶仪并稳定了飞机。然后,非指令的偏航再次发生。机组随后广播了 PAN[表示不确定或警报的无线电代码,还没有达到呼救的水平],并得到授权下降到 38 000 ft。

这时,方向舵位置指示器显示上舵为右偏 5°,下舵为 0°。机组人员随后开始断开上、下偏航阻尼器,以试图隔离问题。在这些操作中,飞机开始"荷兰滚",机组人员随后将问题隔离到上舵的偏航阻尼器上,并将其关闭。随后,飞机正常运行,继续飞行,没有发生进一步的事件。

4.37.3　解决方案

地面维修人员确认上舵偏航阻尼器有异常,更换了这个阻尼器,飞机重新投入运营。

4.37.4　经验教训

(1)驾驶舱内舵面位置指示器应该是强制性的:它们在紧急情况下对飞行员非常有帮助。

(2)这种情况证明了两块独立方向舵的益处,而不是许多其他运输机上的一块方向舵。

4.38　路经发动机爆破面的操纵钢索

4.38.1　问题和解决方案

2001 年,雷神公司旗下的比奇首相(Premier)Ⅰ公务机(见图 4.50)在接近首飞时,发现纵向操纵系统的钢索被布置在这样的位置:风扇或涡轮盘的爆炸可能会切断所有操纵钢索。FAA 拒绝对该飞机进行认证,导致要进行相当大的重新设计和重新制造的工作,造成了飞机取证的长期延迟。

图 4.50　比奇首相 Ⅰ［图片由威尔纳·霍瓦特(Wernar Horvath)提供］

4.38.2　经验教训

设计管理部门应该在有经验的工程师在场的情况下经常进行关键设计审查。如果在制造开始之前就进行这样的审查,就会为公司节省大量的资金和日程时间。

第5章 从发动机安装设计中吸取的教训

"如果在飞行中可以指令反推力装置打开，那么它就一定会打开。"

——墨菲定律的铁证

5.1 概述

本章将介绍一系列在发动机安装设计中发生的问题，包括问题的原因分析、解决方案和经验教训（每个问题根据适用性，可能包含不同节）。这些问题与其他领域的关联关系将在附录A中阐述。在这些问题中，有一些是重复性发生的事件，如螺旋桨桨叶飞脱、反推力装置非预期打开、发动机非包容性失效等。对于螺旋桨桨叶飞脱和发动机非包容性失效来说，其根本原因通常是某种金属材料疲劳，而且由于多种因素，该疲劳不易被发现。对于反推力装置非预期打开来说，机组反应时间是非常关键的，可以通过控制系统在这类事件出现时自动控制相关装置来消除安全隐患。

5.2 螺旋桨太大或起落架太短

5.2.1 事故/事件概述

1946年11月，萨博斯堪尼亚（SAAB Scandia）原型机（见图5.1）首飞。

斯堪尼亚飞机标志着萨博公司首次尝试进入商用运输类飞机市场。萨博公司很快就发现当一个轮胎充气最少且起落架伸缩量最小时，该型号设计的螺旋桨距离地面的间隙不足（见图5.2）。

5.2.2 解决方案

萨博公司进行了大量的重新设计工作，将发动机推力线提高6 in，并将前起落架提高4 in。

图 5.1　萨博斯堪尼亚飞机(非事故飞机,图片由梅尔·劳伦斯提供)

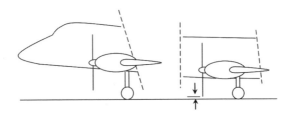

图 5.2　螺旋桨离地高度设计不足

5.2.3　经验教训

设计人员应时时刻刻考虑到螺旋桨尺寸对飞机的影响,要有长远的、发展的眼光,认识到发动机/螺旋桨组合可能需要增加尺寸,以及轮胎放气和不同减震支柱长度下的起落架位置、最小离地间距对飞机的影响。在设计初期考虑好这些问题可以推进项目进度和节省资金。

5.3　飞行中反桨 I

5.3.1　事故/事件概述

1949 年 8 月,一架美国东北航空公司康维尔 240(见图 5.3)飞机在波特兰缅因机场接地前收油门时发生非指令反桨,之后飞机重着陆,飞机主体结构损伤并起火,飞机损毁。机上 3 名机组成员和 25 名乘客安全撤离飞机且没有伤亡。

5.3.2　原因分析

参考文献 5.2 中阐述了造成该事件可能的原因:"油门杆的锁定装置未能正常执行其功能,使得油门杆超越了止动位进入反桨行程。"

以下内容摘录自参考文献 5.2。

图 5.3 康维尔 240 飞机[非事故飞机,图片由 www. prop-liners. com 和美国东北航空公司(Northeast Airlines)提供]

"螺旋桨反桨系统包括一个位于左侧主起落架结构上的电动开关。飞机接地后飞机的重量作用于起落架上,起落架支柱相对运动达到一半(one-half)英寸时,该电动开关接通并激励一个电磁螺线管,反桨机构中的油门杆锁定装置解锁,使得油门杆可以进入螺旋桨反桨桨距行程。

螺旋桨反桨机构中的油门杆锁定装置也可以在驾驶舱手动操作。操作步骤为:拉出位于驾驶舱操纵台上约一英寸的"T"型手动超控装置手柄。该控制装置与电磁活门的阀杆机械连接,其向外运动与给电磁活门通电后油门杆解锁的作用相同。

当电磁活门下电时,或人工超控机构工作时,电磁活门的阀杆在弹簧力作用下回到初始位置。在初始位置上,螺旋桨反桨锁定装置上锁。这样的设计可以防止空中意外移动油门杆至反桨行程。事故后的调查发现,在该起案例中,飞机在波特兰准备着陆过程中,由于电磁活门阀杆的非正常移动,加上剩余磁力作用,使得油门杆越过慢车止动位,被拉至反桨行程。

人工操控手柄位于中央操纵台上,非常方便操作,但是在夜间,通常的驾驶舱照明下,不容易辨别它们的位置。"

5.3.3 解决方案

美国东北航空公司在"着陆前"检查单中增加了对人工超控手柄位置的主动确认程序。不久之后,CAB 发布了适航指令,将该检查项目作为所有配备可反转螺旋桨的康维尔 240 飞机的强制要求。

5.3.4 经验教训

设计工程师在设计任何安全设施时应时刻谨记:误动安全设施很可能会酿成灾祸。

5.4　飞行中反桨Ⅱ

5.4.1　事故/事件概述

1950年10月,一架美国西北航空公司马丁202飞机(见图5.4)在明尼苏达州阿尔梅隆德坠毁。该飞机当时在进行训练飞行。

图5.4　马丁202飞机(非事故飞机,图片由皇家航空学会提供)

机上6人全部遇难,飞机解体。

5.4.2　原因分析

参考文献5.3中阐述了造成该事件可能的原因是空中右侧螺旋桨非指令性反桨,飞行员无法控制飞机。

事故调查发现右侧螺旋桨桨叶位于7°~10°的反桨桨距区间。根据参考文献5.3所述,最终确定定位造成反桨的具体原因。

在马丁202飞机项目早期进行飞行试验期间,曾因安装错误造成一起空中反桨事件。当时,试飞员拼尽全力使用满副翼和满方向舵,极其困难地控制飞机在马丁机场紧急着陆,这一经验清楚地表明了如果在飞行中发生反桨,会出现飞机控制问题。

5.4.3　经验教训

如果在起飞阶段使用最大功率时发生反桨,保证飞机可操控性是不现实的。但是,在巡航或着陆等飞行情况下,一侧螺旋桨反桨不应导致飞机失去控制。

5.5　飞行中反桨Ⅲ

5.5.1　事故/事件概述

1952 年 2 月,一架(美国)国家航空公司道格拉斯 DC-6(见图 5.5)从新泽西州纽瓦克机场起飞不久后坠毁并起火。机上 63 人中 3 名机组成员和 26 名乘客死亡,其余机组成员和乘客均有不同程度受伤。

图 5.5　道格拉斯 DC-6(非事故飞机,图片由舒尔曼提供)

5.5.2　原因分析

该起事件发生时,所有发动机都在工作。1 号和 2 号螺旋桨位于 $46°\sim53°$ 正桨距区间。而 3 号螺旋桨则处于完全反桨桨距,4 号螺旋桨处于完全顺桨。

根据参考文献 5.4 的描述,检查飞机维修记录时发现,在 1952 年 1 月和 2 月,已有红色标识带提示该飞机的螺旋桨在起飞后可能会进入并停留在反桨角度。但是在飞机机轮离地后,该红色标识带是无法看到的,通过更换位于前轮和右主起落架上的微动开关,问题都得到了纠正。

1952 年 1 月 24 日,在一次维护运行检查期间,发现 4 号螺旋桨在被带出顺桨位置后会进入反桨区间。该螺旋桨被拆除并送往螺旋桨大修车间,在那里发现是滑环组件和接触板之间的水分引起的问题。于是,维修人员更换了滑环组件,纠正了这一使用困难。随后,该螺旋桨被安装为事故飞机上的 3 号螺旋桨。

事故调查委员会确定,这次事故的可能原因是 3 号螺旋桨在飞行中大功率状态下反桨,且同时 4 号螺旋桨进入了顺桨。上述原因造成了飞机高度下降,在原本就比较低的飞行高度下,飞机无法恢复。

以下内容摘录自参考文献 5.4。

"3 号螺旋桨反桨的原因存在不确定性。可以确定的是螺旋桨调速器电磁活门回路没有与其他电路隔离,可能会在其上电时引起螺旋桨反桨。螺旋桨调速器电磁活门回路是从驾驶舱至发动机整流帽罩中的调速器的线路。如果是这样的话,那么由于电气系统的某些故障,可能造成调速器电磁活门非预期上电,此时,如果电路保持通电,即使驾驶舱机组未做任何动作,也可能发生螺旋桨反桨。"

1952年2月14日,CAB局长向CAB所有地区办公室发出了以下电报:"……为了防止DC-6、DC-6A和DC-6B飞机所安装的汉胜公司螺旋桨意外反桨的可能性,从发动机防火墙到调速器电磁活门的接线应与所有其他电路隔离,以防止电磁活门意外上电。要实现以上要求,最好将相关电缆从线束中取出并将其放置在单独的隔离导线中。这部分电路的隔离应尽快完成,且不应晚于2月18日午夜。防火墙后面的部分电路和飞机的其余部分需要立即进行检查。检查包括所有接线点,确保没有与附近松动的电缆接触的危险,并检查可能发生磨损或其他损坏的所有地方,这些损坏可能使带电的线路接触电磁活门电路或接线端。后续我们将发出有关隔离防火墙后面部分电路的进一步说明。我们不建议在完成上述要求之前抑制反桨功能。"

5.5.3　解决方案

尽管如此,2月13日,(美国)国家航空公司开始抑制DC-6飞机上的螺旋桨反桨功能。

5.5.4　经验教训

飞行关键功能的电路必须进行隔离。

5.6　排气整流罩Ⅰ

5.6.1　事故/事件概述与解决方案

1954年,在道格拉斯A4D天鹰(见图5.6)的早期飞行试验过程中,试飞员发现到严重的抖振(见参考文献5.5)。

问题可以追溯到排气和垂直尾翼下部之间的大量气流分离。解决方案是安装所谓的"糖勺",如图5.7所示。

5.6.2　经验教训

发动机排气会对局部流动稳定性产生重大影响。设计人员应该意识到这一点。

这样的问题通常可以在风洞试验中发现。最近,通过使用适当的CFD技术,甚至可以在开展风洞试验之前就能够识别出潜在的流动分离区域。这可以节省金钱和时间。

图 5.6　道格拉斯 **A4D** 天鹰飞机(图片由皇家航空学会提供)

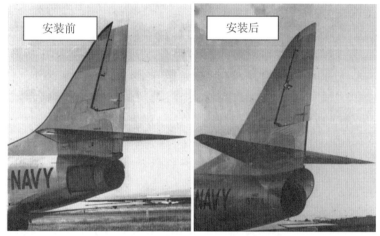

图 5.7　道格拉斯 **A4D** 天鹰飞机上安装的"糖勺"整流罩(图片由圣地亚哥航空博物馆提供)

5.7　飞行中反桨Ⅳ

5.7.1　事故/事件概述

1955 年 4 月,美国联合航空公司编号 N37512 的道格拉斯 DC - 6(见图 5.8)在一次训练飞行中,起飞后不久坠毁在麦克阿瑟机场。两名飞行员和一名联合航空公司飞行经理遇难。飞机在撞地和随后的大火中损毁。

5.7.2　原因分析

参考文献 5.6 指出了可能的原因是"4 号油门杆在飞机离地前意外进入负

图 5.8　道格拉斯 DC‑6(非事故飞机,图片由 www. prop‑liners. com 和美国联合航空公司提供)

拉力行程,其他三台发动机正在以高功率运行,这导致飞机一旦升空就很快变得无法控制。"

参考文献 5.6 陈述了这架飞机指令螺旋桨反桨的具体情况。

"DC‑6 飞机的螺旋桨可用于飞机在地面上时提供负拉力以使飞机制动。螺旋桨反桨是通过将油门杆从正慢车位置向后拉,此时电气控制系统被激活,使螺旋桨的叶片在其轮毂内旋转到产生负拉力的位置。发动机功率和负拉力的大小与油门杆向后运动的行程成正比。通过将油门杆向前推回至正慢车及以上位置来恢复前进拉力并退出反桨。

当飞机在空中飞行时,油门杆锁定机构(慢车锁)可防止油门杆从正慢车位置向后运动,从而防止非指令的反桨。油门杆慢车锁的操作由起落架支柱上的电门控制,当飞机的重量作用在起落架上时,该电门闭合。然后,油门杆慢车锁电磁活门上电,慢车锁解锁。同时,反桨警告标志在操纵台上弹出,进入机组视野中,以表明慢车锁已解锁。该红色金属警告标志与油门杆慢车锁电磁活门机械连接,如果电磁活门故障,机组人员可以手动拉起此红色金属标志以操作慢车锁。

当飞机升空时,起落架支柱电门开路,油门杆慢车锁电磁活门断电,慢车锁回到锁定位置,警告标志转回到机组视线之外。

大约三年前,美国联合航空公司担心由于电气故障而导致意外的飞行中螺旋桨反桨,因而更改了其 DC‑6 机队的螺旋桨控制电路。这次更改使得每当飞机升空时,螺旋桨反桨控制电路自动切断电源。当飞机在地面上时,恢复该电路的供电。卸载和恢复供电通过新增加的继电器(称为 H 继电器)自动完成,而该 H 继电器由油门台慢车锁电磁活门驱动的电门来控制。在该起案例中,飞机的螺旋桨控制电路已贯彻了上述更改。调查显示,一旦螺旋桨开始进入反桨位置,它不需要经过完整循环,就可以从任何负叶片角度退出反桨。油门杆向后移动越过正慢车位置,螺旋桨就会进入反桨。如果飞机处于起飞滑跑阶段,然后以这种构型升空,螺旋桨可以通过顺桨或弹起反桨警告标志并前推油门杆而退出反桨。弹起反桨警告标志与飞机在地面上时起落架电门具有相同的功能,即螺旋桨的反桨控制系统再次通电,允许退出反桨。如果在前推油门杆时警告标志没有弹起,螺旋桨叶片将保持反桨桨距,此时所产生的负拉力的大小将取决于油门的大小。

多年来,在运输类飞机上使用螺旋桨反桨系统期间,美国联合航空公司进行了大量试验,以确定各种正向和反向螺旋桨拉力组合条件下的飞机飞行特性。这些早期试验的大部分是在巡航空速和巡航功率设置下进行的,因为需要更多关注飞机在水平飞行时发生意外反桨对飞机性能和操纵性的影响。这些飞行试验对整个行业非常有益,并提供了与在水平飞行中发生意外反桨时应遵循的程序相关的必要信息。在该事故发生后的几天内,美国联合航空公司进行了另一系列的飞行试验,以进一步研究 DC‐6 飞机在低空速条件下,外侧螺旋桨反桨以及其他一些情况对操纵性的影响。

这些试验表明,起飞构型下,飞机速度为 100 kn 或更低时,1 号、2 号和 3 号发动机处于最大发动机起飞功率(METO)或更高功率,当 4 号发动机产生全功率下负拉力时,飞机几乎立即变得无法控制。在该试验中,通过使用完全相反的副翼,滚转延迟了很短的时间。然而,剧烈的偏航持续存在,随之而来的是空速的丧失,几秒钟内就出现了剧烈的滚转和俯仰。由此产生的飞机机动与 N37512 的机动非常接近。

在这些试验中发现的关键点之一是油门杆意外进入反桨行程之后的位置。试验证实了这样一个事实,即如果在起飞滑跑过程中将油门杆移动到反桨行程,则在空中将油门杆移回正推力范围不会使螺旋桨退出反桨,而只会导致负拉力增加。这是因为,如前所述,反桨电路在空中飞行时断电,螺旋桨保持在其在地面上时被设置的反桨位置。在这种情况下,只能通过按下顺桨按钮或弹起反桨警告标志并前推油门杆来退出反桨。”

5.7.3　解决方案

美国联合航空公司购买了油门锁定设备(也称为马丁杆)并在 DC‐7 飞机

上获得了良好的使用经验后,决定为其 DC‐6 和 DC‐6B 飞机也配备该设备。该设备由位于油门台慢车位置的横杆组成。当飞行员希望将油门拉到反桨时,可以先将该横杆就从其初始位置移开;但是当该横杆在其位置上时,不可能将油门拉到反桨。马丁杆组件的订单是在本节所述事故发生前几个月下好的,第一架 DC‐6 在事故发生前一周进行了改装。

5.7.4   经验教训

导致这种不必要的螺旋桨反桨事件的情景是可以预见的。马丁杆似乎是一个迫在眉睫的问题的明显解决方案。

5.8   进近时螺旋桨进入小桨距

5.8.1   事故/事件概述

1956 年 2 月,(美国)首都航空公司的维克斯子爵(见图 5.9)在伊利诺伊州芝加哥中途机场着陆进近的最后阶段坠毁。

图 5.9   维克斯子爵(非事故飞机,图片由 www.prop-liners.com 和资本航空提供)

5 名机组人员和 37 名乘客被撤离,其中一些人受轻伤。

5.8.2   原因分析

根据参考文献 5.8,该起事件可能的原因是"螺旋桨控制开关出现故障,最终导致升力突然丧失。"

以下内容改编自参考文献 5.8。

驾驶该飞机的飞行员作证说,当襟翼在飞机拉平之前展开到 47°位置时,他看到 4 个螺旋桨 17°桨距警告灯中的 3 个被点亮。当螺旋桨桨叶处于 17°或以下角度时,这些灯由每个螺旋桨上的桨叶角度开关驱动,用以警告飞行员桨叶角低于最小飞行角度。飞行员立即前推油门杆,但飞机油门停留在关闭位置(地面状态)。

螺旋桨配有桨距限动电磁活门,该电磁活门由着陆时起落架的伸缩动作引起的开关闭合而通电。

后续调查发现右侧主起落架上的开关安装座(包括接触腔)中含有水,并已有腐蚀的迹象。开关尚可自由开合,然而,在开关的安装座内存在相当数量的颗粒状腐蚀产物。在这个开关安装座中发现的水,主要是因为飞机在前往芝加哥起飞之前暴露在 19°F(-7.2℃)的温度下。

检查所有其他开关,发现其中一个开关卡在关闭位置。

为了模拟所发生的问题,应 CAB 的要求,制造商进行了解除所有螺旋桨桨距限动的飞行试验。在空速 100 kn、离地高度约 8 ft 处,所有油门都迅速打开了大约一半的油门距离。此时,飞机似乎完全失去了升力,迅速向跑道下沉。

21°中距限动电磁活门的电路包含四个微动开关,两个并联于正极,两个并联于负极。这就需要在电磁活门通电之前,电路两侧各有一个开关是已上电的,从而完成解除 21°中距限动的步骤之一。该电路是专门设计的一种安全措施,因为需要两个开关发生故障才能建立不需要的电路。但是,当一个开关的故障在一段不确定时间范围内无法被探测到时,这种双重故障设计特征就被打了折扣,而且也没有针对这些开关制定明确的检查间隔。

让我们来看一下子爵飞机动力系统的特性。

该飞机动力系统功率控制由用来调节每台发动机转速和燃油流量的四个节气门组成。螺旋桨对高转速信号的响应比发动机增加功率以达到此转速的响应更快。这是正常的涡轮螺旋桨特性,罗罗公司飞镖发动机的这种滞后被认为是可以接受的。空速和油门运动的速度和程度等变量都会影响这种滞后的持续时间。在这种情况下,滞后应约为 2.5 s。而在此期间的大部分时间里,螺旋桨叶片应处于 4°,以通过风车转动来保持所需的更高转速,这将大大增加阻力并降低升力。

5.8.3 解决方案

立即纠正措施如下。

(1) 在所有首都航空公司的子爵飞机上安装双重 21°中距限动电磁活门告警灯。

(2) 增加对所有微动开关的 300 h 定期检查。这需要拆卸并安装经过彻底检查的开关。

(3) 每个微动开关外壳都钻了一个孔,让多余的水分从开关中排出。

（4）在所有首都航空公司子爵飞机上安装测试电路，包括双灯和单极双掷开关，可在飞行中检查 21°中距限动电磁活门电路的正负两侧，以确定微动开关是否出现故障。

（5）在副驾驶侧防火控制面板上同样安装 21°中距限动告警灯。

（6）订购交付时安装的密封起落架驱动微动开关。

5.8.4　经验教训

应防止水分进入飞机的所有电气部件。这次事故的场景是可以预见的，事故发生后进行的飞行试验应该作为飞机适航审定的一部分进行。

5.9　拆卸发动机的设计

5.9.1　事故/事件概述

该事件引自参考文献 5.8。美国空军坚持要求塞斯纳 T - 37（见图 5.10）飞机拆卸发动机时，能够将发动机从每个发动机舱安装位置竖直向下移动到维修车上。

图 5.10　生产线上的塞斯纳 T - 37 飞机，1956 年（图片由塞斯纳公司提供）

为了实现这一目标，每个机翼前梁的下缘条都设计了一个摆动连杆（见图 5.11）。

由于赶进度，必须在 1956 年秋向美国空军人员进行演示，以证明可以在短时间内完成发动机更换，没有人考虑过彩排。当演示那天到来，结果非常尴尬。一群重要的美国空军人员就在现场观看。

首先拆除允许摆动连杆向下移动的螺栓，这样一来连杆可以向下摆动。然

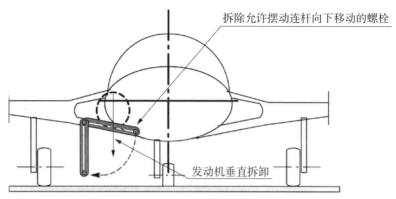

拆除允许摆动连杆向下移动的螺栓

发动机垂直拆卸

图 5.11 塞斯纳 T‑37 前梁上的摆动连杆安装

后断开发动机配件,将发动机放到推车上,移开。另一辆装有另一台发动机的推车移动到位,发动机升入机舱,重新连接所有配件。有人向上摆动了连杆,然后······哎呀,螺栓孔不能再次对齐。

5.9.2 原因分析

现在看看飞机,机身坐在起落架上(见图 5.11)。很明显,当移走下缘条连杆时,将产生足够的变形(由于弯曲)使得螺栓孔无法重新对齐。

5.9.3 解决方案

可以通过"加强"翼梁以增加机翼的弯曲刚度。这种解决方案显然增加了重量。这个问题应该在设计早期阶段识别出来,要么发动机应该向后移动,要么前翼梁应该向前移动以留出足够的发动机间隙。

5.9.4 经验教训

必须先拆下主要结构部件来更换发动机通常不是一个好主意。在没有彩排的情况下安排客户演示也不是一个好主意。

5.10 由于发动机安装节不符合性造成的熄火

5.10.1 事故/事件概述

在 1957 年的某个时候,塞斯纳 T‑37(见图 5.12)服役一段时间后,来自外场的报告表明,在典型的战斗机进近机动中,一个或多个发动机会经常熄火(见参考文献 5.9)。这显然是不能接受的。

图 5.12   塞斯纳 T‑37(非事故飞机,图片由 NASA 提供)

5.10.2   原因分析

详细调查显示,发动机安装节内部有弹性垫圈,以减少振动向机身的传递。由于发动机舱的高温,垫圈材料已经软化,使得发动机可以相对于发动机硬点运动。而发动机燃油控制系统包含安装在机身上的电缆系统。由于发动机运动,燃油控制杆被切入停车位置。

5.10.3   解决方案

这个问题的解决方案是改用另一种更耐用的弹性材料。也许更好的解决方案是将燃油控制系统更改为发动机安装式,而不是机身安装式。

5.10.4   经验教训

发动机燃油控制系统应安装在发动机上,而不是机身上。此外,任何减缓振动或冲击的材料都应在实际运行条件下(在本案例中为高温)测试其特性。

5.11   发动机轴承失效及螺旋桨分离

5.11.1   事故/事件概述

1957 年 3 月,一架美国航空公司的道格拉斯 DC‑7(见图 5.13)在田纳西州孟菲斯附近飞行时失去了其 1 号动力装置的进气部分和螺旋桨。

该事故对机身造成了重大损坏,随后发生爆破性释压,但没有起火。机组人员在孟菲斯成功着陆,几名机组人员和乘客因突然释压的影响而接受治疗。另有 5 名乘客因飞溅的碎片而受到撕裂伤。

5.11.2   原因分析

以下内容改编自参考文献 5.10。这次事故的可能原因是螺旋桨推力轴承

图 5.13　道格拉斯 DC‑7(非事故飞机,图片由 www. prop-liners. com 和美国航空公司提供)

组件故障,导致螺旋桨分离并穿透机身,飞机在飞行中发生爆破性释压。

前舱顶部的 17 ft×4 ft 大小的部分被吹离飞机,导致大量碎片在客舱飞舞。两扇厕所门也被从铰链上撕下来,卷进了机舱。幸运的是,飞行控制系统没有受到影响。

事后,恢复了前曲轴箱组件的所有主要部件,但滚柱推力轴承、一部分空心传动轴和部分进气道部件除外。对恢复部件的检查显示,球轴承和滚柱推力轴承所在的传动轴的工作温度过高。滚柱轴承腔后面的传动轴失效,且因热量作用变黑,并在一侧的高拉伸载荷下断裂。在传动轴的另一侧,由于高压缩载荷,壁厚有所增加。

推力球轴承因过热而严重损坏。它的内圈和外圈被磨损和压平,并含有来自熔化的铜制轴承保持架的金属沉积物。所有球都就位,但由于过热而变平和变黑。该轴承的工作温度足以熔化铜制球轴承保持架并将内圈焊接在一起。

这些轴承在发动机装配时的配合非常关键。发动机大修记录表明,这些部件是根据制造商推荐的程序组装的。最后一次发动机大修是在事故发生前 346 h。当时使用的推力球轴承是可服役件,推力滚柱轴承是新的。发动机本身的总服役时间为 6 609 h,已进行过十次大修。

除了可能缺乏润滑,无法完全确定轴承组件过热的原因。

5.11.3　解决方案

事故发生前,球轴承安装在滚柱轴承之前。这样做是为了减少滚柱轴承上的径向载荷。由于这次事故,发动机制造商发布了服务公告,以改进对螺旋桨推力轴承的检查并互换这些轴承的位置。CAB 发布了涵盖相同内容的适航指令 57-6-4。

5.11.4 经验教训

在动力装置的设计中,球轴承和滚柱轴承的相对位置可能很重要。设计应使安装过程中只能使用一个固定的顺序。

5.12 螺旋颤振

5.12.1 事故/事件概述

1959 年,一架由布兰尼夫国际航空公司运营的洛克希德伊莱克特拉(Electra,见图 5.14)在巡航飞行过程中发生结构性解体后在得克萨斯州布法罗附近坠毁。

图 5.14 洛克希德伊莱克特拉[非事故飞机,图片由鲍勃·加拉德(Bob Garrard)提供]

1960 年,(美国)东方航空公司的一架伊莱克特拉在飞行中发生结构性解体后在俄亥俄州坎内尔顿附近坠毁。上述两起事故都没有幸存者。

其余的伊莱克特拉飞机被限制正常运行速度至 225 kn,不允许超过 245 kn。

5.12.2 原因分析

经过艰苦而漫长的分析和调查,确定可能的原因是螺旋颤振。据调查确定,事故中布兰尼夫国际航空公司的伊莱克特拉经历过硬着陆,(美国)东方航空公司的那架伊莱克特拉在之前的飞行中遇到过严重抖振,致使发动机安装结构发生了结构减弱。这样一来,发动机旋转模态的频率与巡航动态压力下的机翼扭转模态一致。结果,该结构在巡航飞行中断裂,飞机解体。从颤振的物理原理上来解释,即一种振动模态从空气中吸收能量,并激发另一种振动模态制动不稳定点。参考文献 5.11～参考文献 5.13 中包含对两起事故和随后调查的详细讨论。

5.12.3　解决方案

在确定事故原因后,洛克希德公司启动了一项重大更改,以防止这种情况再次发生。参考文献 5.11 中的图片展示了对发动机舱和机翼结构的设计更改。

这些设计更改使飞机的空重增加了约 1 200 lb。洛克希德公司承担了设计更改的全部费用。

随后,伊莱克特拉再次被认证为完全适航,该型号飞机后续服役表现出色。

5.12.4　经验教训

(1) 飞机设计师的一个教训是应总是问这样一个问题:"如果……怎么办……"。当发动机安装结构和机翼结构之间存在连接时,在早期设计中可以提出的一个有效问题是"硬着陆是否会减弱结构的任何部分,以至于使颤振分析中的刚度假设无效?"

(2) 对于前起落架通过发动机连接支架连接到机身的设计,问一问上述问题可能也是个好主意。很多单发螺旋桨飞机都具有这种设计特征。

(3) 另一个重要的点是,在一些涡轮螺旋桨安装中,齿轮箱/螺旋桨安装在发动机前面较远位置。因此,与传统的活塞/螺旋桨安装相比(螺旋桨直接安装在发动机的前面),涡轮螺旋桨安装中的螺旋桨旋转模态表现出相当低的频率。这在颤振分析中是非常重要的。

5.13　两台相邻发动机的安装

5.13.1　事故/事件概述

当两台喷气发动机彼此相邻安装时,应考虑其中一台发动机旋转部件的非包容性失效问题。这方面的例子有英国的维克斯 VC - 10(见图 5.15)和俄罗斯伊留申设计局的伊尔-62(见图 5.16)。VC - 10 的原型机于 1961 年首飞。

图 5.15　维克斯 VC - 10

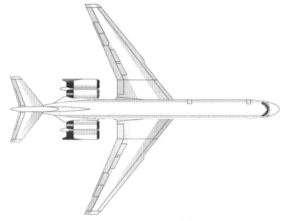

图 5.16　　伊尔-62 俯视图

VC-10 和伊尔-62 都遇到了几起非包容性发动机失效。VC-10 的失效没有造成人员死亡，因为设计师们将该飞机设计成机身结构或飞行控制系统的灾难性故障为极不可能事件。

此外，VC-10 还引入了包容性设计特征，以防止一台发动机爆破对其相邻的发动机造成严重损坏(见参考文献 5.14)。可悲的是，在没有做出这些规定之前，已经发生了几起非包容性发动机失效造成伊尔-62 坠毁的事故。

5.13.2　经验教训

非包容性发动机失效应被认为是一定会发生的。设计人员必须在飞机设计上引入能够防止丧失飞机控制或造成主要结构致命损伤的设计特征。但是，这样做会严重增加飞机重量。增加重量不利于提高飞机的竞争力。

5.14　排气整流罩Ⅱ

5.14.1　事故/事件概述和解决方案

喷气式飞机经常由于排气整流罩设计不佳而面临意想不到的高阻力。

高阻力安装的一个典型例子是如图 5.17 所示的 VC-10 初始排气管构型。

如图 5.18 所示是在该飞机上设计更改增加的被称为"海狸尾"的排气整流罩。在两台发动机排气管后端中间增加"海狸尾"可大幅度降低巡航阻力(高达九个阻力单位!)。

这种海狸尾构型自 1962 年开始安装在所有 VC-10 飞机上。

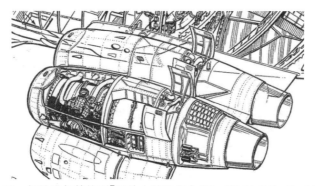

图 5.17　初始排气管构型[图片由航班集合(The Flight Collection)提供]

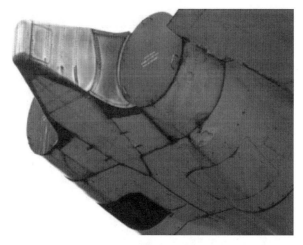

图 5.18　更改后的排气管构型[图片由霍明加(J. Hieminga)提供]

5.14.2　经验教训

在两台发动机排气管之间设计合适的"整流装置",可以显著减少阻力。从图 5.16 可以看出,伊尔-62 也采用了这种海狸尾整流罩。在本书 5.16 节读者将看到,XB-70 的设计没有吸取这一教训。

5.15　飞行中反桨 V

5.15.1　事故/事件概述

1962 年 4 月,FAA 运营的洛克希德星座 L-749A(见图 5.19)在一次尝试复飞时坠毁在太平洋坎顿岛跑道外的珊瑚架上,距海岸 220 ft。

图 5.19　洛克希德星座 L－749A(图片由赫尔默提供)

此次事故中,四名机组人员死亡;机上两名乘客,一名死亡,另一名重伤;飞机严重受损,但没有起火。

该次飞行的目的是在航空公司运输评级测试之前进行对副驾驶进行各种机动和飞行构型的培训,以及进行飞行维护技术人员改任飞行工程师的培训。

5.15.2　原因分析

参考文献 5.15 指出,可能的原因是在初次着陆接地后试图复飞时失去控制,因为 4 号螺旋桨反桨未被发现。

下文改编自参考文献 5.15。幸存的乘客提供了有关该次飞行的重要信息。

作为这次飞行训练目标的一部分,这架飞机成功地进行了一系列起飞和着陆机动。在最后一次着陆接地时,飞机以右侧主起落架滑行了 239 ft,右侧机翼持续下降。然后飞机以机头大幅向上和右翼向下的姿态离地,之后右翼翼尖撞击到了跑道右侧边缘。撞击造成了右翼尖以及机翼的外侧部分和右副翼破损。飞机像手推车一样在地面上前行,最后停在离海岸 220 ft 的珊瑚架上约 3 ft 深的水中。

事后对 4 个螺旋桨的检查表明,1 号、2 号、3 号和 4 号螺旋桨撞击时的桨叶角度分别为正 15°、正 15°、正 23°和负 20°。这架飞机的低距限动角为正 15°,反桨限动角为负 20°。

四个螺旋桨的变桨机构和调速器的功能测试和分解检查没有发现任何异常。除了有一个例外:4 号调速器低压释压阀的划痕和点蚀过多。造成这些情况的原因尚无法确定。然而,这种情况会使反桨限动无效,很明显,这就是事故中所发生的情况。

当 4 号螺旋桨反桨时,飞机右侧会增加阻力、损失升力。

5.15.3　解决方案

由于无法确定低距限动失效的原因,因此没有提出具体的解决方案。

5.15.4　经验教训

在本书中,由各种原因导致的螺旋桨反桨是反复发生的事件。读者也可参考本书的 5.21～5.29 节。应该有更好的方法来防止这种类型的事故。

5.16　排气整流罩Ⅲ

5.16.1　事故/事件概述

北美 XB-70A 于 1964 年首飞。图 5.20 为该飞机的三视图。该飞机在发动机之间缺少排气整流罩。

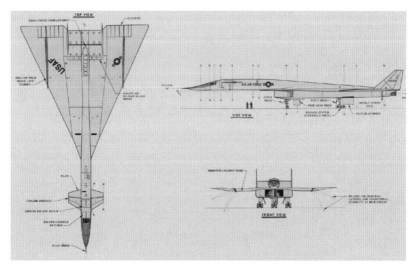

图 5.20　北美 XB-70A(图片由北美公司提供)

排气整流罩的缺失在图 5.20 中显而易见。这样的发动机安装在亚声速状态下导致的阻力增加幅度非常大。该问题的解决方案未经过试验验证,因为整个项目由于其他原因被取消了。图 5.21 为该型号飞机的后、底视图,很好地展示了与此安装相关的较大"底座区域"。底座区域在亚声速飞行中会产生非常大的压力阻力。

5.16.2　经验教训

再次强调,对于动力装置安装在飞机尾部的设计,在设计早期阶段,就应该考虑发动机安装尾喷管处排气整流罩的使用。

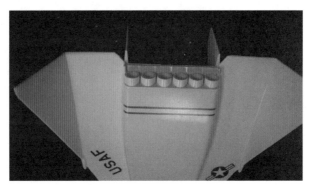

图 5.21 XB‐70A 型号飞机排气装置的后、底视图

5.17 螺旋桨叶片飞脱 I

5.17.1 事故/事件概述

1967 年 3 月,中央湖航空公司(Lake Central Airlines)的一架康维尔 340(涡轮螺旋桨型飞机)在俄亥俄州马赛附近坠毁。图 5.22 展示了该飞机的活塞螺旋桨型。机上 38 人无人幸存。

图 5.22 康 维 尔 340

5.17.2 原因分析

根据参考文献 5.16,该事故原因是 2 号发动机大质量螺旋桨叶片飞脱,穿透机身结构,并造成机身结构性失效。当 3 号叶片的扭矩传动机构因疲劳而失效时,就会使得叶片失效。由此产生的 3 号叶片飞脱导致螺旋桨桨距迅速减小,且螺旋桨桨距限动机构也无法阻止该桨距变化。这样的超速运转又导致其他叶片飞脱。

调查表明,3 号叶片的扭矩传动机构在制造过程中没有氮化,质量检查也没有发现这一遗漏。

5.17.3　解决方案

NTSB 建议收紧对艾里逊公司的检查验收程序,以防止类似情况再次发生。

5.17.4　经验教训

这是一个人为差错造成灾难性事故的例子。先是由于人为差错导致一片叶片失效,进而使得叶片桨距迅速减小,且桨距限动机构无法阻止,最终造成灾难性的机身结构性失效。这个序列应是可以预知的。设计师必须假设,在有人参与的工作链条中的任何一处,都会有人无法完成这项工作。如果这意味着必须改变设计以防止灾难性故障,这也正是需要进行此类失效分析的原因。

5.18　螺旋桨叶片飞脱 Ⅱ

5.18.1　事故/事件概述

1975 年 7 月,一架德·哈维兰 DH - 114 苍鹭(见图 5.23)在波多黎各圣胡安机场起飞时,2 号螺旋桨的一片叶片飞脱。

图 5.23　德·哈维兰 DH - 114 苍鹭(非事故飞机,图片由鲍勃·加拉德提供)

飞机中止起飞。机上 11 人中 1 人受轻伤。

5.18.2　原因分析

根据参考文献 5.17,振动应力导致叶片上产生了疲劳裂纹,在飞行前检查中无法发现该裂纹。所以,目前为止,一切都好。

然而,参考文献 5.17 也表明,飞脱的螺旋桨叶片穿入机身左侧,撕裂了左侧前方乘客座椅的一部分,幸好该座椅上没有乘客。但是,叶片从机舱地板穿出时,飞机飞行控制系统失效了。控制电缆、电线和飞机系统管路都在下机身区域排布。机身下部排布的燃油和引气管路严重受损。

5.18.3　解决方案

NTSB建议改进检查程序。然而,参考文献5.17没有说明如下设计问题。

(1) 控制电缆的布线,如果螺旋桨叶片飞脱能造成飞机无法控制,这是不可接受的设计实践。

(2) 控制电缆的布线,如果螺旋桨叶片飞脱能严重损坏燃油管路,也是不可接受的设计实践。

5.18.4　经验教训

当一个型号的飞机最初获得适航认证时,它不必满足当今更严格的设计要求。飞机设计师的一个想法是:我们真的需要一个要求来确保这种类型的设计实践是不可接受的吗? 简单地问一个关于飞脱的螺旋桨叶片会去哪里的"如果……怎么办……"的问题,应该会引导设计师找到正确的答案。

5.19　非指令性的螺旋桨桨距减小

5.19.1　事故/事件概述

1991年,大西洋东南航空公司的一架巴西航空工业 EMB - 120(见图 5.24)突然向左滚转,直至机翼垂直于地面,然后坠毁,没有幸存者。

图 5.24　巴西航空工业 EMB - 120 飞机

5.19.2　原因分析

根据参考文献5.18,这起飞机失去控制的事故是由于1号螺旋桨控制单元故障造成的。该故障使螺旋桨桨距低于飞行慢车位置。这增加了左翼的阻力,同时也降低了左翼的升力,导致飞机不可控地向左滚转。

对故障螺旋桨控制单元的详细分析表明,通常与螺旋桨传动杆氮化钛表面接合的套筒花键齿存在严重磨损。传动杆的氮化钛表面比套筒花键的氮化表面更硬、更粗糙。因此,传动杆花键齿就像锉刀一样,造成套筒上的齿异常磨损。调查发现,在螺旋桨系统的审定过程中没有考虑套筒花键的磨损问题。

在参考文献 5.18 的概述中,事故原因表述如下。

"对左侧螺旋桨部件的检查表明,螺旋桨桨叶在飞机坠毁时的角度约为 3°,而左侧螺旋桨控制单元滚珠丝杠位置与指令的 79.2°桨叶角角度一致。实际螺旋桨桨叶角度与丝杠控制的角度之间的差异,明显地表明螺旋桨控制单元内部在坠毁前存在问题,并且左侧螺旋桨已达到不可控的低桨叶角度。

如果螺旋桨桨叶突然移动到低于飞行慢车位置的角度,螺旋桨后面的机翼就会有很大的升力损失。同时,该机翼上的阻力也增加了。飞行模拟和计算表明,由此产生的滚转和偏航力矩是无法控制的。"

5.19.3　解决方案

NTSB 提出了几项建议,其中最重要的是如下几个方面。

(1) FAA 应对汉胜公司 14RF 型螺旋桨系统进行审定评估,并要求进行适当的设计更改,以确保螺旋桨系统符合 14CFR35.21 条款的要求。审定评估应包括该螺旋桨所安装的飞机上飞行中可能遇到的振动谱对螺旋桨系统的影响。

(2) FAA 应检查具有相同设计特征的其他型号螺旋桨系统的审定基础。

(3) FAA 应制定对汉胜公司 14RF 型螺旋桨和其他类似设计的螺旋桨系统的传动杆花键、伺服滚珠丝杠和滚珠套筒的检查间隔。

5.19.4　经验教训

下文引自参考文献 5.18 第 38 页。

"NTSB 指出,已经有四起动力控制单元(power control unit,PCU)伺服滚珠丝杠严重磨损的问题报告,其中一起是在飞行中发现的。但是,被磨损部件没有与氮化钛表面或表面粗糙度比规范中允许的更粗糙的表面接触。因此,伺服滚珠丝杠磨损是适航审定中未考虑到的部件磨损的另一种情况。NTSB 认为,如果滚珠丝杠和套筒之间的啮合失效,螺旋桨桨叶角度可能会减小到飞行慢车以下,从而导致飞机失去控制。NTSB 得出结论,汉胜公司 14RF 型螺旋桨系统不符合 14CFR35 部相关条款的要求。"

对设计工程师的真正教训是,如果磨损会导致失去飞机控制,则必须在审定过程中考虑。

这次事故中发现的失效模式是单个失效导致灾难性后果的又一例证。从审定的角度来看这是不可接受的。笔者认为,在该案例情况下,DER 系统已经崩溃了。

5.20 非指令性的反推力装置展开 I

5.20.1 事故/事件概述

1991 年 5 月 26 日,一架劳达航空公司的波音 767(见图 5.25)在泰国上空坠毁。213 名乘客和 10 名机组人员全部罹难。

图 5.25　波音 767[非事故飞机,图片由托马斯·威滕伯格(Thomas Wirtenberger)提供]

5.20.2 原因分析

该起事故中的飞机四分五裂,残骸散落在大片区域。参考文献 5.19 指出,1 号发动机上反推机构的液压作动器位于完全展开的位置。这表明反推力装置在坠机前处于展开位置。

详细调查表明,对于安装了 PW4000 发动机的波音 767 飞机,如果反推在飞行中展开,则机翼的升力降低约 25%。由此产生的非指令滚转速率可以在大约 4 s 内达到 28°/s。在这种情况下,除非机组人员立即采用完全相反的横滚控制,否则很难控制飞机姿态。

对反推控制系统可能的失效模式的调查揭示了几种在审定过程中未考虑的失效状态。

5.20.3 解决方案

波音公司对系统设计进行了一些更改。

(1) 用电动液压隔离阀(hydraulic isolation valve,HIV)代替电磁 HIV。

(2) 电子设备舱和驾驶舱至发动机支架之间增加新的电缆。增加对关键电缆的隔离和保护屏蔽方面的要求。

(3) 增加新的反推力装置测试或在驾驶舱增加反推系统维护指示面板。

(4) 用改进的渗透性材料取代现有的反推收起临近电门靶标,以减少干扰性的指示。

（5）增加反推力装置展开压力开关。

5.20.4　经验教训

反推力装置及其系统应被视为飞行关键系统,除非通过试验表明可以保持飞机操纵性且能够安全着陆。

5.21　飞行中功率杆移动至 β 区间 I

5.21.1　事故/事件概述

1994 年 2 月,一架西蒙斯航空公司的萨博 340 飞机(见图 5.26),机长出于不确定的原因主动将功率杆从飞行慢车挡位移动到 Beta(β)区间(飞行手册中明确禁止这样做)。

图 5.26　萨博 340

结果两台发动机都超速并严重损坏。但是,飞机成功地无动力着陆。没有人员受伤。

5.21.2　原因分析

该型飞机功率杆的设计符合当时已有的设计和审定要求。然而,该设计没能防止功率杆在飞行中移动到螺旋桨 β 区间。

5.21.3　解决方案

根据参考文献 5.20,NTSB 发现:主机厂和发动机制造商、FAA 和其他国家的审定局方对之前几次飞行中进入螺旋桨 β 区间的严重事件和事故反应迟缓。

5.21.4　经验教训

虽然飞行手册中明确禁止在飞行中将螺旋桨移动到 β 区间,但是飞行员却能够这样做,这一事实强烈暗示了设计更改的必要性。笔者认为,这种类型的设计甚至不应该提交适航审定。

这个教训似乎没有被吸取。请读者阅读 5.29 节,福克 50 在运输中也发生了类似情况。

5.22　非包容性发动机失效 I

5.22.1　事故/事件概述

1995 年 6 月,一架瓦卢喷气机(Valujet)航空公司的道格拉斯 DC - 9 - 32(见图 5.27)在开始起飞滑行时遭遇了 2 号发动机失效。

图 5.27　道格拉斯 DC - 9 - 32(非事故飞机,图片由 geminijets.com 提供)

飞行员中止了起飞,飞机上的乘客被紧急撤离。坐在后排乘务员座位上的乘务员因被高温碎片击中重伤。另外 1 名乘务员和 5 名乘客受轻伤。飞行员、第 3 名乘务员和其他 52 名乘客没有受伤。

由于发动机发生了非包容性故障,发动机碎片穿透飞机机舱,切断了右侧主燃油管路,高压燃油被喷入机舱。

很可能是不锈钢发动机碎片击中厨房部件时产生了火花,点燃了大火。大火蔓延到飞机机舱并烧毁了飞机机身。

如图 5.28 所示为应急撤离后的飞机。

5.22.2　原因分析

根据参考文献 5.21,这起严重事故有如下几个原因。

(1) 非包容发动机失效是由第 7 级压气机盘中应力分布孔中的疲劳裂纹引起的。该疲劳裂纹在 1991 年土耳其哈瓦约拉里进行的发动机大修中没有被发现。

(2) 由于丧失电源而造成旅客广播系统不能工作。过去也有几个案例,NTSB 指出飞机上旅客广播系统需要独立的供电。但是 FAA 和工业界对这一问题反应迟缓。

图 5.28　发生非包容发动机失效后的 DC‑9‑32 飞机(图片由 NTSB 提供)

(3) 该飞机不符合关于客舱内饰易燃性的运输类飞机现行有效的规章要求,也没有被要求符合规章。这起事故再次证明了现行规章的重要性以及使现有飞机达到这些标准的必要性。

5.22.3　解决方案

根据这次事故的调查结果,NTSB 向 FAA 提出了一些建议,其中最重要的几条如下。

(1) 尽快升级飞机内饰,以符合 1985 年的 FAA 规章。在这方面,NTSB 注意到,1991 年一架波音 737 和一架仙童城市飞行者(Metroliner)飞机的跑道相撞事件中已经证明了这样做的必要性。该起两机相撞事故中由于撞机造成波音 737 客舱起火,客舱内饰材料燃烧释放了有毒烟雾,有 20 人因吸入有毒烟雾死亡。当时,FAA 认为提升 14CFR25.853 条款的要求在经济上不可行。1994 年,NTSB 将此建议归类为"已关闭‑不可接受的行动"。

(2) 要求国外维修单位遵守与国内维修单位相同的记录保存要求。此外,确保维修单位操作规范中使用的语言清楚地表明该维修单位的权限范围。

(3) 要求在 1990 年 11 月 27 日之前制造的所有运输类飞机必须给旅客广播系统加装独立电源。

5.22.4　经验教训

(1) 此类事故不是第一次发生。幸运的是,在 1995 年的这次事故中,没有人吸入有毒烟雾。但是我们能把运气延续多久? 飞机制造商难道不应该坚持将他们的飞机改装到符合升级的可燃性标准吗?

（2）NTSB 的报告（见参考文献 5.21）没有提到主燃油管路被切断的事实，即使由于非包容性发动机失效，也是不可接受的。笔者认为这是一个设计缺陷。

（3）在这架飞机上，后排乘务员座椅和后排乘客座椅布置在发动机爆破平面上。笔者认为这也是一个设计缺陷。

5.23　螺旋桨叶片飞脱Ⅲ

5.23.1　事故/事件概述

1995 年 8 月，大西洋东南航空公司的一架巴西航空工业 EMB‑120RT（见图 5.29）在爬升至 18 100 ft 的高度时，1 号发动机的螺旋桨叶片飞脱。

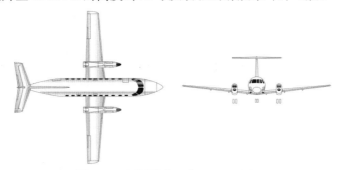

图 5.29　巴西航空工业 EMB‑120RT

飞机在紧急着陆时坠毁。机长和 7 名乘客死亡。另外 2 名机组人员和 11 名乘客受重伤，8 名乘客受轻伤。

5.23.2　原因分析

根据参考文献 5.22，NTSB 确定可能的原因是螺旋桨叶片由于飞行疲劳断裂分离，使得左发动机短舱变形，阻力显著增大，机翼升力损失，飞机方向控制能力降低。螺旋桨叶片断裂是由多个腐蚀点的疲劳裂纹引起的，汉胜公司没有发现这些腐蚀点，因为该公司检查和维修技术、培训、文档和沟通不充分且效率低下。

造成本起事故的原因还有汉胜公司和 FAA 未能要求对受影响的螺旋桨进行反复的在翼超声波检查。

5.23.3　解决方案

NTSB 向 FAA 提出了以下几项建议，其中最重要的如下。

（1）评估是否应要求 145 部认证维修站检查由未经认证的机械师完成的工

作,以确保圆满完成分配的任务。

（2）要求汉胜公司评估并在必要时修订其有关内部沟通和工程决策记录、DER 和 FAA 参与的政策和程序。

5.23.4　经验教训

（1）一个重要的教训是应始终跟进尚未获得认证的机械师的工作质量。

（2）笔者经思考后认为,螺旋桨叶片分离导致发动机短舱严重变形,继而使得飞机难以控制的情况是不是应该不能接受。

5.24　非包容性发动机失效 Ⅱ

5.24.1　事故/事件概述

1996 年 7 月,一架达美航空公司的麦克唐纳-道格拉斯 MD-88(见图 5.30)在起飞滑跑时左侧发动机风扇轮毂出现非包容性失效。

图 5.30　麦克唐纳-道格拉斯 MD-88(图片由 geminijets.com 提供)

机组人员中止了起飞。乘客中有 2 人死亡,2 人受重伤,3 人受轻伤。

5.24.2　原因分析

根据参考文献 5.23,"可能的原因是左侧发动机的风扇轮毂断裂,这是由于达美航空公司的荧光渗透检测未能检测到可检测到的疲劳裂纹,该裂纹是由沃尔沃为普惠公司产品钻孔过程中产生的微观结构改变引起的,并且在制造时未被发现。导致事故的原因是在役检查计划缺乏足够的冗余度。"

5.24.3　解决方案

为了防止此类事故再次发生,参考文献 5.23 中提出了几项建议,以改进关键发动机部件的制造和检查程序。从飞机设计的角度来看,笔者认为以下评论是有道理的:"如果后两排座椅没有布置在风扇轮毂的爆破平面上,那么就乘客伤亡而言,这起事故将是无关紧要的。"

如图 5.31 所示为损坏的发动机、短舱和机身。

图 5.31   损坏的发动机、短舱和机身(图片由 NTSB 提供)

参考文献 5.23 中的表格和图片揭示了几排乘客座椅布置在关键发动机部件的爆破平面上的事实。文献中没有讨论这样的设计是否应是被认可的。图 5.32 是后机身的侧视图,表明发动机短舱和客舱窗户有显著重叠。

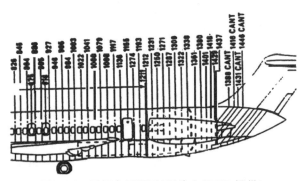

图 5.32   后机身侧视图(图片由 NTSB 提供)

后机身的俯视图给出了死亡和重伤乘客的座位位置,如图 5.33 所示。

目前,CFR 25 中没有要求将乘客座椅布置在爆破平面之外,但是有要求驾驶舱机组人员远离爆破平面。应该提出和回答的一个问题是,这样的设计特征

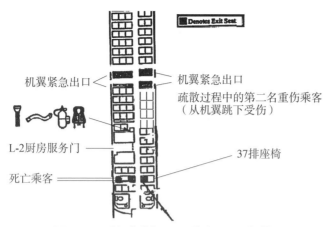

机翼紧急出口

机翼紧急出口

疏散过程中的第二名重伤乘客
（从机翼跳下受伤）

L-2厨房服务门

37排座椅

死亡乘客

图 5.33 后机身俯视图（图片由 NTSB 提供）

应该被容忍吗？预计类似事故还会在"发动机到乘客座椅布局"相似的飞机上重复发生并非没有道理。

5.24.4 经验教训

（1）在商用飞机的使用寿命期间,关键发动机部件的非包容性失效应被视为预期事件。设计人员在设计发动机到乘客座椅布局时应牢记这一点。

（2）关于这次事故,还有另一个重要的发现。下文引自参考文献 5.23 第 6 页:"沿 4 号桁梁（机身右侧）的线束中,大部分线缆在机身站位 1250 附近被切断（在捆扎的 154 根电缆中,有 146 根被切断了）。"

对于飞机设计人员来说,重要的是要注意,故障发动机部件对侧的线束几乎完全被切断的情况。在这种特殊情况下,这些线束不应承担飞行关键功能。对于电传操纵或轻型飞行控制系统的飞机,这种类型的设计显然是不能接受的。

5.25 非指令性的反推力装置展开Ⅱ

5.25.1 事故/事件概述

1996 年 10 月,一架泰国国际航空公司的福克 100（见图 5.34）在起飞时坠毁。机上无人生还。

5.25.2 原因分析

该起事故的原因是在起飞滑跑初始阶段,2 号发动机发生了非指令性反推力装置展开。结果,反推互锁线缆按系统设计预期拉回了油门杆。然而,机组人员认为这是由自动油门系统故障引起的,所以,机长前推油门杆克服互锁,使 2

图 5.34 福克 100

号发动机在反推力装置展开的情况下进入最大推力。结果飞机失去了方向控制,飞机坠毁。

5.25.3 解决方案

笔者无法确定非指令性反推展开的原因是否被识别定位,因此没有提出该问题的解决方案。

5.25.4 经验教训

设计人员应该考虑这一系列事件的意义。机组人员应能知晓反推力装置是否展开。这样的问题显然不只是在这一个型号的飞机上存在。

此外,这次事故可能表明,设置一个在起飞过程中用于提醒飞行员注意任何不对称性的装置可能会有所帮助。

5.26 发动机吸入轮胎碎片

5.26.1 事故/事件概述

2001 年 1 月,一架 BAC - 111 - 500(见图 5.35)在起飞滑跑时发生了剧烈的振动。起飞中止,飞机滑行回停机坪。没有人员受伤。

图 5.35 BAC - 111 - 500

5.26.2 原因分析

根据参考文献 5.24,发生振动的原因是 2 号主轮的轮胎胎面完全分离。该胎面分离导致以下飞机部件损坏。

(1)左后缘襟翼、扰流板和左主起落架接线柱。

(2)吸入 1 号发动机的胎面碎片对发动机低压和高压压气机叶片以及发动

机进气导向叶片造成了 5%～8% 的损坏。

5.26.3　解决方案

受损的轮胎、襟翼、扰流板和发动机被拆下并更换,飞机恢复使用。

5.26.4　经验教训

轮胎故障发生的频率相当高。不应允许轮胎碎片被吸入发动机进气口。这是早期构型设计的问题。笔者认为,轮胎碎片会被吸入发动机进气口的构型不应该通过审定。

5.27　燃油管路磨穿

5.27.1　事故/事件概述

2001 年 3 月,一架南非航空公司的波音 747 - 400(见图 5.36)在从约翰内斯堡飞往伦敦的途中改航飞往西班牙巴塞罗那,因为机上弹出发动机指示和机组告警系统(engine indication and crew alerting system,EICAS)信息:4 号发动机燃油不平衡。机组关闭 4 号发动机,飞机降落在巴塞罗那,没有发生进一步的事件。

图 5.36　波音 747 - 400[非事故飞机,图片由西蒙·威尔森(Simon Willson)提供]

5.27.2　原因分析

根据参考文献 5.25,该起事件的原因是 4 号发动机的燃油滤和发动机驱动燃油泵之间的燃油管路被磨穿。摩擦是由固定卡箍引起的,该卡箍允许卡箍本身和燃油管路之间的相对运动。

5.27.3　解决方案

更换了燃油管路,并安装了更坚固的卡箍。在许多其他波音 747 - 400 飞机上也有相同类型的卡箍,并引起了类似的问题。这些卡箍也全部被更换。

5.27.4　经验教训

这可能会演变成一起严重的事故。设计工程师应确保在飞行关键管路或线缆上的固定卡箍不允许相对运动。否则,就会发生磨穿。

5.28　发动机非自发停车

5.28.1　事故/事件概述

2002 年 10 月,一架波音 717 - 200(见图 5.37)在爬升至 7 000 ft 时,2 号发动机意外停车。驾驶舱先是弹出"R ENG RPM LO"警告,紧接着是"RH SYS FAIL"警告。机组人员报告说,他们在发动机停车之前没有看到任何其他警告或警戒信息。机组完成了单发着陆。

图 5.37　波音 717 - 200(图片由 geminijets. com 提供)

5.28.2　原因分析

根据参考文献 5.26,经过大量测试,发现原因是印刷电路板上的电阻焊点开裂。对于这架飞机发动机上的电子发动机控制(electronic engine control, EEC)系统的解释是有序的。出于冗余度考虑,该 EEC 是一个双通道单元。EEC 向燃油计量单元(fuel metering unit,FMU)发送信号,FMU 又将燃油输送至发动机。两台设备都被运送到其组件制造商的工厂进行测试。在 $-55\sim$ $+74$℃的 EEC 环境应力筛选期间,当 EEC 的内部温度为 -2℃或更低时,通道 A 带电可擦可编程只读存储器(electrically erasable programmable read-only memory,EEPROM)发生了故障。EEC 的出厂测试无法复现飞行中发生的双通道故障(A 和 B)。

通道 A EEPROM 已发送给制造商进行详细检查。检查表明,在该单元输入/输出微处理器的已用存储器部分区域内发生了一种称为"单一位反转"的现象。EEC 的后续振动测试证实了通道 B 也出现了故障。进一步检查表明,通道 B 的模拟接口模块电路板上的五个电阻的焊点开裂。

对先前类似事件的回顾表明,通道 A 的六个电阻和通道 B 模拟接口模块电路板的四个电阻的焊点开裂。这发生在澳大利亚和美国。

5.28.3　解决方案

事实证明,焊点的开裂或裂缝是由印刷电路板和电阻之间的热膨胀差异造成的热循环应力所引起的。通过"飞线"方式进行维修,以确保正确连接。

5.28.4　经验教训

(1) 设计工程师应了解电子控制单元中的热应力,无论是发动机还是飞机的飞行控制。应安排合理的审定试验以在飞机通过审定前发现可能的故障。

(2) 这一教训在未来的"全电"飞机上更为重要。

5.29　飞行中功率杆移动至 β 区间 Ⅱ

5.29.1　事故/事件概述

2002 年 11 月,一架卢森堡航空的福克 50(见图 5.38)在卢森堡-芬德尔机场降落前坠毁。机上 22 人中,20 人死亡。

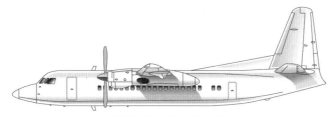

图 5.38　福　克　50

5.29.2　原因分析

根据参考文献 5.27,飞机在能见度很差的情况下进行最后进近。在 3 000 ft 高度处,机长决定复飞并报出"是的,我们复飞了,错过了进近",并继续保持 3 000 ft 的高度。副驾驶对此没有反应,继续他最终进近检查单上的最后一项: 他断开"地面慢车挡位"并报出他执行了该动作。此时,空管塔台告知该航班,地面能见度已提高到最低值以上,于是机长改变了主意。他决定继续进近,但意识到现在需要更大的下降率。他也意识到飞机现在太快了。图 5.39 显示了实际飞机轨迹与所需的 ILS 下滑坡度的对比。

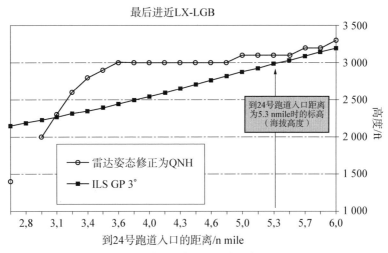

图 5.39　实际和预期的飞行轨迹(图片由参考文献 5.27 提供)

为了达到更大的下降率并使飞机减速,机长决定(没有向副驾驶报出他的意图)将油门杆移回至飞行慢车。同时,他拉出了地面功率挡块(见图 5.40)。

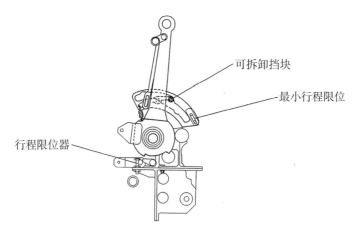

图 5.40　福克 50 的油门杆和地面功率挡块(图片由参考文献 5.27 提供)

地面功率挡块使油门杆能够再向后移动一点,接近"β 区间"。但是,这架飞机不允许在飞行中使用 β 区间,因为可能会失去控制。

　　副驾驶现在将襟翼放低 10°,并请求允许放下起落架。机长同意。一旦选择放下起落架,油门台上的辅助挡块(防止油门杆移动到 β 区间)就会被解除(见图5.40)。机长可能牢牢握住了油门杆,不知道辅助挡块已经解除,无意中将油门杆移动到了地面慢车。然后事情发生得非常快,螺旋桨反桨,飞机迅速减速,螺旋桨开始超速。机组人员将油门杆前推至最前端,收起襟翼并难以置信地关断了发动机燃油。然后飞机坠毁。

5.29.3　解决方案

　　引入了旨在防止在飞行中解除辅助挡块的强制性设计更改。

5.29.4　经验教训

　　事实上,设计人员应该预见到这些事件,并从一开始就将系统设计成能够防止这种情况发生。

第6章　从系统设计中吸取的教训

"所有液体系统都会泄漏,恶魔藏在细节中。"
——简·罗斯克姆博士(Dr. Jan Roskam),1990

6.1　概述

本章描述了系统设计中出现的一系列问题、原因和解决方案。最后,总结了经验教训。

正如读者将要看到的,系统设计涵盖了广泛的领域。如果系统设计不巧妙,可能会在维护和服役中造成许多问题,特别是在人员培训的时候。在这个成本削减、维修人员工资低的时代,后者的情况越来越多。系统设计人员必须牢记这样一个事实:人员的年流动率非常高(在某些情况下高达 50%!)。因此,系统的设计必须简单而万无一失。

6.2　电气系统设计 I

6.2.1　事故/事件概述

1946 年 7 月,一架环球航空公司洛克希德 L-049 星座飞机(见图 6.1)在宾夕法尼亚州雷丁机场附近坠毁。这架飞机正在进行训练飞行,机上有 6 名机组人员。5 人受致命伤,1 人受重伤。飞机撞击并着火烧毁。

6.2.2　原因分析

根据参考文献 6.1,该事故的可能原因是"前行李舱机身蒙皮上至少有一个发电机引线贯穿螺柱装置故障,产生电弧,导致局部过热、机身绝缘层着火并产生烟雾,进而飞机失控。其中一个原因是检查系统不完善,使得飞机的缺陷一直存在,长此以往造成危险状况。"

为了了解事情的始末,有必要复查一下这架飞机的电气和液压系统设计。

图 6.1　洛克希德 L‐049 星座

以下材料来自参考文献 6.1。

　　图 6.2 显示了飞机左翼根部可疑贯穿螺栓的位置。图 6.3 显示了从残骸中取回的这些螺柱上发生了严重电弧的证据。

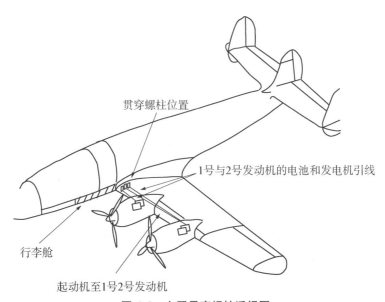

图 6.2　左翼贯穿螺柱透视图

　　为了便于事故调查,环球航空引进了一架与事故飞机相同型号的星座飞机。这样就有可能确定在残骸中发现的各种部件的实际相对位置。

　　对飞机前部行李舱中的发电机和起动机引线以及机身贯穿螺柱的检查显示,电缆接线片和螺柱的部分覆盖层严重烧焦。该区域不可能出现较高的外部温度,很明显,这种烧焦是由内部发热造成的。进一步观察到,贯穿螺柱附近的

图 6.3 三个贯穿螺柱上电弧的证据

行李舱玻璃棉衬里被液压液体浸透。由于液压管路穿过前部行李舱,因此,泄漏是由液压管路接头造成的。

对事故飞机上所有六个(三个左侧和三个右侧)贯穿螺柱的调查显示,有明显的局部燃烧迹象,表明存在电弧。图 6.3 显示了剩下的三个贯穿螺柱,这是问题的根源。

标准办公室对这些螺柱进行详细检查。他们的报告指出,如果与易燃材料接触,这种装置在长时间高电力负荷下运行时很容易发生火灾。该标准办公室还发现,没有一个螺柱是按照洛克希德公司的指示组装的。其使用了钢垫圈和铝垫圈;所用的接线片是铜和铝的;使用了黄铜和钢螺母,螺栓本身由黄铜组成。根据标准办公室的报告,混乱地使用不同成分的材料,加剧了螺柱的高接触电阻,增加了点蚀和内部高温的可能性。

洛克希德公司还进行了实验室测试,以确定不正确安装螺柱组件发生火灾危险的可能性。他们建造了一个模型来模拟前行李舱外面板的一个部分,并在该部分安装了一个贯穿螺柱,其中最内侧的螺母松动。只要螺柱没有与机身蒙皮实际接触,就不会产生过高的温度。然而,第一个与蒙皮接触的螺柱在测试中因强烈的电弧在 60 s 内被烧毁。重复了相同的测试,以模拟内侧引线从蒙皮脱落后接触液压管路的情况。这种接触会引起足够的电弧,从而刺穿管线,并且在 100 psi 或更大的液压下,流体会燃烧并产生巨大的热量。因此,洛克希德公司的试验结果表明,如果安装出现故障,贯穿螺柱与机身蒙皮接触,则该位置可能会产生足够的能量,点燃周围的可燃物。进一步地,由此产生的电弧可能会将螺柱烧成两半,如果在反向电流继电器打开之前,引线接地,电流可能会继续引向板内引线。

电气系统的主要缺陷在于贯穿螺柱的详细设计。尽管绝缘材料将螺柱与机身蒙皮分离,但这种分离主要是通过螺柱两端的螺母对蒙皮两侧的云母绝缘块的压力来维持的。

很明显,由于没有排液装置,液压油可能会积聚起来,造成火灾危险。

最后,显而易见的是,需要研发不太易燃(或不易燃)的液压油,行李舱中的绝缘材料应更换为非易燃材料。

6.2.3　解决方案

根据此次事故调查,NTSB 得出以下结论。

(1) 发电机贯穿螺柱的设计使这些螺柱易于接地至机身蒙皮,并因电弧而产生极高的局部温度。

(2) 贯穿式螺柱设计包含过高的接触电阻,在峰值负载下,即使螺柱正确安装,也可能导致电弧。

(3) 贯穿螺栓安装附近存在易燃的机身隔热层,造成火灾危险。

(4) L-049 飞机前行李舱液压油泄漏,造成严重火灾危险。

(5) L-049 飞机的行李舱无法方便地从客舱或机组人员舱进入以进行消防控制。

(6) L-049 飞机机身内的火灾或烟雾探测系统配置不足。

(7) L-049 飞机没有为可能发生火灾的机身配备足够的灭火设备,并且需要为行李舱配备远程灭火系统。

(8) 目前在服役飞机内的气流控制问题没有得到足够的重视。

(9) 迄今为止所遵循的检查政策并未充分保证在新飞机中消除特定种类的设计或结构缺陷。

由于这起事故,洛克希德公司在星座型飞机上进行了大量修改。具体地说,洛克希德公司对所有 L-049 和后续飞机进行了以下修改。

(1) 电气系统。改进某些电线的绝缘,以防止摩擦可能造成的损坏,并防止与飞机部件接触。将机身贯穿螺柱组件更换为新设计的部件。发电机电路中尺寸过小的铝导线被铜电缆代替。在断路器、保险丝和控制开关方面进行了全面改进,以防止短路。

(2) 动力装置。为发动机短舱的附件部分提供了灭火保护,并且对灭火系统进行了修改,提供两个 30 lb 的灭火器,而不是原来系统的三个 15 lb 灭火器。为了防止可燃液体或蒸汽的积聚,还规定增加防火墙后部发动机舱的排液和通风。制造更防火的输送可燃液体的发动机管路,并为这些管路提供了更坚固的配件和防止摩擦的保护。用更厚的钢瓶取代酒精罐,在排气收集环上完成了几项改进,以防止该组件的故障。

(3) 其他。在重新启动和使用机舱增压器驱动轴之前进行修正,以防止轴发生故障。为减少着火危险防止氧气系统受到污染,某些液压管路被重新布置。行李舱内设有排液管,以防止液压油积聚。

CAB 要求制造商在完成上述修改后进行 50 h 的加速服务测试,然后该飞机才能投入正常运行。第一架星座在 1946 年 8 月 24 日返回服役。

此外,CAB 在几个领域修订了适航规章,以提高这些领域的飞机安全性。

6.2.4　经验教训

(1) 飞机上携带液体的系统都会泄漏。液压管路很可能在接头处泄漏。如果液压油被其他材料或部件吸收(即积聚),且在附近有热源,就会造成灾难。

(2) 在这些系统的详细设计中需非常注意,否则电气系统很容易受到局部高温的影响。

(3) 熟悉有关系统设计当前规章的设计师将在这次事故中认识到这些规章的内涵。

(4) 大多数设计工程师都会同意,导致这次事故的事件本来是可以预测到的。也没必要制定规章来要求就故障可能性提出一个简单问题,并从答案中推断设计改进。

6.3　燃油系统与电气系统设计

6.3.1　事故/事件概述

1947 年 4 月,一架北美纳维翁(Navion)飞机(见图 6.4)在俄克拉何马州阿达附近坠毁,机上 4 人全部遇难。

当飞机接近阿达附近的沃克机场时,目击者看到前轮放下,几乎同时看到机

图 6.4　北美纳维翁(非事故飞机,图片由圣地亚哥航空博物馆提供)

身周围有烟,并听到爆炸声。右翼似乎在空中解体,飞机坠毁并被火焰笼罩。

6.3.2　原因分析

参考文献 6.2 指出,这次事故的可能原因是右翼面板内燃油-空气混合物爆炸导致右翼解体。操作起落架收放开关可能引起着火。

以下内容改编自参考文献 6.2。

右翼解体最可能的解释是内部爆炸。翼肋的均匀向外变形只能是由于存在过强的内部压力。蒙皮铆钉失效的均匀模式(所有这些都是向外的)只能从机翼面板中存在过强压力而迫使机翼所有部分向外的事实来解释。肋站之间桁条腿的屈曲也是翼板内部压力导致的。由于桁条向外弯曲,同时仍与肋骨相连,桁条的腿被压缩。同样,翼尖顶部和底部附件的张力断裂,膨胀效应表明内部压力过大。

无法确切确定机翼中的燃油-空气混合物是如何存在的。燃油可能通过燃油箱或燃油管路中的泄漏进入机翼面板,然后与空气混合。维修时,燃油也可能渗入面板。只要机翼面板有足够的通风,机翼中的自由燃油本身不会构成危险。在机翼的后封闭腹板上有几个照明孔和控制臂检修孔。这些孔显然没有提供足够的通风,以防止在翼板内部形成可燃的油气混合物。

在这种情况下,最可能的点火来源是在机舱中拨动开关。这个开关用来控制起落架的收起/放下位置。这个开关不防蒸汽,因此也不防爆。由于飞机在事故发生时处于起落架正常放下的位置,而且观察到机翼解体几乎与前起落架放下同时发生,在这种情况下,点火源似乎很可能是这个拨动开关的操作。

6.3.3　解决方案

防止燃油泄漏,并保证设计在燃油箱和/或燃油管路附近的电气系统不能产生电火花。

6.3.4 经验教训

燃油系统和燃油管路会发生泄漏。切勿将产生电火花的设备放置在可能形成易燃混合物的区域。

6.4 燃油通气口设计 I

6.4.1 事故/事件概述

1947 年 10 月,一架美国联合航空公司的道格拉斯 DC‐6(见图 6.5)在飞行中被发现起火,并在接近犹他州布莱斯峡谷附近的地带时坠毁。

图 6.5 道格拉斯 DC‐6(非事故飞机,图片由 www. prop-liners. com 和美国联合航空公司提供)

飞机因撞击和火灾被摧毁。46 名乘客和 6 名机组人员全部遇难。

一个月后,1947 年 11 月,美国航空公司的一架 DC‐6 在飞行中起火,紧急降落在新墨西哥州的盖洛普。机上 21 名乘客和 4 名机组人员均未受伤。由于火灾,飞机遭受了重大损失。

6.4.2 原因分析

参考文献 6.3 和参考文献 6.4 认为该事故可能的原因是,在从 4 号备用油箱转输燃油时,汽油从 3 号备用油箱的通气口意外溢出进入机舱加热器进气口并发生燃烧,3 号备用油箱排气口位置设计不当,以及没有向 DC‐6 机组人员提供有关燃油转输危险的说明。

以下材料改编自参考文献 6.3。

对机身的重建和对其结构部件燃烧情况的分析表明,飞行中的燃烧发生在覆盖机身右下侧的区域,该区域从大约机翼中部的中心部分的一点开始,向后延伸大约 23 ft,并沿机身右侧向上延伸至窗线顶部。

　　穿过空调舱(通常被称为"锅炉房")的控制电缆被发现部分被大火烧毁,很明显,所有这些电缆在燃烧区域的张力都失效了。

　　对 DC-6 燃油系统的检查显示,3 号备用油箱通气口位于机身右侧,靠近机翼前缘和机翼底部圆角。距此点约 10 ft,稍偏左侧有一个进气口,作为用于机舱加热的助燃空气和用于机舱增压空气后冷却器及增压油冷却器的冷却空气的来源。图 6.6 为这些部件的大致相对位置示意图。

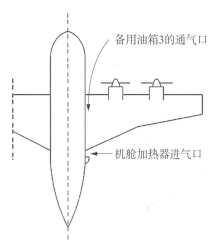

备用油箱3的通气口

机舱加热器进气口

图 6.6　机舱加热器系统备用油箱排气口和导风斗的大致位置

　　事故发生后,在其他 DC-6 飞机上进行的飞行试验显示,从 3 号备用油箱溢出的燃油通过通气管路并从通气口流出,跟随气流向客舱加热器进气口,相当数量的燃油将进入进气口。地面试验清楚地表明,在模拟飞行中燃油溢出进入正在工作的加热器的进气口后,机舱加热器可能会发生逆火,从而将火焰向下游传播到空气进气口。此后,进入的燃油预计将继续在进气口和进气管道中燃烧。

　　制造商代表证实,DC-6 燃油系统不是为油箱之间的燃油转输而设计的。然而,很明显,这个系统很容易被用于燃油输移,事实上,在事故发生之前,也广泛用于这一目的。道格拉斯公司、CAB 和运营 DC-6 飞机的航空公司代表证实,在该型号飞机认证之前,没有进行任何试验,以确定飞行过程中燃油可能从通气口溢出到机舱加热器进气口是否存在任何危险。

　　关于 3 号备用油箱燃油溢出可能造成的危险,该航空公司没有向飞行员发出任何指示。制造商的 DC-6 操作手册中没有提供任何说明,CAB 批准的 DC-6 飞机操作手册中也没有建议不要转输燃料,航空承运人的 DC-6 飞行员操作手册中也没有任何说明概述燃油转输的程序。

6.4.3　解决方案

　　由于业界在 11 月 11 日事故(见参考文献 6.3)后主动撤销了 DC-6 的航班,

拟定了一份建议的修改清单。该清单构成了该型号重新服役前的最小修改计划。

修改方案要求如下。

（1）将 2 号和 3 号备用油箱通气口重新布置到不存在危险溢流条件的区域。

（2）所有燃油增压泵开关都需要防护罩。

（3）对电气系统进行了广泛的更改，以增加对增压泵开关可能产生的着火危险的保护。

（4）改造动力装置灭火系统。

（5）增加排液措施和对防止燃油泄漏的保护。

6.4.4　经验教训

导致这次事故的情况是可以而且应该被预测到的。系统设计评估应能发现这种可能性，并应进行重新设计。如果没有这些措施，飞机就不应该得到认证。

6.5　灭火系统设计

6.5.1　事故/事件概述

1948 年 6 月，一架美国联合航空 DC‐6（见图 6.7）在宾夕法尼亚州卡梅尔山以南 3 miles 处坠毁。39 名乘客和 4 名机组人员全部遇难。

图 6.7　道格拉斯 DC‐6（非事故飞机，图片由 www. prop-liners. com 和美国联合航空提供）

6.5.2　原因分析

在参考文献 6.5 中，NTSB 确定可能的原因是驾驶舱中高浓度的二氧化碳

(CO_2)气体导致机组人员丧失工作能力。

有迹象表明,机组人员认为发生了火情。在这种情况下,机组人员应遵循 CAA(FAA 前身)批准的飞机操作手册中的以下程序。

(1) 断开机舱增压器。

(2) 全开旋转紧急压力控制,这也将打开安全阀。警告:阀门未打开可能导致座舱和客舱内二氧化碳含量超标。

(3) 完全拉出隔间二氧化碳选择器。

(4) 释放一个二氧化碳选择器—拔出(脱夹后 15 s)。

(5) 立即下降到最低安全高度。

(6) 如果通过检查,第二次二氧化碳排放是必要的,重新拉动舱内选择器,然后进行第二次二氧化碳排放。

(7) 如果火情没有得到控制,立即降落。

从残骸上看,机舱增压器显然没有被断开。在这种情况下,驾驶舱内可能会积聚危险浓度的二氧化碳气体。这就是所发生的事情,机组人员不再有能力控制飞机。

6.5.3　解决方案

航空公司飞行员协会于 1948 年 3 月向 CAB 建议,"运输飞机上的所有机组成员都必须配备防烟面罩式氧气设备。"

这一建议(最终被接受)的原因是"确保机组人员能够在飞机起火时,尽管可能有烟雾干扰,但仍能安全着陆"。

6.5.4　经验教训

设计人员假设机组人员在发生火情紧急情况(真实的或想象的)时能遵循 6.5.2 节所述的复杂程序是非常不合理的。6.5.2 节中的第二条也应该向负责该系统认证的人员发出警告标志。

6.6　液压系统设计 I

6.6.1　事故/事件概述

1950 年 9 月,美国西北航空公司的一架马丁 202(见图 6.8)从蒙大拿州比林斯起飞时坠毁。幸运的是,16 名乘客和 3 名机组人员均未受伤。

飞机起飞时在左踏板之间观察到蓝烟。当飞机加速到大约 80 kn 时,一大股烟突然充满了驾驶舱。随后中止油门,启动刹车,中止起飞。但飞机未能减

图 6.8　马丁 202(非事故飞机,图片由皇家航空学会图书馆提供)

速,由于跑道有一个向下的斜坡,机长使用了完全的反推,并指示副驾驶用前起落架转向飞机。但前轮转向和刹车都失效了,而且也发现主系统和应急系统中的液压已降至零。飞机冲出了跑道的尽头,最后停了下来。没有发生火灾,机上人员全部撤离。

6.6.2　原因分析

下文引自参考文献 6.6。

在前轮舱内发现了大量液压油,这可以追溯到液压管路中应急蓄能器与驾驶舱应急压力表之间的减速器配件的油管断开。

在马丁 202 上,应急蓄能器与主蓄能器采用相同的供给管路。两个蓄能器由一个止回阀隔开,该止回阀防止流体从应急系统返回。发生故障的配件位于应急蓄能器和应急动力制动阀之间的线路上。当故障发生时,从主蓄能器流出的流体通过止回阀流入应急蓄能器,并在那里从连接件所在的管路流出。结果,两个蓄能器的所有压力都丧失了,刹车和液压前轮转向机构都无法启动。

事实证明,问题出在减速机配件安装不当。

1949 年 10 月,美国西北航空公司的飞机也出现了类似的故障,那次是在飞行中。结果是一样的。

这些故障表明,一次故障可能导致主刹车系统和应急刹车系统同时失效。CAR 第 4b.337 条明确禁止这种故障出现。因此,结论是这架飞机没有得到适当的审定。

6.6.3　解决方案

审定过程必须严格,以确保单一故障不会导致刹车和转向系统全部失效。

6.6.4　经验教训

在这种情况下,DER 系统显然失效了。在飞机上任何系统的布局设计层面,关键的设计审查应该允许在设计最终确定之前发现这类问题。

6.7　设计导致的错误 I

6.7.1　事故/事件概述

1951 年 1 月,泛美航空公司的一架波音 377 平流层巡洋舰(见图 6.9)在英国伦敦附近的希思罗机场降落时,右侧主起落架收起,严重受损。

图 6.9　波音 377 平流层巡洋舰(非事故飞机,图片由科林·祖皮契奇提供)

机上没有乘客(这是一次调机飞行),9 名机组人员没有受伤。

6.7.2　原因分析

参考文献 6.7 列出了可能的原因:机长在着陆滑跑时错误地将起落架控制开关置于"收起"位置。

跑道上有雪水。在主起落架着陆后,前起落架也几乎立即接地。机长向 2 号和 3 号螺旋桨施加了反向推力。在中止反推并注意到雪水越来越深之后,机长决定收起襟翼。然而,他错误地将起落架开关移到了"收上"位置,而不是启动襟翼开关,虽然他立即将起落架开关置于放下位置,但起落架外有声响发出,不久之后右机翼开始下降。

为了理解发生了什么,参考文献 6.7 中对起落架系统的描述将会有所帮助。

每个起落架油液支柱都装有两个微开关,当起落架车轮接地足够牢固时,就会使油液支柱压缩大约半英寸的行程。这些开关是两个完全独立的安全系统的一部分,其中一个目的是防止油门在飞机接地前被移动到反推位置,另一个目的是防止放下的起落架在牢固接地后被收起,即使起落架控制开关位于起落架"收起"位。

然而,在手动将油门移动到反向推力位置之前,三个起落架单元都没有必要牢固地放在地面上,这可以在任何一个起落架单元支撑足够的重量来驱动适当的微开关时完成。然而,如果起落架控制开关在着陆滑跑过程中处于"收起"位置,且没有足够的重量维持微开关在其驱动位置,任何起落架单元都将解锁并收起。

由于事故飞机的任何一个开关都没有发现故障,因此得出的结论是,当起落架开关放在"收起"位置时,右主起落架上没有足够的重量来防止其收起。

6.7.3　解决方案

这是设计诱发误差和墨菲定律的经典例子。考虑到驾驶舱的人体工程学,设计师不应该将起落架"收起"开关配置在襟翼开关附近。

6.7.4　经验教训

在驾驶舱的早期布局设计中,必须详细考虑驾驶舱的人体工程学。

6.8　服务门紧固件

6.8.1　事故/事件概述

1951 年 7 月,美国东方航空公司的一架洛克希德 L‑749 星座(见图 6.10)在弗吉尼亚州里士满附近的柯勒斯内克农场(Curles Neck Farm)紧急迫降,起落架收起。

图 6.10　洛克希德 L‑749 星座(非事故飞机,图片由梅尔·劳伦斯提供)

飞机严重受损,但 48 名乘客和 5 名机组人员没有受伤。

6.8.2　原因分析

在参考资料 6.8 中,NTSB 确定可能的原因是液压检修门在飞行中打开,造成飞机剧烈抖动,导致机长决定紧急着陆。

下文引自参考文献 6.8。

这架飞机在飞行过程中遭遇了剧烈的湍流和间歇性的冰雹。正是在这段时间里,机长第一次注意到飞机有严重的抖动。在进出恶劣天气后,震动变得非常严重,机组人员认为飞机会解体。放慢飞机的速度似乎并没有帮助,在看到柯勒斯内克农场后,机长决定收起起落架和襟翼,并将飞机降落在最大的场地上。

位于前翼梁前部左机翼至机身圆角顶部的液压油箱检修门被发现完全打开。这扇门大约宽 9 in、长 15 in。它的四个哈特韦尔制造的紧固件类型是梅塞施米特(Messerschmitt)紧固件。它们与飞机表面平齐,并仅由手指的适度压力操纵。紧固件是弹簧加载的,这架飞机上使用模型的每个紧固件都有两个小线圈弹簧。弹簧保持扣件锁紧,也可以在施加压力解锁时迫使锁紧打开。事故飞机上的两个紧固件上各有一个弹簧脱落。门框的外缘有轻微的向上弯曲,与门关闭时其中一个紧固件所占据的位置相对应。这表明,门可能是弹开的,而这个紧固件在锁定的位置。在液压填料颈的排水管中发现了大量的泥浆和碎片,与飞机滑过的场地的土壤和植被密切相关。

根据在检修门附近发现的冰雹损坏情况,推测可能是冰雹迫使紧固件位置发生变化。

调查显示,此前在其他星座飞机的飞行中也报道过这种门的打开。在每一个例子中,门是如何打开的都无法确定。

事故发生后,美国东方航空公司用一架类似的模型飞机进行了一些飞行测试。研究发现,通过延长襟翼可以消除非常严重的抖振。图 6.11 从空气动力学的角度展示了为什么这样做。

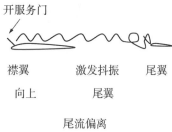

图 6.11　解释抖振及降低襟翼消除抖振

6.8.3　解决方案

在这次事故之后,美国东方航空公司修改了所有的检修门,增加了一个 Dzus 紧固件作为一个主动锁,以防外力导致哈特韦尔紧固件释放。CAB 就可能遇到的情况,以及飞行配置中可能做出的改变(即在达到适当速度后放下襟翼),向所有星座飞机的操作员提出了克服抖振的建议。

6.8.4　经验教训

墨菲定律:服务门在飞行中有时会打开。应考虑这种情况的后果,在安全可行的情况下,应进行飞行测试,以确定可能的应对方法。这应该在任何飞机取证之前完成。

6.9 设计导致的错误 Ⅱ

6.9.1 事故/事件概述

1951 年 9 月,一架美国东方航空公司的道格拉斯 DC‑4(见图 6.12)降落在佛罗里达州迈阿密国际机场,起落架收起后滑行了相当长距离。

图 6.12   道格拉斯 DC‑4[非事故飞机,图片由韦斯特(M. West)提供]

飞机严重受损。23 名乘客和 3 名机组人员未受伤。

6.9.2 原因分析

参考文献 6.9 给出了起落架控制手柄在着陆滑跑过程中意外向上移动,导致起落架收起的可能原因。

事实证明,在这架飞机以及在 6.7 节的示例中,襟翼和起落架手柄位置过近,以至于飞行员很容易犯错误,误将起落架选择为"收起"而不是"襟翼收起"。这显然是在起落架上没有足够的重量防止起落架收起时发生的情况。

6.9.3 解决方案

再次强调:这是一个经典的设计错误和墨菲定律的例子。考虑到正确的驾驶舱人机工程学,设计师不应将起落架"收起"开关配置在襟翼开关附近。

6.9.4 经验教训

再次说明:在驾驶舱的早期布局设计中,必须详细考虑驾驶舱的人体工程学。

6.10　轮舱中的防火墙燃油切断阀电缆

6.10.1　事故/事件概述

1952 年 8 月,由 Unit Expert 公司运营的一架柯蒂斯(Curtiss)C‐46F(见图 6.13)在起飞后立即失去动力,迫使飞机在亚利桑那州普雷斯科特着陆。没有起火,也没有人员受伤。

图 6.13　柯蒂斯 C‐46F(非事故飞机,图片由赫尔默提供)

6.10.2　原因分析

参考文献 6.10 指出了飞机起飞后不久,右发动机完全失去动力的可能原因。在这种情况下,飞机无法保持单发飞行。由于右轮胎缠住了应急燃油切断阀的驱动电缆,使应急燃油切断阀关闭,从而导致飞机失去动力。

机组人员作证当时听到了一声巨响,似乎是在失去动力时从右侧发动机发出的。调查人员认为,这种噪声是由于连接应急燃油切断阀的轮舱电缆被猛烈拉动而造成的,不仅电缆断裂,而且其支撑滑轮支架从安装面上松脱。

事故发生的原因很可能是机轮没有刹车(尽管飞行员作证说他们刹车了),电缆也没有完全装配好。

6.10.3　解决方案

不要将驱动燃油切断阀的电缆放在轮舱内,以免旋转或爆炸的轮胎切断发动机的燃油供应。

6.10.4　经验教训

起落架舱应远离所有失效时会对飞行产生重大影响的系统。

6.11　液压系统设计Ⅱ

6.11.1　事故/事件概述

1953 年 9 月,一架由美国西北航空公司运营的洛克希德 L‐1049 超级星座(见图 6.14)在华盛顿州塔科马附近的麦克科德空军基地应急着陆后起火烧毁。

图 6.14　洛克希德 L‐1049 超级星座(非事故飞机,图片由 www. prop-liners.com 和美国联合航空公司提供)

机上 26 名乘客中有几人在起火中受伤。机组人员逃离,没有受伤。飞机被大火摧毁。

根据参考文献 6.11,飞机在极端天气条件下从西雅图附近的西雅图-塔科马国际机场起飞,目的地为伊利诺伊州的芝加哥。起飞时的最高高度为 200 ft。

飞机升空后,立即进入仪器飞行状态。这时 3 号螺旋桨超速了,驾驶员试图纠正,但没有成功,螺旋桨顺桨,但以 400 转/min 的速度继续旋转,产生了额外的阻力。

当时,飞机距离其备降地点华盛顿州的雅基马 122 mile,但需要飞越高海拔地区。这是机长选择去俄勒冈州波特兰的原因。然而,当飞机到达 5 000 ft(当时高于阴雨层)时,4 号发动机显示油温过高,其油量迅速减少。4 号螺旋桨也顺桨,并宣布进入紧急情况,打算降落在华盛顿州塔科马附近的麦克科德空军基地,在那里进行了地面控制进近着陆(ground controlled approach,GCA)。

因此,右侧的两台发动机都关闭了,4 号螺旋桨继续旋转,再次造成额外的阻力。复飞不再是一种选择,GCA 必须准确完成。

在进近初始阶段,机长无法通过液压系统放下襟翼。副驾驶不得不走进客舱,用手把襟翼放下。他发现曲柄转动不可能超过 20 圈(通常需要 100 圈才能手动放下襟翼)。然后,他被要求返回驾驶舱,协助机长保持对飞机的控制。

当飞机在海拔 500~800 ft 处脱离云层时,机长发出了放下起落架指令,但只有右侧主起落架完全放下并锁定。然而,飞机当时正落地,最终坠毁。飞机起火后,所有人都撤离出来,其中一些人被轻微烧伤。

6.11.2　原因分析

为了理解机组人员遇到的襟翼和起落架问题,有必要说明这架飞机的液压系统设计。

四个发动机中的每一个都驱动一个液压泵。1 号和 2 号发动机上的液压泵共同或单独(在其中一个发动机失效的情况下)提供液压,为飞行控制装置提供增压,并用于在本例中不重要的某些其他目的。这被称为主液压系统。

3 号和 4 号发动机上的液压泵共同或单独(在其中一个发动机出现故障)提供液压,用于车轮制动、前轮转向、机翼襟翼运动、起落架放下或收起,以及某些其他目的,这些目的与本例无关。这些称为辅助液压系统。

该系统的一个设计特点是,辅助系统可以切换为主系统,但不能反过来。

如果 3 号和 4 号发动机不工作(如这里的情况),则无法获得前轮转向,必须手动放下襟翼,并使用液压手动泵放下起落架。在这种情况下,辅助系统在紧急情况下唯一可用的液压源是由 3 号发动机风车(wind-milling)驱动产生。结果是异常低的容量输出。

当起落架选择阀处于“中间”位置时,发现了一个小的内部泄漏。该泄漏是由一个阀座不正确的提升阀引起的,该阀允许从“压力”端口流向“向下”端口。由于当选择阀处于中间时,“向下”的端口与“回流”端口内部连接,因此在压力和回流管路之间提供了泄漏路径。由于液压不足,起落架选择阀处的泄漏导致襟翼无法正常放下。

襟翼控制在“起飞”位置,同时襟翼仍然收起,液压压力为 1 000~1 100 psi,3号泵的输出降低,导致起落架放下异常缓慢。这将需要额外 2 min 或更长的时间来完全放下并锁定起落架,但飞机在最后进近时没有足够远的距离实现。

6.11.3　解决方案

洛克希德公司发布了一份维修公告,建议对所有星座机型的液压系统进行更改,可以将液压从主系统引入辅助系统。洛克希德公司也在未来的所有星座机型中贯彻了这一更改。

6.11.4　经验教训

在了解液压系统的设计特点后,这种情况是可预测的,在进行适当的设计审查后,应在取证前对其进行预测和纠正。

6.12　液压系统设计Ⅲ

6.12.1　事故/事件概述

1954年,一架荷兰皇家航空公司的洛克希德 L‐1049 超级星座(Super Constellation,见图 6.15)在爱尔兰香农海岸附近坠入大海。机上 56 人中有 28 人死亡。整个机组人员都在水上迫降中幸存下来。

图 6.15　洛克希德 L‐1049 超级星座[非事故飞机,图片由约翰 (John)F. 切斯拉(Ciesla)提供]

6.12.2　原因分析

参考文献 6.12 描述了事故历史及其调查。

起落架部分放下,襟翼完全收回。起飞后,机长命令起落架收回。仪表板有指示灯,用来指示起落架已收起并锁定。但这个指示灯烧坏了。机长想到起落架已经收起,就选择了收起襟翼。在飞行手册中,有在起落架收起并锁定之前不要收起襟翼的说明。

另一个超级星座的飞行测试显示,如果在起落架收起并锁定之前选择襟翼收起,液压系统无法同时应对这两种情况。然后,当起落架收起过程减慢或在某些情况下甚至会再次放下时,襟翼会按照指令收起。整个过程大约需要 38 s,在这段过程的一部分时间里,飞机的阻力显著增加。由于通常在起落架收起并锁定后飞机动力才回到爬升动力,这可能导致高度降低。

造成坠机的一个重要因素是,起飞是在漆黑的背景下进行的(当时是夜晚),

高度表和爬升率指示器有一定的滞后,这给了机长一个错误的指示,即一切正常。

6.12.3　解决方案

设计工程师应设计起落架和襟翼收起系统,同时收起的指令不致产生非预期的结果,如襟翼收起时,起落架再次放下。

6.12.4　经验教训

(1)在液压系统设计中,应确保系统有足够的流体流动,即使机组人员同时收起襟翼,也能继续收起起落架。此外,最好预见某些机组人员违反飞行手册指示的行为,并模拟这些行为以检查意外后果。

(2)现今条款要求的起落架收起时间比当时情况下允许的更短。

6.13　燃油系统设计 I

6.13.1　事故/事件概述

1956 年初的某个时候,一架塞斯纳 310(见图 6.16)在双发失效后,长时间处于动力下降状态。飞机在非常恶劣的地形上坠毁,飞行员丧生。

图 6.16　塞斯纳 310(非事故飞机,图片由韦斯特提供)

6.13.2　原因分析

尽管飞机上有大量燃油,但发现事故原因是燃油耗尽。飞机的飞行手册提醒飞行员首先使用翼尖油箱燃油,然后切换到主翼油箱。飞行员错误地颠倒了这一建议的程序。图 6.17 显示了下降过程中翼尖油箱的姿态。

注意翼尖油箱中的燃油油位。由于翼尖油箱中唯一的燃油吸油点位于后端

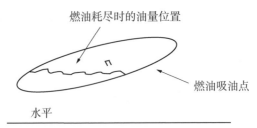

图 6.17　持续下降时翼尖油箱姿态

附近,因此在某些点上,燃油无法供给到发动机。

6.13.3　解决方案

解决方案是在油箱前端附近添加第二个燃油吸油点。

6.13.4　经验教训

(1) 在设计燃油系统布局时,必须考虑所有可能的飞机姿态,在这些姿态期间,发动机应正常运行。

(2) 遵循 CFR 第 23 部的飞机可能会由技术水平相当低的飞行员驾驶,仅依靠飞行手册中的程序是不够的。

6.14　燃油通气口设计Ⅱ

6.14.1　事故/事件概述

1956 年,在塞斯纳 T‑37(见图 6.18)的飞行试验中,试飞员报告说,飞机的左翼越来越重。

图 6.18　塞斯纳 T‑37(非事故飞机,图片由 NASA 提供)

6.14.2　原因分析

经过调查,事故的原因确认为燃油在右机翼和左机翼之间意外地不对称转移。而燃油转移的原因是因为左右翼尖燃油通气口的不对称安装。这两个通气口是手动安装的,没有使用工装,这使得两个通气口的角度差异足以导致压力差异,从而强制将燃油从右机翼转移到左机翼油箱中。

6.14.3　解决方案

指定燃油通气口的公差范围,并使用工装确保它们的正确安装。

6.14.4　经验教训

墨菲定律在起作用,如果一个组件可能安装错误,那么总有人会这么做。飞行关键部件的安装应该设计成只有一种正确的安装方式。

6.15　客舱门设计 I

6.15.1　事故/事件概述

1956 年 6 月,皮德蒙特航空公司的一架道格拉斯 DC - 3(见图 6.19)客机在飞行中客舱门被打开,一名乘客坠落身亡。客舱门受到轻微损坏,但飞机在目的地正常着陆。

图 6.19　道格拉斯 DC - 3(非事故飞机,图片由小杜阿尔特提供)

6.15.2　原因分析

据参考文献 6.13 所述,造成事故的可能原因是客舱门在飞行中意外打开。图 6.20 显示了客舱门处于关闭状态的内部视图。

调查结果显示,只需将手柄从关闭位置移动到打开位置即可打开舱门。显然意外打开舱门的那位乘客在登机前已经饮酒。调查发现许多使用类似机型和使用相似构型门的航空公司已经安装了安全装置,以防止飞行中发生舱门意外

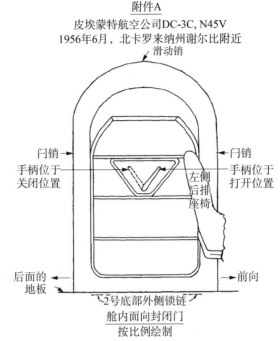

图 6.20　机舱门处于关闭状态的内部视图（图片由 CAB 提供）

开启。

6.15.3　解决方案

CAB 向 FAA 建议发布一份适航指令,要求纠正这种不安全情况。

6.15.4　经验教训

事故的发生是可以预见的。安装没有防止舱门意外打开装置的舱门是不负责任的。现在,这种情况是违反适航法规的。

6.16　燃油系统设计 Ⅱ

6.16.1　事故/事件概述

1959 年初,一架波音 B-52G(见图 6.21)从一次训练任务返场,正在进行最后进近阶段,准备降落在一个战略空军司令部(strategic air command,SAC)基地。机翼油箱里还剩大约 30% 的燃油,因此飞机的重量相对较轻。由于跑道出现问题,机长决定执行复飞动作。飞机被观察到向上俯仰、失速、坠毁并起火,导致机组成员全部遇难。大约一周后,同样的情况导致另一架 B-52G 飞机坠毁

图 6.21　波音 B‑52G(非事故飞机,图片由 NASA 提供)

和机组的丧生。这一次,整个机队被停飞,并展开了一项涉及许多波音工程师的深入调查。

6.16.2　原因分析

事故原因如下:进行复飞动作的标准程序是将 8 个油门全部向前推,并稍微提高机头。由于强烈地向前加速(飞机处于较低重量状态),燃油被迫向外机翼移动,使得重心移动到了气动中心后方。这使得飞机极不稳定,因此飞机急剧上仰,飞行员失去了控制。显然需要进行一些设计改变。

6.16.3　解决方案

事后在机翼油箱中增加更多隔板显然是一个可行但昂贵的解决方案。简单得多且成本更低的解决方案已经被开发和采用:在油门控制组件上设置一个卡位,如图 6.22 所示。设置卡位是为了警告飞行员突然要求更大的推力可能会导致问题。如果需要,飞行员可以将油门移动到卡位之外更向前的位置,但希望

设置卡位以阻止推力的快速积聚　　　　　　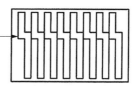

图 6.22　波音 B‑52G 油门台卡位
注:图 6.22 方案不可用于商用飞机

能够缓慢地这样做。这个解决方案已经很好地实施了——B-52G 和 H 型飞机没有出现过任何由于燃油转输引发的问题。

6.16.4　经验教训

（1）简单通常更受青睐。有时候花费 25 美元就可以解决价值 2 500 万美元的问题。

（2）显然，工程师们应该预测到这整个场景，并设计燃油箱，使燃油在可预见的纵向加速情况下不可能出现快速移动。

6.17　由货舱灯造成的火灾

6.17.1　事故/事件概述

1959 年 3 月，谜语航空公司（Riddle Airlines, Inc.）的一架柯蒂斯 C-46R 突击队（Commando，见图 6.23）货机发生了一场剧烈的、无法控制的火灾。火灾烧毁了飞行控制系统。

图 6.23　柯蒂斯 C-46 突击队（非事故飞机，图片由鲍勃·加拉德提供）

机组发出紧急呼叫，表示他们着火了，并且已经失去了对飞机的控制。最终飞机坠毁，两名机组成员死亡。飞机部分被大火烧毁。

6.17.2　原因分析

参考文献 6.14 给出了导致飞机机腹后部货舱内起火的可能原因是货物接触到了无防护灯泡。以下内容改编自参考文献 6.14。

调查发现火灾严重损坏了飞行控制系统。火灾烧毁了副翼曲柄组件、方向舵和升降舵滑轮组。从后部货舱向前到通风百叶窗的区域，还发现了其他严重的火灾损坏。沿着飞行路径发现了该区域的几件飞机结构件。

对装载在"G"舱的货物样本进行了测试,虽然被发现能够助燃,但没有表现出异常的起火特性。还进行了研究以确定与装满类似材料的邮袋接触的灯泡是否会产生足够高的温度以引起点燃。从这些行李舱起火的试验和研究中发现,很明显,火灾可能以这种方式发生。

根据柯蒂斯公司提交的气流速率测试和工程规范,C-46R 上的"G"舱被FAA 认证为 D 级货舱(见 CAR 4b 383)。但截至事故发生之日,该公司并未按照批文要求安装保护货舱灯免受货物损坏的防护装置。此外,不存在要求关闭这些灯的程序和要求维护人员检查用于密封舱壁连接处的胶带状况的程序。该胶带对于安装至关重要,可将通过货舱的气流速率限制在不超过 $1500\,ft^3/h$。对一架同型号机型的"G"舱进行的检查表明,胶带可能会因货物移动而磨损并从连接处拉开,从而破坏其有效性。

6.17.3　解决方案

事故发生后,该公司为 C-46R 的所有货舱灯安装了防护装置。公司还制定了一项计划,在下部货舱安装火警探测和灭火设备。

NTSB 向 FAA 建议:

(1) 飞行时货舱灯应关闭。

(2) 所有货舱照明应加装保护罩。

(3) 应保护液压舱内的继电器和电接头。

6.17.4　经验教训

如果遵循了现有的法规,这起事故很可能就不会发生。因此,应要求管理和维护人员参加道德和安全操作实践方面的课程。

6.18　客舱门设计 II

6.18.1　事故/事件概述

1962 年的 10 月份,一架阿勒格尼航空公司(Allegheny Airlines)的康维尔340/440 飞机(见图 6.24)因为后舱服务门下部锁扣脱落而经历了一次爆炸性减压。由于向外喷出的气流,一名靠近门口的乘务员被吸出了飞机。随后,飞机降落并没有发生进一步的事故。

根据参考文献 6.15 的记载,在离开费城后,乘客和机组听到了高频鸣叫声,乘务员检查发现后服务门的后下角处有气体泄漏。机组在该区域放置了枕头以减少气体噪声,但在服务门爆炸之前,机组没有采取进一步的行动。

图 6.24　康维尔 340/440

6.18.2　原因分析

根据参考文献 6.15,未发现后服务门未安全锁定是导致机上爆炸性减压并将乘务员从飞机中吸出的可能原因。导致此事故的因素包括阿勒格尼航空公司紧急增压指令不足以及在发现客舱压力泄漏后继续保持增压飞行。

此外,文献 6.15 还提到,该服务门配备了四个锁钩,两个位于门的顶部,两个位于底部。当上部两个锁扣正确锁定时,微动开关会使客舱门警告灯亮起,指示门已锁定。然而,即使下部锁扣未正确锁定,该灯也会亮起。此外,仅凭目视检查很容易忽略所有四个锁扣是否正确锁定。

1954 年 6 月(比这起事故早 8 年),康维尔公司发布了服务公告 126A,建议改进门锁和警示系统。1955 年 3 月,民航委员会建议 CAA 颁布适航指令,强制要求在此服务公告中注明的变更。CAA 仅建议航空公司这样做,但未将其作为强制性规定。

康维尔公司在 1955 年、1956 年、1957 年和 1958 年发布了有关这扇门的额外服务公告。事故飞机仅采纳了第一个建议。

6.18.3　解决方案

在 1962 年 11 月,FAA 发布了一项适航指令(于 1962 年 12 月 18 日生效),要求所有经营此类飞机的航空公司必须遵守康维尔公司对于这种舱门的所有建议。

对于设计工程师来说,值得注意的是,该适航指令包含了以下要求。

(1) 飞机飞行手册要进行修订,要求在起飞前和每次操作后检查舱门锁。

(2) 如果有锁钩未锁定或门口出现泄漏的迹象,必须泄压。

(3) 安装用于检查下部门锁的检查孔和灯光。

(4) 在前部上部和下部安装门锁电气警告开关。

6.18.4　经验教训

（1）任何舱门的设计都必须非常小心谨慎。工程师应该记住,在实际的服务操作中,这些门不是由训练有素或高薪的人员处理的。在认证之前,应该进行舱门的服务测试,以确保它们继续保持安全。

（2）舱门锁警告系统在没有所有锁定扣都已锁上的情况下就显示为安全状态似乎是不合理的设计。

6.19　闪电闪击的设计

6.19.1　事故/事件概述

1963 年 12 月,泛美世界航空公司的一架波音 707 – 121(见图 6.25)被闪电击中,点燃了外侧机翼油箱中的燃油。

图 6.25　波音 707 – 121 模型(图片由 geminijets.com 提供)

这架飞机在马里兰州的埃尔克顿附近坠毁。73 名乘客和 8 名机组人员全部遇难。

6.19.2　原因分析

在参考文献 6.16 中列出了可能的原因是闪电引燃了 1 号储油箱中的燃油/空气混合物,导致左外翼爆炸性解体并使飞机失去了控制。

有许多目击者作证说,他们确实看到闪电击中了飞机。

许多人还作证说,飞机着火了,在撞击后不久就解体了。残骸散布在很广的范围内。

事故调查因其破坏程度和部件的散落而受到很大的阻碍,虽然没有得到所有参与调查人员的一致意见,但似乎问题始于雷电击中翼尖区域的外侧燃油通气口附近。

如图6.26所示为波音707-121的油箱和通气防溢油箱的布置。注意,这个油箱离翼尖很近。在现代运输设计中,浪涌油箱的最外侧位置被认为是在大约85%的跨度站位,除非使用更重的蒙皮来防止雷电穿透。同样注意到该机没有静电放电芯,现在所有的运输机上都要求有静电放电芯。

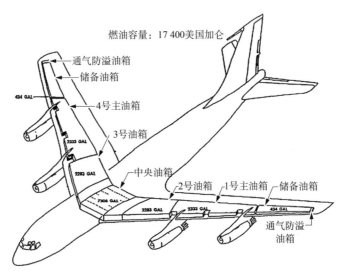

图6.26 波音707-121的油箱的一般布置(由民用航空局提供)

6.19.3 解决方案

这架飞机当时在一个有大量闪电活动的地区飞行。如今,飞行员被敦促避免飞过这些地区。为了提高飞机在被雷电击中时的生存能力,向FAA提出了一些建议,具体如下。

(1) 在所有涡轮动力飞机上安装静电放电刷。

(2) 在燃料箱通风口安装火焰抑制器。

(3) 不要在靠近翼尖的地方安装防溢油箱,除非使用特别厚的蒙皮(这假设油箱是铝制结构)。

(4) 只使用喷气式A型燃油,它比喷气式B型燃油的易燃性要低。事故飞机上有喷气式A型和B型的混合物。

(5) 开发一种手段,通过引入惰性气体使燃料上方的空间处于惰性状态。

6.19.4　经验教训

（1）无论所有的暴风雨规避程序多么完善，飞机将继续被闪电击中。现代规章认识到了这一点，燃油系统必须进行相应的设计。

（2）由于 1996 年环球航空公司波音 747 飞机的油箱爆炸事件，惰性气体的引入最近又受到了关注。值得注意的是航空设计中的惰性气体方案：这个想法在 20 世纪 60 年代已经提出，40 年后，它仍然没有被纳入新的设计中（A380 和波音 787 是例外）。

6.20　靠近起落架支架的燃油管路

6.20.1　事故/事件概述

1965 年 11 月，美国联合航空公司的一架波音 727 - 100（见图 6.27）在犹他州盐湖城机场试图降落时坠毁。

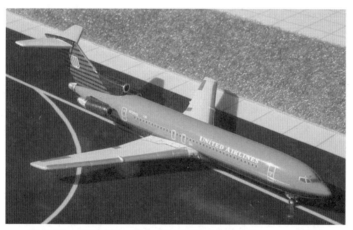

图 6.27　波音 727 - 100 模型(图片由 geminijets. com 提供)

坠机后人员是可以存活的，然而，机上发生了火灾。机上有 85 名乘客和 6 名机组人员。由于火灾和烟雾，43 名乘客死亡。

6.20.2　原因分析

参考文献 6.17 指出，这起事故的可能原因是机长没有及时采取行动降低着陆过程中的过快下降速度。

调查显示，飞机在外标线时，以 200 kn 的速度飞行，在下滑道上方 2 000 ft。

在随后的几秒钟内,设置了着陆构型(40°襟翼和起落架放下)以及大约 125 kn 的参考速度,但下降速度为 2 300 ft/min(这是飞机在这个进场点上建议下降速度的三倍),飞机仍然在下滑道上方 1 300 ft。虽然副驾驶试图增加动力,但机长表示要等一下再动作。这个决定使已经很危险的情况更加恶化。飞机在距离跑道端头约 335 ft 处重重地撞到了地面。

两个主起落架都从其主要连接点断裂(起落架的压力是承受设计着陆重量下的 12.5 ft/s 的垂直冲击速度)。右侧主起落架组件产生的严重的向上和向后的冲击力使机身上产生了一个大的冲击孔,燃油管路和机身右侧 1 030 和 1 130 站之间的 3 号发电机电缆断裂。燃油被机身在跑道上刮起的火花和/或被切断的发电机电缆点燃。

由此产生的大火使许多乘客无法撤离。

为了理解事件的物理原理,对波音 727 的高升力系统和飞行特性进行一些深入了解是有帮助的。波音 727 设计了一个极其有效的高升力系统,使飞机能够满足拉瓜迪亚机场(当时)那个相对较短的场地长度要求。有四个襟翼构型可供选择。在将襟翼从卡位 3 降到卡位 4(40°襟翼)之前,有必要前推油门,以帮助克服伴随着襟翼变化而增加的巨大阻力。一个原因是 JT8D 发动机的冷却时间很长。

这个必要的飞行员动作在飞行手册中有明确指出,飞行员也接受了这方面的培训。从襟翼 3 到襟翼 4 而不先推油门杆的后果是会出现高的下降率。如果飞机已经接近地面,在将襟翼从 3 降到 4 后推油门杆,将无法以高下降率着陆前减缓下降率。

降落本身尽管非常艰难,但还是可以生存的。火灾则不然。

6.20.3　解决方案

人们注意到,在这种严重的撞击情况下,起落架断裂,但机身腹部结构没有破坏。

作为这次坠毁的结果,提出了三项重新设计的建议。

(1) 穿过机身的燃油管路应重新布置,使其穿过飞机中心线附近的地板梁。

(2) 燃油管路及其套管应该由不锈钢制成,并且应该有足够的厚度以承受机上人员可存活坠撞。

(3) 发电机电缆的走向应使这些电缆与燃油管路之间存在最大的间隙。每根发电机电缆应放置在一个单独的、具有适当强度和灵活性的塑料导管内。

参考文献 6.18 第 51 页有以下陈述。

"经过调查,民用航空委员会(NTSB 的前身)向 FAA 建议了具体的设计更改。因此,CFR25.993(f)被修订为:机身内的每条燃油管必须被设计和安装成允许合理程度的变形和拉伸而不发生泄漏。"

所有波音 727 飞机都重新设计和重新布置了燃油管路,因此再次发生此类事故的可能性很小。

6.20.4　经验教训

这次的坠机是由一个没有使用正确飞行程序的飞行员造成的。尽管如此,这些事件是可以预测的,但却没有被预测到。设计工程师在布置燃油管路和起落架部件时应该清楚地记住这一点,因为这些部件在高下降率的着陆中可能会断裂。

6.21　因火灾而失去俯仰控制权

6.21.1　事故/事件概述

1967 年 6 月,一架莫霍克航空公司的 BAC‐1‐11(见图 6.28)在爬升到16 000 ft 时,机身后部起火,并被观察到坠向地面。

图 6.28　BAC‐1‐11(非事故飞机,图片由 www. al-airliners. be 提供)

地面上的目击者看到浓烟从飞机的尾部冒出和大块的碎片从飞机上掉下来。飞机上的 34 人全部遇难。

6.21.2　原因分析

根据参考文献 6.19,这起事故的可能原因是飞行中的破坏性火灾造成的机翼俯仰控制系统的完整性丧失,该火灾起源于机身进气腔,在液压油的助燃下发展到垂尾。这场大火破坏了飞机的俯仰控制系统。飞行中的机身结构失效也起始于垂尾。

　　火灾是由于发动机引气通过一个故障的止回阀和一个开放的空气输送阀回流，以相反的方向通过辅助动力装置（auxiliary power unit，APU），并在温度高到足以导致隔音衬垫被点燃的情况下，进入了进气腔。

　　使问题更加复杂的是，在基本设计中没有提供足够的排液系统，以确保泄漏的液压油不会被吸进隔音衬垫，然后成为任何火灾的燃料来源。

6.21.3　解决方案

　　在 CAB 调查之后，FAA 发布了适航指令 AD No. 68-1-1。该指令要求，如果要继续在飞行中使用 APU，必须完成以下工作（见参考文献 6.19 第 54 页）。

　　（1）用一个改进的阀门替换止回阀。

　　（2）进行以下结构改造。

　　a. 在机身顶部现有的轻合金外皮上、机身站位 936 和 958 之间，安装额外的防火不锈钢外皮，以便将机身进气腔与垂尾隔离。

　　b. 用不锈钢壁面取代分隔机身进气腔和液压补偿器舱的轻合金壁面，在此过程中扩大液压舱。

　　c. 修改液压补偿器排液箱和排液口。

　　d. 在 FS936 处的隔板上安装一个改进的弹簧门（在进气腔的前方）。

　　（3）在位于方向舵动力控制单元上方的控制罩周围和垂尾后撑杆的孔上安装密封板，以限制气流进入垂尾。

　　（4）安装一个额外的双金属温度传感器，与现有的汞传感器平行，控制位于通往热交换器的低压引气管中的电动主温度控制阀。

　　（5）修改飞机飞行手册，以确保在任何时候都不会将来自任一发动机和 APU 的空气同时输送到一个共同的管路中。

6.21.4　经验教训

　　（1）正如 AD 所表明的，这架飞机上的特殊系统有很多设计问题。另外，导致这次坠机的事件应该是可以预测的，但却没有。

　　（2）在一个复杂的系统中，仅仅依靠假设飞行人员总是遵循或理解这种系统的操作指令是不够的。设计工程师应该预料到最坏的情况，并将系统设计成一个简单的阀门故障不会导致灾难的发生。

6.22 混乱的系统设计

6.22.1 事故/事件概述

阿帕奇 PA‑23(见图 6.29)是一款非常流行的低成本、双发、螺旋桨驱动小型飞机。笔者了解过这架飞机多引擎的说明和额定功率,它有以下有趣的系统设计特征。

(1) 如果左发失效,会丧失所有电子系统,有些飞行仪表会停止工作。

(2) 如果右发失效,会丧失所有液压动力,且起落架必须使用手动泵来操作。

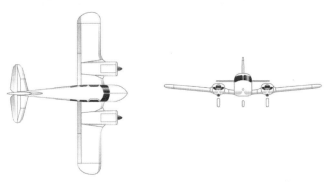

图 6.29 阿帕奇 PA‑23

这种设计的一个问题是驾驶员必须足够了解这架飞机和其系统,才能有能力处理发动机失效。不可假设大多数驾驶员能够在紧急状态中处理如此复杂的情况,这对人的脑力有很高的要求。

6.22.2 经验教训

(1) 只要飞机的可控性得到保证,发动机的失效应该不是什么大事。

(2) 系统不应该被设计成需要一个没有经验的驾驶员花费太多的脑力来操作。

6.23 系统冗余设计拯救了生命Ⅰ

6.23.1 事故/事件概述

1971 年 7 月,泛美世界航空公司一架波音 747‑100(见图 6.30)于旧金山国际机场 19L 跑道起飞时撞击了进场照明系统(approach light structure, ALS)。

图 6.30   波音 747‑100 机型(图片源于 geminijets. com)

有两名乘客在和 ALS 的撞击下受伤。机组继续选择起飞,经过对损伤的飞行检查,应急放油并返回降落旧金山。21 名乘客受轻伤,另有 8 名乘客在降落后的应急撤离中背部严重受伤。

6.23.2   原因分析

在参考文献 6. 20 中,NTSB 指出这起事故的可能原因是飞行员使用了错误的起飞参考速度(他们之前在此跑道一直使用的速度)。这是由一系列违规导致的:①机场信息的收集和发放;②飞机派遣;③机组管理和宣传。这些因素使得承运人的操作控制系统失效。

当这架飞机撞到了 ALS,4 个执行飞控的液压系统中的 3 个(1、2 和 4 号)失能,3 号系统仍在工作。右侧主起落架从机身脱离,左侧主起落架放下后有两个轮胎丢失,且机身结构有严重的结构损伤。

6.23.3   解决方案

NTSB 给了一些建议,旨在提高重要机场信息的机组宣传和正确传达。NTSB 也对客舱天花板面板设计表达了担忧。有些面板掉进了客舱,这可能会阻挡乘客从客舱中逃生。

6.23.4   经验教训

尽管运输机取证只需要 3 套液压系统,但波音为 747 配备了 4 套系统,这挽救了很多生命。

载客飞机的天花板面板必须被设计成可以承受硬着陆,且这些面板必须在不致命垂向过载下保持原位。

6.24　发动机故障导致刹车故障

6.24.1　事故/事件概述

1975 年 11 月,海外国家航空公司的一架道格拉斯 DC‐10‐30(见图 6.31)在尝试从纽约肯尼迪机场起飞时坠毁。

图 6.31　道格拉斯 DC‐10‐30(非事故飞机,图片由米歇尔·吉安德提供)

起飞过程中,飞机撞上了海鸥,随后起飞中断。3 号发动机解体并起火。几个轮胎和机轮脱离。飞机没有如期减速。在靠近跑道终点处,机长驾驶飞机进入了滑行道。起落架损毁,最后飞机几乎葬身火海。机上 139 人中,2 人受重伤,30 人受轻伤。

6.24.2　原因分析

在参考文献 6.21 中,NTSB 指出这起事故的可能原因是 3 号发动机吸入了大量海鸥导致解体并着火。在发动机解体后飞机未能有效减速的原因如下。

(1) 3 号液压系统失效,这导致了丧失 2 号刹车系统,刹车扭矩减少了 50%。

(2) 3 号发动机反推系统失效。

(3) 至少 3 个轮胎解体。

(4) 两侧机翼上 3 号液压系统控制的扰流板无法工作。

(5) 跑道是湿的。

6.24.3　解决方案

NTSB 建议 FAA 重新检查通用电气公司的 CF6 发动机对于 AC 33‐1A 吸

鸟条款的符合性。NTSB也针对发动机取证和肯尼迪机场的鸟类控制给出了大量建议。没有一条建议与原因(1)、(2)、(3)有关,很难理解为什么刹车系统可以在一台发动机失效时可能失去这么大减速性能的情况下通过验证。

6.24.4　经验教训

这场事故是个可以预见的场景,但很显然没被预见到。工程师应该已经得出结论,要想防止事故发生必须重新设计液压刹车系统。即便没有条款约束也应该这么做。

6.25　系统设计、飞行机组训练和错误维护程序

6.25.1　事故/事件概述

1979年5月,美国航空公司的一家道格拉斯DC‐10‐10(见图6.32)在芝加哥奥黑尔机场起飞旋转时,1号发动机、吊挂,以及左侧机翼前缘3 ft从飞机上脱离。这架飞机爬升至大约325 ft高后开始向左侧滚转并俯冲,直至坠毁。机上258名乘客和13名机组乘员全部死亡。另外,地面有2人死亡,2人受伤。

图6.32　道格拉斯DC‐10‐10(图片由 geminijets. com 提供)

6.25.2　原因分析

这起事件原因的调查见参考文献6.22和参考文献6.23。NTSB在参考文献6.22中列举了如下可能的原因。

"由于左侧机翼外前缘缝翼非指令收回,飞机出现非对称失速和随后滚转,以及维护引起的损伤导致的失速警告和缝翼不一致指示系统丧失,1号发动机和吊挂整体在起飞时在临界点从飞机脱离。不合适的维护程序引起的损伤引起

了吊挂结构的破坏,导致发动机脱离。"

显然,一系列事故链导致了这场灾难。NTSB 在参考文献 6.22 所述的 23 个很有启发性的结论如下。

(1) 发动机与吊挂组件在离地时或在离地后立即脱离。机组人员继续起飞。

(2) 吊挂组件后端是从后端框的前凸缘处开始脱离的。

(3) 后端框的前凸缘断裂和随后的继续服役,使得其剩余强度明显降低,随后完全失效,导致吊挂的结构性脱离。

(4) 吊挂后端框的上凸缘的过载断裂和疲劳裂纹是后端框上的唯一事先存在的损伤。过载裂纹和疲劳裂纹的长度大约为 13 in。断裂是由吊挂后端向上运动引起的,这导致上凸缘和其紧固件与机翼上的 U 形接头接触。

(5) 吊挂和机翼的连接结构都被正确安装。

(6) 所有传向 1 号交流发电机总线和 1 号直流总线的电力在吊挂脱离后消失了,机上的飞行指示仪、失速警告系统和缝翼不一致警告灯系统都不起作用。传向这些线路的电力未再恢复。

(7) 当吊挂脱离时,1 号液压系统失能。2 号、3 号液压系统在整个飞行中正常运行。除了每侧机翼的 2 号和 4 号扰流板外,所有飞行控制舵面都能工作。

(8) 吊挂的脱离导致左侧机翼的外侧前缘缝翼作动器的液压管路和其相关线缆被切断,且左侧机翼的外侧前缘缝翼在爬升阶段收回。缝翼的收回导致非对称失速和随后的飞机失控。

(9) 机组人员无法从驾驶舱看见机翼和发动机。由于缝翼不一致,指示灯和失速告警系统丧失,机组人员无法收到缝翼不对称和失速的电子告警。告警系统的丧失使得机组人员无法有效识别和预防飞机的失速。

(10) 机组人员依据应急操作手册驾驶飞机,手册要求飞机以速度 V_2 开始爬升,即速度为 6 kn,比左侧机翼的失速速度小 6 kn。减速至 V_2 会导致飞机失速。飞机开始向左翻滚是机组人员意识到已失速的警示。

(11) 1979 年 3 月 29 日至 30 日,在俄克拉何马州塔尔萨美国航空公司修理工厂中,这架事故飞机的吊挂在维修中受损。

(12) 后端壁板的设计使得凸缘容易在维修拆装吊挂时受到损伤。

(13) 美国航空公司的工程人员开发了一个工程更改指令(engineering change order,ECO),来将吊挂和引擎作为一个整体拆下并重新安装。该 ECO 要求引擎吊挂整体件必须由叉车承载、放下和抬起。美国航空公司的工程人员既没有充分评估叉车是否能够提供这项任务所需的精准度,也没有评估准确停放叉车的困难度,更没有评估不正确停放叉车的后果。该 ECO 没有重视叉车正确停放所需的精准度。

(14) FAA 没有批准承运人的维护程序,且承运人有权在没有 FAA 批准的情况下更改它的维护程序。

(15) 美国航空的人员在拆除前端框连接接头之前拆除了后端框的螺栓和衬套,这使得前端框可以作为一个转轴。任何有意或无意下卸掉叉车对发动机和吊挂组件的支撑都会在后端框前凸缘产生向上的运动,使得其与机翼 U 形接头接触。

(16) 美国航空公司维护人员既没有向他们的维护工程人员正式汇报 ECO 中包含的拆除程序的偏离,也没有汇报他们在完成 ECO 程序中碰到的困难。

(17) 美国航空工程人员在规划 ECO 时没有对此维护程序的所有方面进行完整的评估。工程和监管人员没有监督 ECO 的执行来确保它被正确完成,也没有监督他们维护人员是否在执行分派的任务时碰到没有预见到的困难。

(18) 上凸缘磕碰损伤和出现裂纹的 9 种情况都仅限于在发动机和吊挂组件被叉车支撑的操作情况中。

(19) 1978 年 12 月 19 日和 1979 年 2 月 22 日,美国大陆航空公司维护人员损坏了后端框上凸缘,情况和事故飞机记录的损伤类似。承运人将损伤的原因分类为维护错误。航空承运人和制造商都没有将法规解读为需要进一步调查或向 FAA 报告。

(20) 初始审定中的疲劳损伤评估符合现有要求。

(21) 失速报警系统设计缺乏足够的冗余性,只有一个抖杆马达。此外该系统的设计没有从飞机另一侧可用的前缘缝翼传感器给向左和向右失速警告计算机提供交叉信息。

(22) 前缘缝翼系统的设计没有考虑使用有效的机械锁定装置来防止缝翼由于外来载荷导致的主控失效带来的运动。取证是基于有不对称前缘缝翼状态下的可接受的飞行特性。

(23) 在 DC-10 审定时,发动机吊挂的结构性分离没有被考虑过。因此,由单个失效引起的其他系统的多重失效也没有被考虑。

图 6.33 和图 6.34 展示了短舱—吊挂—机翼连接结构的总体布置。

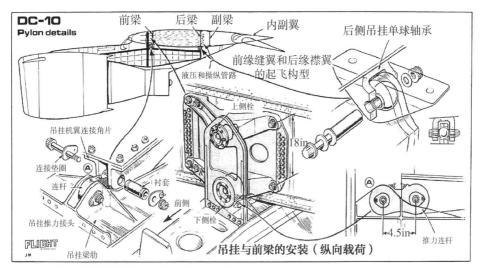

图 6.33　DC‑10 短舱—吊挂—机翼连接结构总体布置 1〔图片由航班集合（The Flight Collection）提供〕

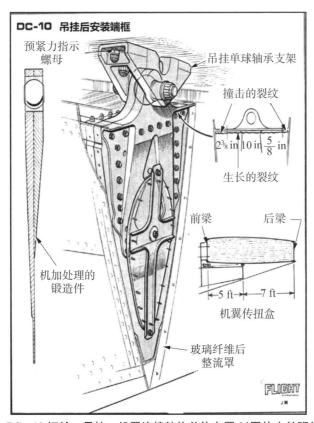

图 6.34　DC‑10 短舱—吊挂—机翼连接结构总体布置 2（图片由航班集合提供）

无需一个火箭科学家就能预见到使用商用叉车(由于发动机重量大且重心位于前吊挂端框的前侧,叉车根本不可能精准地停放)来支撑该组件会在后吊挂端框对组件安装接头产生巨大的载荷,这会有产生裂纹的风险。事实上,这种情况在美国大陆航空公司的维护设备上发生过两次。大陆航空通过运行问题通告让道格拉斯和其他 DC-10 的操作者发现了这个问题。美航的维护工程师显然没有看过那个通告。

必须注意,道格拉斯从没推荐或允许这类维护程序。道格拉斯的推荐程序要求在拆离吊挂前要先从吊挂上拆下发动机。

6.25.3 解决方案

FAA 在发现其他经历过类似维修程序的飞机也存在类似裂缝后,发布了暂停 DC-10 系列飞机适航证书的紧急命令。以类似方式使用叉车的那些运输行业的维修程序也有所改变。此外,在失速警告系统和缝翼不一致系统上增加了冗余性。适航证书后被恢复,飞机重新投入使用。

6.25.4 经验教训

(1) 从与机翼结构相同的角度考虑短舱—吊挂—机翼连接结构是有问题的。如果机翼主要结构在飞行中发生破坏,其结果就是坠毁。这是一个公认的事实。然而,如果短舱—吊挂—机翼连接破坏,且不含导致坠毁,则飞行控制和驾驶舱指示和警告系统的设计应能应对此类故障,但他们没有。

(2) 运输机不应该只有一台抖杆马达。

(3) 失速警告和缝翼不一致警告系统不应从一个电源供电。

(4) 在运输飞机中,不应允许在飞机失速速度下无法控制的缝翼不对称:应安装自动缝翼制动器。

(5) 不需要规定设计师如何处理上述第(1)~(4)项。笔者认为这是一个简单的设计理论问题,对此提出以下意见。

a. FAA 本应在 DC-10 项目早期更加积极主动地进行基本设计审查。像上述第(1)~(4)这样的项目不应该被忽视。

b. FAA 也应该更加积极主动地确保关键维护程序按照制造商的建议进行。

c. 最后,必须注意的是,机组人员接受在起飞后发动机故障后将飞机减速到 V_2 的训练。这一程序起源于螺旋桨运输时代,当时重要的是让飞机在一个发动机熄火的情况下以最佳爬升速度飞行。

当时采取这一做法的理由是要使用较短跑道末端避开障碍物,但现代喷气式飞机从更长的跑道和通常没有明显障碍的机场起飞,一台发动机熄火后,喷气式飞机仍能加速。不幸的是,DC-10事实上可能已经加速摆脱左翼失速速度,模拟器研究表明,DC-10已经能安全着陆。

从运营角度思考问题!

6.26　服务升降梯设计

6.26.1　事故/事件概述

1981年9月,世界航空公司道格拉斯 DC-10-30CF(见图 6.35)上的一名乘务员被困在服务推车和升降梯门顶部之间,当时升降机正由在客舱厨房外的另一名乘务员指挥上升。该受困乘务员失去了她的生命。

图 6.35　道格拉斯 DC-10-30CF(图片由 geminijets.com 提供)

6.26.2　原因分析

在参考文献 6.24 中,NTSB 确定可能的原因如下。

"厨房人员升降梯系统的门的电气交互开关故障,导致厨房人员升降梯在下层厨房门处于打开位置时上升。造成事故的原因是厨房升降梯服务推车结束和释放系统的设计缺陷,以及厨房升降梯系统的飞行前检查程序不足。

令人遗憾的是,在事故飞行前,当飞机仍在地面上且下舱门打开时,几名乘务人员观察到了厨房升降机的移动。他们没有向维修或飞行人员报告这一差异,也没有书面程序要求他们这样做(笔者疑惑,他们难道没有常识吗)。

厨房升降梯服务推车有一个结束和释放系统,这在以前的许多场合都很麻烦。由于升降梯空间有限,释放卡住的结束系统需要乘务员弯腰进入电梯。如果这时有人指令电梯上升,而门的交互开关失效,可能会造成严重的伤害。

可悲的是,参考文献 6.24 列出了许多乘务人员因同样的情况而受伤的案例。

事后来看,虽然已发生过类似事件,但人们没有采取任何措施来改进手推车结束系统或升降梯指令系统的设计。

6.26.3　解决方案

NTSB 收到了空乘协会安全主任提出的改进建议,以防止这种情况再次发生(见参考文献 6.24)。

6.26.4　经验教训

即使是简单的系统,如服务车结束装置和电动升降梯,也可能构成重大危险,因此在设计评审过程中应将操作此类系统的人员(与设计本身)考虑在内。这就是如今所谓的整体工程的一部分。

6.27　前缘缝翼不对称

6.27.1　事故/事件概述

1981 年 9 月,佛罗里达航空公司的道格拉斯 DC‑10‑30CF(见图 6.36)在起飞滑跑过程中遭遇了 3 号发动机的非包容性失效。

图 6.36　道格拉斯 DC‑10‑30CF(图片由 geminijets. com 提供)

发动机故障发生在速度为 90 kn 时,飞行员中止起飞并使飞机安全停止。没有人员受伤。飞机 1 号和 3 号液压系统受损(失去所有液体并无法工作),电气系统、3 号发动机控制系统和防火系统受到严重损坏。一个令人不安的结果是右翼外侧前缘缝翼在无指令的情况下收回(另见 6.25.1 节中的 1979 年DC‑10 事故)。

6.27.2　原因分析

在参考文献 6.25 中，NTSB 将可能的原因定位为"在安装 1 级低压涡轮转子盘后，装配低压涡轮组件时，质量控制检查未能检测到低压涡轮腔中是否存在异物。低压涡轮腔中的异物损坏了使一级低压涡轮转子盘和二级低压转子盘固定在一起的螺栓。螺栓在高发动机推力下失效，一级低压涡轮转子盘与低压涡轮转子组件分离，超转，然后爆裂。"

6.27.3　解决方案

NTSB 就发动机维护期间的检查程序提出了许多建议。

关于不对称缝翼情况，下文引自参考文献 6.25 第 23 页。

"由于前缘缝翼系统的设计考虑了缝翼运动过程中可能发生的故障，因此可能出现外侧缝翼非对称伸展或缩回的情况，该系统的审定需要基于飞行数据，使得在起飞缝翼位置限制速度、失速告警速度和指示空速 260 kn 限制下，在一侧机翼外侧缝翼缩回、另一侧缝翼处于起飞位置时飞机仍可安全飞行。

在奥黑尔 DC‑10 事故后进行的重新审定试验（见参考文献 6.22）中，数据显示飞机在所有发动机工作并且一侧机翼外侧缝翼收回的情况下可以安全起飞。尽管分析结果表明，如果一台发动机发生故障，叠加缝翼缩回，DC‑10 在某些条件下可能无法控制，但这也表明这种特定的故障组合是极不可能发生的。因此，该飞机被重新审定。麦克唐纳‑道格拉斯公司在这次事故后进行的分析进一步验证这种极不可能发生的故障组合的数据。"

然而，尽管如此，仍决定按照 AD 82‑03‑03 的要求更改前缘缝翼系统的设计。NTSB 支持这一决定，并认为在可能和经济可行的情况下，无论事故发生的概率多大，设计都应包含最大限度的保护措施。

6.27.4　经验教训

设计工程师在处理飞行关键系统的所有设计细节时都应牢记 6.27.3 节的处理方式。

6.28　系统冗余设计拯救了生命 Ⅱ

6.28.1　事故/事件概述

1981 年 9 月，一架美国东方航空公司的洛克希德 L‑1011‑384（见图 6.37）经历了飞行中的 2 号发动机解体和起火事故，飞机结构和飞行控制系统严重损坏。

图 6.37　洛克希德 L‑1011‑384(图片由 geminijets.com 提供)

机组人员使飞机成功降落。没有人员受伤。

6.28.2　原因分析

根据参考文献 6.26,NTSB 确定可能的原因是"由于润滑不足,2 号发动机低压定位轴承(low pressure location bearing,LPLB)热疲劳衰退并引发失效。中压压气机(intermediate pressure compressor,IPC)后短轴的支座表面与低压定位轴承滑油封严之间,以及中压定位轴承(intermediate pressure location bearing,IPLB)内部前法兰和中压压气机后短轴之间漏油,导致流向低压定位轴承的滑油流量减少,从而提高了工作温度,减少了轴承装配间隙,并使热量积聚在轴承的滚珠和安装座中。轴承故障使滑油向前喷射到低压压气机/风扇(low pressure compressor/fan,LPC)轴所在区域,在那里起火并稳定燃烧。着火使风扇轴和风扇失效安全两者都轴过热并失效,然后使风扇单元体向前移动并损坏2 号发动机流道。这对飞机结构和飞行控制系统造成了严重损坏。漏油很可能是由支座表面配合不良引起的。"

图 6.38 显示了 RB‑211 发动机的总体布局以及位于 S 形发动机舱端头的2 号发动机。

当风扇转子松动时,它会破坏发动机舱并造成以下损伤(见参考文献6.26)。

"最严重影响机长控制飞机能力的损伤是飞机的 4 套液压系统中有了套失效以及方向舵控制电缆的损伤。与所有现代宽体飞机一样,L‑1011‑384 依赖一些用于飞行控制的液压系统的完整性。冗余系统设计使得四套液压系统中的每一套都是独立的,并且可以提供部分动力来维持对每个飞机控制轴的飞行控

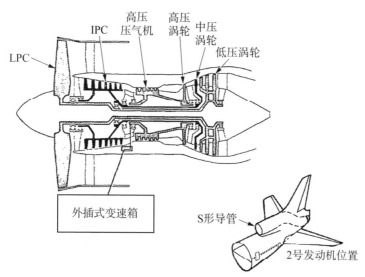

图 6.38　RB‑211 发动机的布局及 S 形发动机舱的位置

制。这些系统在物理上是分开的,因此通常对飞机的一小部分区域造成的损伤不会影响所有液压系统。然而,在机身设计过程中,整个风扇单元体的分离被认为是不可能发生的,因此,在设计系统冗余度时,认为其不是影响因素。风扇单元体碎片的大量飞散切断了三套液压系统的流体管路。第四个系统的管路受到了破坏,但是它没有被切断,因此流体压力和容量得以保留。剩余可控制飞机的系统为水平安定面、内侧副翼、方向舵、前轮转向和备用机轮刹车系统。

　　然而,由于方向舵控制电缆被卡住,阻止了方向舵踏板的运动,方向舵控制和前轮转向(其控制装置与方向舵控制电缆互连)都无法操作。尽管如此,机长有足够的飞行控制来降落飞机,阻止了更严重事故的发生。风扇单元体碎片还损坏了 2 号发动机驱动发电机的电缆和发电机馈电线电缆。然而,重要电气负载仍然可以通过连接飞机三套电源的汇流条运行。

　　因此,NTSB 认为,虽然这次事故清楚地表明,主要发动机部件的分离,可能导致重大结构损坏或使多个冗余系统无法运行,引发灾难性事故,但该事故仍然表明了系统冗余在现代运输机设计理念中的价值。"

6.28.3　解决方案

　　NTSB 就航空公司和发动机制造商的发动机维护程序提出了多条建议。NTSB 还敦促进一步研究发动机部件包容性技术。

　　最后,NTSB 再次强调需要针对发动机非包容性故障对结构和飞行关键系统的影响进行详细的失效模式和影响分析(failure mode and effect analyses, FMEA)。

6.28.4　经验教训

发动机非包容性故障不断发生。以 RB-211 发动机为例,该型号从 1978 年 8 月 12 日到 1981 年 9 月 22 日期间,发生了 10 次非包容性故障。1981 年的全机队统计数据显示,罗罗每 1 000 个运行小时发生了 0.024 次此类故障,普惠 JT9D 和通用电气 CF-6 发动机每 1 000 个运行小时发生了 0.001 次此类故障。

从设计的角度来看,这些是所有飞行关键系统和结构的设计布局中要考虑的事件,包括风扇单元体的分离。

设计人员应该注意到,四套液压系统的存在(只需要三套就足够取证)可以拯救生命的另一案例(见 6.23 节)。

6.29　襟翼不对称

6.29.1　事故/事件概述

1982 年 1 月,一架帝国航空公司的派珀 PA-31(见图 6.39)在飞行员报告只有一个襟翼放下后坠毁。机上仅有的两名乘员(飞行员和副驾驶)在事故中丧生。(译注:派珀飞机公司的派珀(Piper)PA-31"纳瓦霍人"是双发活塞式公务机。)

图 6.39　派珀 PA-31(非事故飞机,图片由查洛纳提供)

6.29.2　原因分析

在参考文献 6.27 中,NTSB 确定事故可能的原因是左襟翼电机柔性驱动花键的过度磨损和飞机的审定不符合 CAR3.339 的要求。磨损的花键使襟翼出现 34°的分离,导致飞行控制权限受限。中度低空湍流和瞬态低位风切变可能导致紊乱和失控。

CAR3.339 规定,除非在襟翼一侧收起一侧放下的情况下能证明飞机具有安全飞行特性,否则襟翼需要机械链接。

如图 6.40 所示为 PA - 31 襟翼驱动系统。有两个设计失误显而易见:

(1) 襟翼对称性取决于两个柔性驱动器及其花键的完整性。

(2) 任何花键驱动器出现故障,襟翼位置指示都会误导飞行员。

没有飞行测试结果能证明飞机符合 CAR3.339 的要求,因此 FAA 要求派珀进行此类测试。测试(于 1982 年进行,见参考文献 6.27 第 14 页)表明"在 9 000 ft 和 130 kn 空速下,30°的不对称襟翼是无法控制的。然而,测试不包括使用不对称动力或使用方向舵横向控制飞机。因此,调查委员会认为,事故飞机的机组人员之所以能够在 34°的不对称襟翼条件下保持横向控制,是因为他们使用了飞机紧急程序中规定的方向舵和不对称动力,即左发动机全功率或接近全功率,右发动机功率降低。因此,尽管它们能够保持横向控制,但没有足够的动力来保持高度或提供方向控制。"

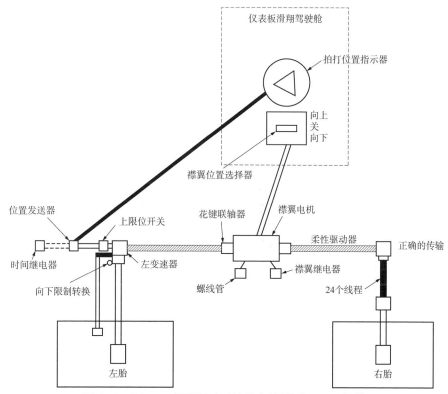

图 6.40　PA - 31 襟翼驱动系统示意(图片由 NTSB 提供)

6.29.3　解决方案

下文引自参考文献 6.27 第 15 页：“制造商为回应 FAA 于 1982 年 2 月 1 日关于是否符合 CAR3.339 的质询而进行的飞行测试清楚地表明，某些型号的 PA‐31 飞机（包括事故飞机）的襟翼系统不符合规章的要求。测试表明，在一个襟翼(30°)上小于完全伸展，另一个襟翼处于缩回位置时，飞机横向失控。根据适航条款，在这些条件下，襟翼应该具有机械连接以使襟翼的运动同步。但是，襟翼系统不包括这种机械连接。因此，配备这种襟翼系统的 PA‐31 飞机没有得到适当的适航审定。在制造商对襟翼系统进行飞行测试后，制造商和 FAA 采取了适当的措施来纠正不当的审定。”

6.29.4　经验教训

这是 DER 系统崩溃的另一个例子。除了这个事实之外，还有以下问题：设计工程师是否真的需要适航规章来说明图 6.40 中概述的系统不应获得审定？

6.30　挡风玻璃清洁系统设计

6.30.1　事故/事件概述

1982 年 2 月，朝圣者(Pilgrim)航空公司的一架德·哈维兰 DHC‐6‐100(见图 6.41)在从康涅狄格州格罗顿飞往马萨诸塞州波士顿的过程中，仪表在气象条件下飞行时，驾驶舱发生火灾后紧急降落。

图 6.41　德·哈维兰 DHC‐6‐100(非事故飞机，图片由皮埃尔·朗格卢瓦提供)

机长和副驾驶受重伤，1 名乘客死亡，8 名乘客受重伤，1 名乘客受轻伤。

6.30.2　原因分析

在参考文献 6.28 中，NTSB 确定事故的可能原因是异丙醇挡风玻璃清洗器/除冰器系统的设计缺陷以及系统维护不足导致飞行中起火。火源尚未确定。

图 6.42 显示了该系统在飞机中的位置。下文引自参考文献 6.28。

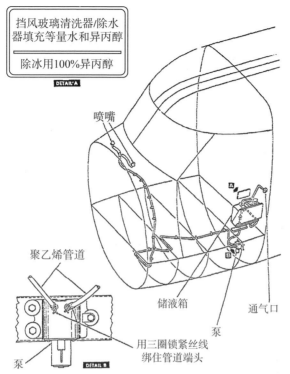

图 6.42　DHC‑6‑100 中的挡风玻璃清洗器/除冰器系统布局(图片由 NTSB 提供)

含有异丙醇的 1.5 加仑(编注:1 加仑＝3.785 L)储液箱位于机长座位的左侧。储液箱由安装在机长登机门后方驾驶舱结构上的托盘固定到位。这个登机门如图 6.41 所示。

储液箱由聚乙烯材料制成,并通过驾驶舱结构通向舱外。管道是聚乙烯(tygon)透明塑料管(乙烯基底座)。储液箱供应管线从储液箱底部穿过驾驶舱地板,输送到前方一个 28 V 直流电驱动低压泵,经过驾驶舱地板下方,再向上到挡风玻璃喷嘴。

朝圣者航空公司的一名飞行员报告说,1982 年 2 月 18 日下午,事故飞机发生了以下事件:在一次中途停留过程中,机长看到一种透明的液体从位于机长登机门下方的外部液压检修面板泄漏。打开面板后,他发现泵出口接头(压力侧)的管道脱落,异丙醇从接头中泄漏。副驾驶试图重新连接管道,但太短了。随后,机组人员从飞机上取下了储液箱,并记录了问题,由于天气晴朗,他们继续按

原定航线飞行。几个月前,飞机在拉瓜迪亚机场着陆时,也报告了相同的问题
(管道与泵出口配件分离),管道太短。

　　NTSB调查人员确定,聚乙烯管道在与异丙醇接触时会硬化,并在连接点处
变形,经常导致泄漏。为了修复泄漏,要切断硬化的、形状错误的管道末端,重新连
接管道。连续切割后,为了使管道足够长,需要进行拼接,从而实现无松弛连接。
德·哈维兰批准的维护程序允许使用三层安全(锁)线固定连接。

　　1982年2月18日晚重新安装储液箱的机械师接受了采访。他表示,重新
安装是按照德·哈维兰的维护程序进行的。

　　NTSB进行的测试表明,如果管道未正确固定在泵的出口侧,在没有启动清
洗器/除冰器系统的情况下,异丙醇可能会通过泵泄漏并积聚在驾驶舱地板下方
的隔层中。而一旦系统启动,异丙醇会从泵出口向前喷入含有大量点火源的隔
间区域。

　　值得注意的是,该飞机驾驶舱地板下方的舱室中存在以下潜在点火源。

　　(1) 引气温度高达150℉的发动机引气管道。

　　(2) 喷射器、混合箱和消音器。

　　(3) 由电动泵驱动的液压动力组件。

　　(4) 挡风玻璃清洗器/除冰器电动泵。

　　虽然从残骸中无法确定这些电气部件中的哪一个是实际的火源,但系统设
计显然可以做到。

6.30.3　解决方案

　　对于这次事故,NTSB提出了一些建议。针对坠机的根本原因,FAA建议:
"发布适航指令,要求重新设计和修改DHC-6飞机上安装的异丙醇挡风玻璃除
冰器系统,以消除异丙醇泄漏的可能性,或在可行的情况下,要求用制造商提供
的电加热挡风玻璃替换这些系统,作为替代安装。"

6.30.4　经验教训

　　(1) 记住一个影响飞机系统布局设计的基本定律:**飞机上任何携带液体的
系统都会泄漏。**设计者有责任追踪可能的泄漏源并预测液体的去向。这样泄漏
的后果很容易预测。如果这些后果不是良性的,则应进行重新设计。

　　(2) 系统设计者是否需要规定在易燃液体可能泄漏的区域禁止火源?

　　(3) 这次事故有几个先兆,应该提醒飞行人员、机械师和其他维修人员注意
这一潜在危险。这些先兆应该被重视。

6.31　前缘的三条液压系统管路

6.31.1　事故/事件概述

1987 年 9 月,一架 B1 - B 轰炸机(见图 6.43)在低空训练飞行时撞到一只大鸟,随即失去控制。飞机坠毁并燃烧。机上 6 名机组人员中只有 3 人成功跳伞。

图 6.43　B1 - B 轰炸机[非事故飞机,图片由斯·佩特奇(S. Petch)提供]

6.31.2　原因分析

一项调查显示,坠机原因是左翼内侧前缘与一只鹈鹕发生碰撞。服务于主飞行控制系统的液压系统管路位于该前缘后方。与鹈鹕的碰撞使机翼前缘损坏,三条液压管线全部断裂,使得飞机无法控制,导致了坠机。

6.31.3　解决方案

设计工程师应该始终做出最坏的假设。一架用于低空高速飞行的飞机可能会撞上大型鸟类。因此,主飞行控制系统液压管路不应位于脆弱前缘的后面。

6.31.4　经验教训

对于设计工程师来说,重要的是要记住,任何一个事件都不应将任何飞机的主要飞行控制置于危险之中。如果忘记这一点,裕度系统将失去所有余量。

6.32　泄漏到航空电子设备舱 I

6.32.1　事故/事件概述

1987 年 9 月,在能见度很差的情况下,一架瑞士航空公司的福克 100(见图 6.44)最终抵达瑞士日内瓦机场。

飞机进场过程中,在没有警告的情况下,驾驶舱内的所有平板显示器都变暗

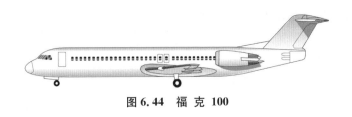

图 6.44   福克 100

了。飞行员用一个手电筒和三个机械飞行仪器保持工作。有了这样的帮助,他们才得以安全着陆。

6.32.2   原因分析

福克 100 飞机的前盥洗室的饮用水管路安装在上机身蒙皮附近。在飞行的初始阶段,这条管路已经结冰,当然也开裂了。在缓慢下降过程中,冰融化了,水涌入了位于盥洗室下方的主电子设备舱内(见图 6.45)。

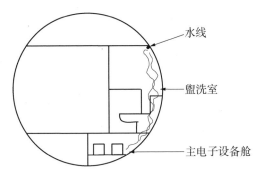

水线

盥洗室

主电子设备舱

图 6.45   水线位置、盥洗室和主要航空电子湾示意图

结果导致平板显示器的电源完全短路,所有驾驶舱显示器都变暗了。

6.32.3   解决方案

这是完全可以预测的情况。它本应在早期设计安全审查中被发现,但实际上并没有。要么重新布置主电子设备舱,要么重新布置管路,最好把两个一并考虑。

6.32.4   经验教训

设计师应该记住以下定律:飞机上携带液体的系统都会泄漏。

设计师有责任牢记这一点,并考虑"如果泄漏该怎么办"的问题,追踪液体的可能路径,并采取适当的设计措施。

6.33　短舱整流罩设计和燃油过滤器罩设计

6.33.1　事故/事件概述

1988 年 4 月,一架地平线航空的编号 N819PH 的德·哈维兰 DHC - 8(见图 6.46)在起飞后不久,2 号发动机失去动力。

图 6.46　德·哈维兰 DHC - 8(非事故飞机,图片由 www. al-airlines. be 提供)

机长决定返回西雅图进行预防性着陆。放下起落架后,2 号短舱发生了巨大火灾。着陆后,机组人员意识到已丧失所有方向控制和制动能力。飞机撞上地面上的几个物体,并被大火烧毁。在紧急撤离过程中,4 名乘客受重伤,24 名乘客、乘务员和 2 名飞行员受轻伤,9 名乘客没有受伤。

6.33.2　原因分析

在参考文献 6.29 中,NTSB 给出了如下可能的原因。

“高压燃油滤堵盖安装不当,导致右侧发动机短舱内大量燃油泄漏,进而发生火灾。可能发动机制造商就已安装不当,但航空公司维护人员未能检测出问题并纠正安装不当,进一步导致事故的发生。导致事故发生的另一个因素是燃油爆炸导致右发动机中心维护面板丢失,从而使灭火系统失效,并使液压管路烧毁,进而导致飞机在地面上完全失去控制。”

为了帮助理解此次事故的原因,图 6.47 显示了短舱的整体布局,图 6.48 显示了高压燃油滤堵盖的正确和不正确安装。

下文引自参考文献 6.29 第 6 页:“飞机上的两个发动机都配备了液压机械计量装置,HMU 由液压机械燃油控制装置、集成了高压燃油滤的高压燃油泵组成。1988 年 4 月 8 日和 9 日,DHC - 8(N819PH)的右发动机更换了 HMU。替换的组件作为一个完整的单元从地平线商店的备用发动机上拆下,该发动机

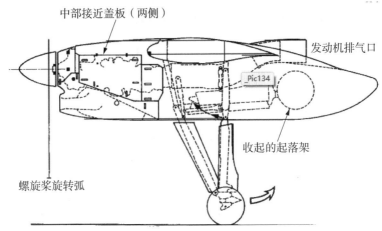

中部接近盖板（两侧）

发动机排气口

Pic134

收起的起落架

螺旋桨旋转弧

图 6.47   DHC‑8 短舱和中心维护口盖的总体布局(图片由 NTSB 提供)

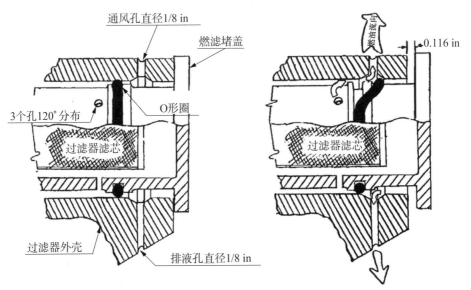

通风孔直径1/8 in

燃滤堵盖

燃油流向

0.116 in

3个孔120°分布

O形圈

过滤器滤芯

过滤器滤芯

过滤器外壳

排液孔直径1/8 in

燃油滤组件和O形圈处于正常位置   燃油滤组件（带间隙盖）和挤压位置的O形圈

图 6.48   高压燃油滤堵盖。左边是正确的安装,右边是不正确的安装(图片由 NTSB 提供)

来自普惠加拿大工厂。"

尽管多人参与了液压机械计量装置的拆卸和安装过程,但没有人注意到过燃油滤堵盖未正确安装。图 6.48 显示存在 0.116 in 的间隙。

　　尽管存在间隙,飞机在事故前也完成过几次飞行,且没有出现问题。下文再次引自参考文献 6.29(第 25～26 页)。

　　"NTSB 认为,未固定的燃油滤堵盖反复被高压燃油加压,使氯丁橡胶 O 形圈(见图 6.48)发生扭曲并挤压到某一位置,从而使高压燃油被输送到燃油滤壳体上的通风和排液孔,然后进入短舱。在拆除过滤器盖之前,X 光片上显示了扭曲的 O 形圈及其与通风和排液孔的相对位置。制造商表示,燃油滤外壳上的通风和排液孔的目的是防止在定期更换燃油滤期间可能溢出的不到 1 品脱(编注:1 品托＝0.568 L)的燃油,主要是一种轻微的环境保障。

　　NTSB 认为,引发空中起火的燃油泄漏在起飞后不久就开始了。燃油开始聚集在发动机短舱内,不久后,燃油向后流动,聚集在右轮舱中。燃油还泄漏到了舱外,坐在飞机右侧的一名乘客观察到了这一情况。这名乘客在观察到燃油泄漏后,由于对飞机并不熟悉,所以没有发出警报。

　　火灾发生前,NTSB 认为短舱和轮舱内的燃油/空气混合物太浓,无法点燃。当起落架舱门在最后进近打开时,这些燃油/空气混合物被环境空气稀释,变得可燃,并迅速被点燃。无法确定确切的火源。右侧发电机上的起动发电机电刷维护口盖放置不当可能是导致起火的一个因素,因为它可能导致可燃的燃油/空气混合物积聚在发电机电刷区域。

　　还有另一条通向电刷/电枢区域的开放路径。在起动机/发电机顶部附近,电线进入发电机电枢和电刷区域。在这个位置有一个开口间隙,它比电刷维护口盖还要靠近燃油泄漏处大约 1 ft。因此,除了维护口盖定位不当,仍有另一条通向火源的开放路径。

　　另一个可能的火源是发动机排气管。雾化燃油可能被吸入排气管周围的冷却空气防护罩中。冷却空气产生的区域含有大量积聚的燃油。"

　　NTSB 还观察到,即使飞机当时在地面上,双发运输中一个发动机的起火和停车也不应导致飞机性能的恶化和失控。根据公认的系统设计实践,这不应该发生。

　　要了解失控是如何发生的,有必要对 DHC-8 系统设计进行一些了解。下文引自参考文献 6.13 第 27～28 页。

　　火灾发生后,飞行员根据应急训练立即关闭了右侧发动机。在简单的右发关闭期间(没有其他问题),以下这些只能从右发动机驱动液压泵或 2 号电动备用泵接收液压的部件将不能工作。

　　(1) 内侧和外侧地面扰流板。这些安装在机翼上的自启动面板通常在着陆时启动,并通过破坏机翼上的升力和充当空气制动器来辅助控制飞机。

(2)外侧滚转扰流板。这些扰流板也安装在机翼上,可提高飞机在空中时的横滚率,在飞机着陆时自动启动并充当地面扰流板。

(3)紧急/停留刹车。该机枪刹车系统与飞行员的主轮刹车在液压上是分开的,它通过驾驶舱内的手动操纵杆使飞机机械减速。飞行员试图使用这个系统,但无济于事。

(4)前轮转向。该系统通过机长的手动控制或机长、副驾驶的方向舵输入来操纵前轮。机长和副驾驶都试图使用前轮转向系统,但无济于事。

(5)上舵面作动器。该液压作动器与下舵面作动器一起为方向舵提供动力,使飞机偏航,并在以中高速着陆滑跑期间提供方向控制。该系统由两个作动器组成,每个液压系统上都有一个作动器。两名机组人员都试图用方向舵操纵飞机,但无济于事。

(6)起落架收放系统。其含义不言自明。

当右发驱动液压泵不工作时,2号电动备用液压泵(位于右发短舱内)应自动向这些系统提供液压。然而,这并没有发生,因为为泵供电的电缆和控制单元被大火摧毁了。事实上,2号电动备用液压泵断路器因火灾导致控制单元短路而跳闸。

NTSB认为,因为飞行中的火灾破坏了共同位于右轮舱内的1号(左侧)提升倾卸液压管路、1号液压回油管路和为右翼内侧滚转扰流板提供液压的1号系统液压管路,造成了左侧液压系统的以下部件失效。

(1)机翼襟翼。后缘襟翼在其完全伸展的位置,会在一定程度上降低着陆横滚。飞行员试图将襟翼定位到15 in的着陆位置,但由于左侧液压丧失,襟翼在伸出约6 in时停止。

(2)主轮刹车。该刹车是飞机上的主要地面制动装置。两名飞行员踩下刹车踏板都无济于事。事实上,副驾驶的踏板与驾驶员的踏板机械连接,因此左侧液压系统的故障使两组制动踏板都失效了。

(3)内侧滚转扰流板。这些扰流板的功能类似于外侧滚转扰流板(参见右侧液压系统讨论下的第2项)。

(4)动力转换装置的液压马达的一半。该装置是一个液压驱动的电动,设计用于自动为辅助右侧系统液压泵提供动力,仅用于在右发动机故障时辅助收起起落架。NTSB没有证据表明该装置在飞行过程中每时每刻都在运行,其也不会在这次事故的情况下帮助机组人员。

（5）下舵面作行器。该装置与上舵面作行器相同,但由左侧液压系统提供动力。

（6）防滞刹车控制阀。有两个液压阀可调节流向机轮刹车的液压油流量,这些阀门操作防滞刹车控制装置。由于在事故过程中,主轮刹车器不工作,这些阀门的失效不会影响事件的结果。

6.33.3　解决方案

NTSB 提出了与本文讨论无关,但与事故相关的其他方面的几项建议。从设计角度来看,以下三项最为重要。

（1）短舱口盖在燃油爆炸后崩飞。从残骸中可以清楚地看到,面板被压弯,导致紧固件松脱。口盖崩飞导致灭火系统无法正常工作。

（2）需要解决涉及燃油滤堵盖的设计和维护程序。

（3）液压、刹车、方向舵和扰流板系统的设计似乎不符合"一个故障不应导致全部失效"的理念。NTSB 未选择在其建议中强调这一问题。

6.33.4　经验教训

（1）燃油滤堵盖的设计应避免此类安装情况的发生。

（2）扰流板、刹车和方向舵系统的设计明显存在缺陷,一个故障显然会造成这些系统无法工作。

6.34　地面扰流板在飞行中展开

6.34.1　事故/事件概述

1996 年 1 月,瓦卢杰航空公司（Valujet Airlines）旗下的道格拉斯 DC - 9 - 32（见图 6.49）从佐治亚州的亚特兰大飞往肯塔基州纳什维尔。由于它在最终进近阶段地面扰流板意外打开,导致迫降在纳什维尔。

飞机触地冲击严重,导致前起落架（两个轮子均脱落）损坏,被迫复飞。随后在二次着陆后,飞机完全停止。机上的 93 人中,1 位空乘与 4 位乘客在撤离过程中受轻微伤。飞机损坏严重。

6.34.2　原因分析

为了理解发生了什么,需要说明 DC - 9 的部分系统设计。下列引自参考文献6.30。

DC - 9 的三点式起落架由副驾驶左侧仪表盘上的一根杆控制,由右侧（2号）液压系统驱动。主起落架与前起落架的两轮放置在减震支柱上,两个刹车装

图 6.49　道格拉斯 DC‐9‐32(非事故飞机,图片由弗兰克 C. 杜阿尔特 Jr. 提供)

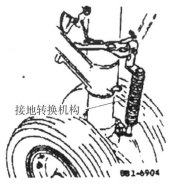

接地转换机构

图 6.50　接地转换机构的位置
　　　　(图片由 NTSB 授权)

在主起落架机构上。

接地转换机构由前起落架的减震支柱的收放启动。这一机构控制了飞机系统的工作模式是地面模式或是飞行模式。当前起落架的减震支柱被飞机的重量压缩时,接地转换机构导致飞机系统处于地面模式中。当前起落架的减震支柱在起飞后延长时(重力使得前起落架机轮向下),这触发了接地转换机构,电子转换飞机系统至飞行模式。图 6.50 展示了位于减震支柱与前起落架机轮转向架之间的接地转换机构。

图 6.51 是接地转换机构功能以及断路器的示意图。

因此在前起落架的支柱因保养不当/充气不足时,离地后的支柱伸长量可能不足以激活接地转换机构。这在低温天气下运行中是个常见的问题,而道格拉斯已经发布了许多服务通告与所有运营员信函(all operator letters,AOL)来描述该异常,并推荐维护程序以避免在低温天气运行的前起落架减零支柱的保养不当/充气不足问题。

注意在图 6.51 中,扰流板控制的字眼在两个图框中都有。

DC‐9‐32 有 4 个扰流板,位于机翼上表面,在后缘襟翼前侧。在空中,扰流板通过副翼/飞机扰流板混合组件自动与副翼共同工作,以辅助上副翼下降。另外,当速度-刹车/地面-扰流板控制杆在飞行过程中被向后拉起时,这 4 个扰流板展开,从而降低速度。在飞行过程中最大扰流板展开角度约为 30°。

在地面运行时,这 4 个扰流板可以展开至 60°,以实现地面扰流板功能。地

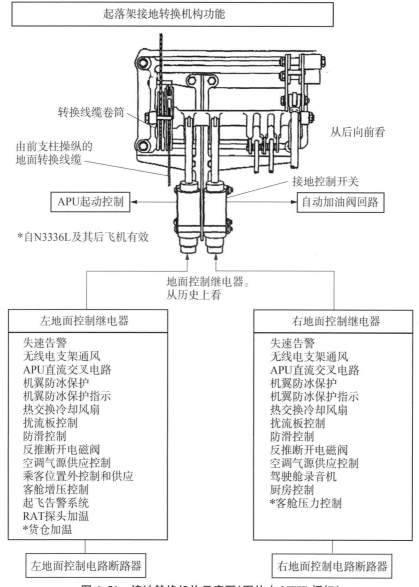

道格拉斯飞机有限公司

DC·9

机组人员操作手册

起落架接地转换机构功能

转换线缆卷筒

由前支柱操纵的
地面转换线缆

从后向前看

APU起动控制

接地控制开关

自动加油阀回路

*自N3336L及其后飞机有效

地面控制继电器。
从历史上看

左地面控制继电器	右地面控制继电器
失速告警 无线电支架通风 APU直流交叉电路 机翼防冰保护 机翼防冰保护指示 热交换冷却风扇 扰流板控制 防滑控制 反推断开电磁阀 空调气源供应控制 乘客位置外控制和供应 客舱增压控制 起飞告警系统 RAT探头加温 *货仓加温	失速告警 无线电支架通风 APU直流交叉电路 机翼防冰保护 机翼防冰保护指示 热交换冷却风扇 扰流板控制 防滑控制 反推断开电磁阀 空调气源供应控制 驾驶舱录音机 厨房控制 *客舱压力控制
左地面控制电路断路器	右地面控制电路断路器

图 6.51　接地转换机构示意图(图片由 NTSB 授权)

面扰流板可以自动或者手动启动。地面扰流板自动展开需要主轮收起或者地面
转换机构处于地面模式。根据道格拉斯的出版物,飞行机组在降落前根据一般

的"降落前"检查单打开扰流板的操作是可以接受的操作,但这是基于地面控制继电器断路器在降落前未被复位的情况。

现在来回顾一下飞行中发生了什么。

在飞离亚特兰大的过程中,飞行员难以收起落架。他们不得不绕过起落架抗收起系统,以成功收起起落架。在持续爬升的过程中,飞行员发现虽然飞机已经上天了,但是客舱压力以及起飞警告系统仍然在地面模式下工作。按照快速参考手册(quick reference handbook, QRH)内的指示,飞行员拉起地面控制继电器断路器,随即发现飞机的压力以及起飞警告系统都开始在飞行模式下工作。根据飞行员遭遇的这些异常,并且事故发生后,对前起落架及其系统的检查均未发现接地前存在机械故障,因此 NTSB 认为前起落架的减震支柱在开始爬升过程中的伸长,不足以激发地面转换机构、解除起落架拉杆防收起机构并将飞行系统切换至飞行模式。

前起落架的减震支柱很可能没有伸长到足以激发地面切换机构的长度,因为冬季的寒冷使得它保养不当/充气不足。飞行途中没有发生什么问题。当飞机向纳什维尔进近途中,离地 100 ft 左右时,飞行员重启了地面控制继电器断路器,这无意中将飞机系统从飞行模式切换成了地面模式。地面扰流板随即在飞行中展开,然后飞机突然下降,撞击地面跑道进近灯区。

在参考文献 6.30 中,NTSB 认为事故的可能原因是在应对飞行过程中发生的故障时,飞行机组的不当程序与操作(未能联系系统运行调度、未能使用所有可用的飞机与公司手册,以及过早地重启地面控制继电器断路器)。这导致了在最终下降过程中无意间打开了地面扰流板,从而导致飞机随即快速下降,最终狠狠地撞击了跑道进近灯区。

事故的其他原因还有瓦卢杰公司未能将低温天气下的前起落架保养程序纳入运行与维护手册中、瓦卢杰公司的快速参考手册包含的程序指南不够全面,以及飞行机组对飞机系统的理解认知不足。

6.34.3　解决方案

NTSB 在对 FAA 的建议中提到并说明了一系列的安全事项。但是在笔者看来,这些建议均没有触及系统设计上的根本问题。系统正常运行需要有如下要求。

(1)飞行机组对系统操作层面的详细了解。

(2)各种天气,尤其是冬季时对飞机的检查以及维护程序的正确开展。

要求飞行/检查/维修人员事事做对太过苛刻。因此笔者认为,如果系统存在完全依赖于人的设计特征,则该系统不应该被取证。

6.34.4　经验教训

飞行系统是比较复杂的。飞行机组知识或者执行上的小小错误,以及/或者检测/维修系统的正确执行,不应该导致潜在的危险飞行处境。

6.35　液压系统设计问题

6.35.1　事故/事件概述

在 1996 年 2 月,一架美国大陆航空(Continental Airlines,COA)旗下的道格拉斯 DC‑9‑32(见图 6.52)在休斯敦洲际机场(Houston Intercontinental Airport)起落架时着陆。

图 6.52　道格拉斯 DC‑9‑32 飞机模型(图片由 geminijets. com 提供)

飞机大约在跑道上滑行了 7 000 ft 后停在草丛中。浓烟随即在客舱蔓延,机上下达了紧急撤离的指令。在机上全部的 82 名旅客以及 5 名机组人员中,12位旅客受轻微伤。

6.35.2　原因分析

在参考文献 6.31 中,NTSB 认为这起事件的可能原因是机长违反了大陆航空的标准操作程序。该程序要求当进近场高低于 500 ft 时不稳定,或近地警告系统低于场高 200 ft 时持续,将会强制复飞。以下因素导致了本起事故。

（1）飞行机组未能正确完成航程检查单（in-range checklist），这导致了液压不足未能放下起落架和襟翼。

（2）飞行机组未能执行着陆检查单，并未能确认已放下起落架。

（3）COA 补救措施不足，导致无法保证标准操作程序的严格执行。

（4）FAA 对 COA 的监管力度不足，以至于未能保证标准操作程序的严格执行。

为理解事故发生的原因，有必要对液压系统进行描述。下文引自参考文献 6.31。

6.35.3　液压系统

DC-9 上的液压动力由两套独立的液压系统提供。每个系统一般由它相应的发动机驱动的液压泵供压。辅助电泵（auxiliary，AUX）和备用马达泵（alternate，ALT）各一套，以备用供压。每个引擎驱动的液压泵的输出压力由三位开关控制。这个三位开关位于副驾驶的仪表盘上，但可被两位驾驶员使用。

图 6.53 是液压开关仪表盘的示意图。

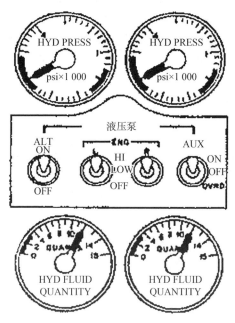

图 6.53　道格拉斯 DC-9 上的液压开关仪表盘（图片由 NTSB 授权）

当发动机驱动的液压泵切换到"HI"挡时,液压泵的输出压力是 3 000 psi。"LOW"挡的输出压力降低至 1 500 psi。"OFF"挡不输出压力。在地面、起飞以及降落过程中,发动机驱动的液压泵处于"HI"挡,并且 AUX 和 ALT 开启。在飞行过程中,液压泵切到"LOW"挡,AUX 和 ALT 关闭,系统压力降低至 1 500 psi。COA 的操作流程要求在完成范围内检查单的过程中,切换到低压状态。

根据工作时的压力要求以及/或者功能,液压元件可被区分为重要或者一般元件。重要元件主要和一般飞行操作相关,并且工作时需要处于低压才能起作用,包括扰流板、缝翼、方向舵、襟翼/方向舵限位器、反推、升降舵增稳系统以及机腹登机梯。一般元件的工作压力要求大于 2 000 psi 才正常工作,主要在地面运行中使用(如起飞与降落),包括起落架、刹车、襟翼、前轮转动控制以及起落架备用泵。每个系统内的关键阀门控制重要元件与一般元件之间液压的交互流通。当马达驱动的液压泵位于"HI"挡时,阀门在系统压力超过 2 000 psi 时开启,从而允许一般元件的运作。

把液压泵调至"LOW"挡,可以降低系统压力,关闭阀门并使得一般元件无法工作,包括襟翼与起落架。将发动机驱动的泵置于"LOW"挡,可降低系统压力,关闭优先阀,并使包括襟翼和起落架在内的一般部件无法工作。

据道格拉斯公司称,截至 1996 年 12 月 31 日,全球有 874 架 DC‑9(型号为 10 至 50)和 1 009 架 MD‑80 系列飞机在使用"HI,LOW,OFF"液压开关配置。

如果起落架没有放下和锁定,当油门减速到慢车时,起落架警告喇叭就会响起(而且确实响过)。飞行员可以通过按压位于仪表板上的喇叭关闭按钮来使喇叭静音。如果起落架没有放下和锁定,并且襟翼手柄移动到进近位(15°)以上,无论油门位置如何,起落架的喇叭也会响。在这种情况下,喇叭不能被禁用,将继续响起,直到起落架放下并锁定或襟翼手柄缩回到 15°或更小的设置。

对驾驶舱的检查显示,起落架手柄处于放下位置,襟翼手柄被位置为 50°。左边和右边的发动机驱动的液压泵开关在"LOW"挡,ALT 和 AUX 液压泵开关在"OFF"挡。左边的液压系统压力表显示为 1 600 psi,右边的压力表显示为 0 psi(见图 6.53)。发现近地警告系统(ground proximity warning system,GPWS)襟翼超控开关的安全线断了,但是开关没有在"超控"("OVRD")挡。

副驾驶自称是"飞机新手",报告说他不知道液压系统中的高压是使起落架放下的必要条件,机长"评论说他以前犯过这个错误"。

其他 DC-9 飞行员的报告显示,未能为降落配置液压系统的情况并不少见。对几个 DC-9 和 MD-80 运营商的检查表的审查显示,没有一个检查表(包括道格拉斯飞机公司的检查表)强调了"液压系统"项目的重要性,将其放在航程检查单的第一位,或要求两个飞行员必须交叉检查该项目。

另外,NTSB 经过对 COA 提供给飞行员有关 DC-9 液压系统的信息检查后发现,飞行手册以及培训材料均没有明确指出,如果液压泵没有切换到"HI"挡,起落架不会放下,而襟翼也不会放下。

6.35.4　解决方案

NTSB 向 FAA 提供了大量的建议,旨在改进程序与培训。NTSB 没有质疑该系统的设计。

6.35.5　经验教训

这是另一个系统设计存在缺陷,导致管理不当的例子。笔者认为职业飞行员默认会遵循流程制度,而航空公司的管理不应该让训练不足的飞行员驾驶飞机。话虽如此,飞机系统设计者应当事前预测到这种管理不当情况的发生,并应当在设计系统时考虑到这一点以避免此类情况的发生。

6.36　客舱门设计Ⅲ

6.36.1　事故/事件概述

在 1996 年 11 月,一架联合航空(United Express)旗下的比奇 1900C(见图 6.54)与一架比奇空中国王 A90(Beechcraft King Air A90)在伊利诺伊州的昆西市机场(Quincy Municipal Airport)相撞。

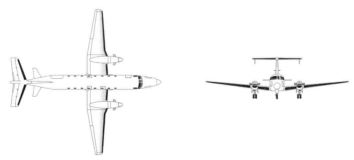

图 6.54　比奇 1900C

图 6.55　比奇空中国王 A90(非事故飞机,图片由弗兰克 C. 杜阿尔特提供)

碰撞发生时,1900C 飞机正在 13 号跑道上进行着陆,而空中国王 A90 飞机正在 04 号跑道上起飞,碰撞地点在这两条跑道的交汇处。1900C 飞机上的 10名乘客和 2 名机组人员,以及空中国王 A90 飞机上的 2 名乘客遇难。

6.36.2　原因分析

在参考文献 6.32 中,NTSB 认为,事故的可能原因是空中国王 A90 的飞行员没有有效地监测共同交通咨询频率或正确地扫描交通,导致他们在与 1900C降落跑道相交的跑道上开始了起飞。

造成事故严重生命损失的原因是缺乏足够的飞机救援和消防服务,以及机上幸存人员未能打开 1900C 的登机梯门。无法确定门未打开的原因。

在参考文献 6.32 中,NTSB 首先暗示与门框设计有关,因为在这次相对轻微的碰撞中(两个机身都停在自己的起落架上),门框已经变形,无法打开门。后来,在对参考文献 6.32 的修订中,措辞被修改,因为没有令人信服的证据证明这一点。

机场的两名飞行员首先到达现场,并试图打开门,但未能打开。他们确实观察到客舱内冒出浓烟,飞机右侧起火。他们对机内人员的营救是徒劳的。

6.36.3　解决方案

这架飞机上使用的门的设计存在问题。图 6.56 显示了这扇门的视图。

请注意,门闩锁机构的操作取决于执行电缆中的电缆张力。众所周知,稍微松弛的电缆将无法卸下所有锁定销。首选的替代设计是使用推杆系统。

6.36.4　经验教训

在客机中,应该有易于从内部和外部打开的门和/或紧急出口。应避免门闩

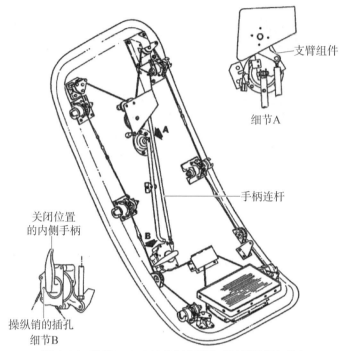

细节A：支臂组件

手柄连杆

关闭位置
的内侧手柄

操纵销的插孔
细节B

图 6.56   比奇 1900C 飞机随机登机梯(显示闩机构)

锁机构中存在任何使其难以打开的东西。

6.37   起落架作动器腐蚀

6.37.1   事故/事件概述

下面的事件引自参考文献 6.33。1999 年 3 月,澳大利亚安塞特航空公司一架波音 737 - 377(见图 6.57)在最后接近澳大利亚墨尔本时出现起落架异常。

图 6.57   波音 737 - 377(非事故飞机,图片由雷蒙德·罗提供)

当起落架杆在最后进近时处于"放下"位置时,听到了巨大的砰砰声,右侧主起落架的"起落架安全"绿灯立即亮起。随后,左主起落架灯和前起落架灯的照明与正常的放下顺序一致。飞机向右滚动约 4°,而右起落架在左起落架之前放下。这被向左滚转倾控制输入所抵消,着陆没有发生进一步的事件。

飞机被放置在千斤顶上进行收起试验。当起落架杆选择在"收上"位置时,右主起落架在听到打磨噪声前移动了约 6 in。试验暂停,起落架放下。

当拆下检修面板时,发现作动器梁臂内侧耳片和梁支架已断裂。后翼梁、起落架横梁、副翼总线电缆、滑轮支架、副翼和扰流板电缆以及液压管路在耳片和支架断裂后受到严重损坏。

2003 年 8 月,从荷兰阿姆斯特丹起飞的爱尔兰航空公司 737 - 500 也发生了类似的事件。飞机安全降落在爱尔兰都柏林。在这种情况下,横梁故障切断了扰流板电缆,损坏了后翼梁和起落架梁,使副翼滑轮支架错位并挤压了副翼电缆。

6.37.2　原因分析

检查发现,两个耳片(由高强度钢制成)的断裂是由于应力腐蚀开裂造成的。

当飞机起落架的高强度钢部件受到持续的拉应力并暴露在允许应力腐蚀开裂的环境中时,就会发生应力腐蚀开裂。当暴露在潮湿和含盐空气中时,部件很容易像起落架一样受到应力腐蚀开裂。由于安装在耳片中的衬套的移动以及水分渗透到衬套和耳片之间形成的间隙中,作动器梁臂耳片中发生了应力腐蚀开裂。

在 2003 年 8 月的这起事件中,应力腐蚀开裂再次成为原因。

6.37.3　解决方案

波音公司已经开发了这个问题的"修复程序",如 SB737 - 32A1224 和 737 - 32A1355 中所述,其中一部分已由 FAA 在 AD91 - 05 - 16 中规定。AD 要求在 600 个飞行周期内对梁臂进行原位检查,或更换新制造的臂。

新的臂组件包含以下更改。

(1) 改进衬套,增加过盈配合。

(2) 改进作动器梁螺栓。

(3) 更广泛地镀镉。

(4) 改善部件的润滑。

NTSB 建议 FAA 加快 AD,以防止发生更严重的事故。

6.37.4　经验教训

（1）应力腐蚀开裂是一种可以预测在某些环境中，并且在特定的材料和松弛配合的情况下才会发生的现象。

（2）横梁组件靠近尾翼梁、起落架梁、副翼总线电缆、滑轮支架、副翼和扰流板电缆以及液压管路，使这个问题非常危险，在早期布局设计中就应避免这种情况。

6.38　泄漏到航空电子设备舱 II

6.38.1　事故/事件概述

2000 年 6 月，一架全新的穿越航空（Air Tran）波音 717（见图 6.58）发生了与 6.32 节所述类似的事件。

图 6.58　波音 717（非事故飞机，图片由 www. geminijets. com 提供）

6.38.2　原因分析

事件原因是厨房泄漏物进入主航空电子设备舱内。一名客舱乘务员发生了小意外，大量软饮料撒在了地板上，这听起来似乎很耳熟？机组人员和乘客很幸运，事件发生在阳光明媚的日子里，能见度极佳。飞机安全着陆。

6.38.3　解决方案

几年前，笔者在英国曼彻斯特的阿芙罗（AVRO）公司教授短期课程时，他们自豪地向我展示了在阿芙罗 RJ 系列运输工具中应用的设计解决方案。在那架飞机上，整个厨房都安装在一个浅浴缸上。这个浴缸又有几条正排水路径，远离航空电子设备舱。这是避免此类问题的一种方法。

另一种方法是不要将主航空电子设备舱(或任何电气设备)放置在厨房或洗手间下方。

6.38.4　经验教训

请参阅 6.32 节。飞机设计师似乎不容易学到这个特殊的教训。

6.39　燃油系统设计Ⅲ

6.39.1　事故/事件概述

2000 年 10 月,一架庞巴迪 CL - 604 挑战者(见图 6.59)在一次试飞中,从堪萨斯州威奇托升空后立即坠毁。

图 6.59　庞巴迪 CL - 604 挑战者[非事故飞机,图片由普莱德(D. Pryde)提供]

2 名机组人员当场丧生,第 3 名机组在一个月后死于严重烧伤。

6.39.2　原因分析

根据参考文献 6.34,NTSB 确定"飞行员在后重心起飞时起飞抬轮过度,加速和起飞期间燃油向后迁移,随后重心偏移至了允许的后重心极限之后,导致飞机在太低的高度失速而无法恢复"为可能的原因。

事故飞机飞行试验的目的是测试更改的控制力感觉单元的有效性,以便在英国进行认证。试验必须以接近后重心极限构型进行。

飞行试验计划使用小重量,起飞抬轮开始时后机身油箱是空的。机翼油箱和后机身油箱之间有开放的燃油管路(没有截止阀或止回阀)。当起飞抬轮开始时,向前加速度很大。根据 NTSB 的说法,在 20 s 起飞抬轮期间的计算中,燃油移动足以使重心移动至允许的后重心极限之后 2.5%。再加上飞行员采取的快速抬轮,导致飞机上仰到失速迎角。抖杆器和推杆器都启动了,但右翼首先失速,在飞机坠毁之前无法阻止 40°滚转。

6.39.3　解决方案

显然,如果飞机没有如此过度地抬轮,事故可能不会发生。但是,如果燃油无法(或非常困难)向后移动,事故也可能不会发生。

燃油如此显著地移动的事实可以(并且应该)被预测,并分析了其升空后对可控性的影响。

6.39.4　经验教训

(1)由墨菲定律可以解释:"如果燃油可以在存在大的向前加速度的情况下移动,它就会移动。"

(2)设计工程师应该已经意识到了这种现象,尤其是在 6.16 节的事件之后。

6.40　起落架舱门设计

6.40.1　事故/事件概述

2001 年 10 月,一架澳洲连线(Qantas Link)的波音 717 - 200(见图 6.60)在从布里斯班飞往库兰加塔(澳大利亚)的途中经历了右低水力量警告。

图 6.60　波音 717 - 200[非事故飞机,图片由卡斯滕·鲍尔(Carsten Bauer)提供]

对随后情况的描述见参考文献 6.35。由于方向舵已恢复为手动模式,并且 2 号液压系统丢失,两个地面扰流板无法运行,飞行员决定返回布里斯班,那里有更长的跑道可用。当正确的液压系统转到关闭位置时,起落架必须使用紧急起落架延长杆手动下降。

然而,在起落架伸出后,该操作并没有关闭主起落架门。根据异常检查清单,机组人员在收到起落架的绿色下降和锁定指示后尝试关闭门。然而,在将 2

号液压系统选择为"ON"后,注意到液压油量迅速下降,因此在门关闭之前立即重新选择"OFF"挡。

当飞机降落时,主起落架门接触跑道表面。虽然车门装有无火花的聚氨酯休息保险杠,但跑道中心线灯被接触,产生地面人员观察到的火花。飞机在高速滑行道上停了下来,要求工程师手动关闭起落架舱门。

6.40.2　原因分析

对飞机的检查显示,右侧发动机驱动液压泵的液压管路在其钎焊接头处出现故障,导致 2 号系统的液压油损失。由于这不是运营商第一次遇到液压管路的故障,因此联系了飞机制造商。经确定,液压管路受到发动机驱动液压泵的振动影响,在某些情况下发生管路配件断裂。

6.40.3　解决方案

波音公司于 2002 年 1 月 18 日发布了所有运营商信函(all operators letter,AOL)717 - 048,建议在每个发动机驱动的液压泵的出口处安装脉动衰减器(阻尼器)。

6.40.4　经验教训

(1) 一个有趣的问题是,起落架液压系统仅由 2 号系统提供动力是否是一种良好的设计实践(此功能继承自 DC - 9"血统")。为什么不能将 1 号和 2 号一起作为一个应急系统?

(2) 主起落架门应设计为因任何原因无法缩回时不会刮擦跑道。

6.41　水汽侵入 I

6.41.1　事故/事件概述

以下材料改编自参考文献 6.36。2001 年 12 月,一架维珍蓝航空的波音 737 - 33A(见图 6.61)在从澳大利亚昆士兰州汤斯维尔飞往布里斯班的航班上,经历了主警告灯亮起,表明客舱增压系统出现故障。当时飞机在 33 000 ft 的高度。

机组人员完成了非正常程序,由于客舱增压仍在维持,他们决定继续飞往布里斯班。大约半小时后,机组人员的生理感觉表明驾驶舱正在减压。机组人员戴上氧气面罩,副驾驶注意到客舱压力高度爬升率指示器显示爬升率为 4 000 ft/min。当客舱压力高度达到 10 000 ft 时,客舱压力高度警告喇叭响起。机组人员进行了紧急下降,飞机在布里斯班顺利降落。

图 6.61   波音 737‒33A[非事故飞机,图片由杰·皮布图门(Jay Piboontum)提供]

机组人员注意到在下降过程中两次方向舵踏板轻微未指令性的移动。他们还注意到,电子水平态势指示器(electronic horizontal situation indicator,EHSI)上的地图显示不正确:它与其他导航仪器上的指示不一致。

6.41.2   原因分析

事件发生后,对电气/电子(electrical/electronic,E/E)舱进行了检查,发现水从前厨房滴入舱内。前登机门和服务门下方也有水泄漏的迹象。在 E/E 舱的支架和管道上也发现了水渍。检查还发现,位于 E/E 舱前部 E1 支架上方的防潮罩丢失。

检查发现,飞机一直在进行大量维护和改装。

一项改装是从前登机门下方拆除前部随机登机梯。在这项工作中,随机登机梯滴水盘和防潮罩从 E/E 舱内移除。根据拆除随机登机梯的文件规定,在改装工作后将更换防潮罩。但是,没有更换防潮槽,因为制造商暂时无法提供该组件。

经澳大利亚民航局授权批准设计改装或修理的一名运营人的工程师评估,没有防潮罩不会影响飞机的安全。该工程师批准了对工程文件的修订,允许在收到零件后的 12 个月内安防潮罩。

在调查此事件期间,波音公司建议需要这些防潮罩以确保飞机的适航性。波音 737 飞机在未安装防潮罩的情况下不得用于商业飞行。

调查也发现:由于 E/E 舱内电子元器件受潮导致未指令性飞行控制失控情况,在不少 737 飞机上都有发生的报告。

6.41.3   解决方案

重新安装 E/E 舱防潮罩维修受损设备。

6.41.4   经验教训

(1) E/E 舱防止水汽侵入的防潮罩安装方式需要重新考虑,记住墨菲定律,建议使用永久性防护而非可拆卸装置。

（2）当 DER 批准任何涉及飞行关键设备的改装时应注意应当开展独立的安全审查。

6.42　电气系统设计 Ⅱ

6.42.1　事故/事件概述

本材料改编自参考文献 6.37。2001 年 12 月，一架如图 6.62 所示的萨博 SF‐340B 副驾驶侧两台电子飞行信息系统（electronic flight information system，EFIS）屏幕失效。

图 6.62　萨博 SF‐340B

随后航班紧急下降高度，在下降过程中，大量驾驶舱报警和警告被激活，部分飞机系统失灵。其间，机组人员意识到飞机右侧直流发电系统运行异常。他们试图修正问题，但没有成功，最终飞机转向克伦卡里降落。

6.42.2　原因分析

EFIS 屏幕故障和随后的驾驶舱报警发生时，系统电压降从额定直流 28 V 下降至 18 V 以下。在调查过程中，在部分萨博 SF‐340 飞机上发现，飞机的启动发电机在未断开发电机线路，也未警告机组的情况下会发生故障，导致系统电压过低。在这次事故中，机组人员忽略了 EFIS 故障——扰动检查表的第一项，该检查要求检查发电机电压。机组人员没有发现低电压情况，导致了一连串的报警、警告和故障，在发电机故障的情况下自动连接两个主要电气系统的总线连接继电器未正常工作。

6.42.3　解决方案

改装一个选装的发电机控制组件，来防止未警告的低电压情况未纳入系统中。

调查认为,这个可以缓解发电机警告延迟的改装是非常值得的。

6.42.4　经验教训

在紧急情况下,驾驶员的判断操作有限,在此次事故中,航班所在区域天气状态良好,如果天气较为恶劣,在驾驶舱能见度较低、仪表故障导致注意力分散(机组高工作负担)的情况下,极易发生航线事故,基本的系统设计应能有效防止此类事件发生。但改装并未强制要求,而其应当是强制性的。在飞机尚未加装低压保护系统的情况下,事件表明飞行员需要尽可能地熟悉飞机系统,设计师也要尽可能预见类似情况,设计相应系统使此种情况不再发生。

6.43　失速警告系统结冰

6.43.1　事故/事件概述

以下材料改编自参考文献 6.38。2002 年 6 月,一架萨博 SF‐340(见图 6.63)在高度为 3 800 ft 时由于机翼结冰导致飞机失速坠落,飞行员在 112 ft 高度成功恢复控制,避免了坠机事故的发生。

图 6.63　萨博 SF‐340

6.43.2　原因分析

澳大利亚运输安全局(Australian Transport Safety Bureau,ATSB)发现,高空中机翼结冰会导致飞机在失速警告系统激活前失速,还注意到此前也有类似事件的报道。

6.43.3　解决方案

在加拿大,萨博 SF - 340 飞机被要求增加手动启动并选择结冰失速警告选项。该系统只提高了失速警告给出的空速,同时其还假定机组人员在飞机进入结冰状态时启动了该系统。在开发出更好的解决方案之前,这充其量只是一个"临时"的解决方案。萨博和瑞典民航局正在研究此类问题。

6.43.4　经验教训

在大部分此类型的飞机上,结冰仍是一个重大的运行问题。飞机制造商应该进行更加实际的飞行测试,以研制由飞机遭遇的结冰形式所驱动的失速警告的方法。

6.44　水汽侵入 Ⅱ

6.44.1　事故/事件概述

以下资料改编自参考文献 6.39。2003 年 1 月,一架福克 F - 27 - 50(见图 6.64)在 25 000 ft 的高度经历了客舱增压系统的故障。机组人员在发动机慢车的情况下开始下降高度。

图 6.64　福克 F - 27 - 50[非事故飞机,图片由西蒙·戈泰斯(Simon Goates)提供]

随后飞机下降到 10 000 ft,并继续向目的地飞行,没有不利的影响。

6.44.2　原因分析

故障原因是水汽侵入。此型号飞机上右边的主起落架油压减震器上有一个电气接线盒,包含了右主起落架的"(weight-on-wheels,WOW)"微动开关上的线路和连接器。微动开关连接了 12 个不同的继电器,这些继电器与航空电子系统、警告和抑制系统、增压系统和发动机地面控制系统相连。

调查发现,在日常维护过程中,接线盒由于盒盖子密封不当导致水汽进入,进而导致发送错误指令到飞机增压系统从而产生飞机不稳定的空舱压力高度控制。

6.44.3　解决方案

调查人员建议提高对包含接线盒在内的主起落架的维护检查频率,并引入详细的操作步骤,包括拆除接线盒盖子,检查连接器和重新密封盖子。

6.44.4　经验教训

在飞机起落架区域等一级腐蚀区域设置关键电气接线盒的合理性和安全防护性仍需探究,起落架舱通常受到水、雪水式盐雾的影响。

6.45　襟翼/前缘缝翼控制系统设计

6.45.1　事故/事件概述

下文引自参考文献 6.40。2003 年 5 月,澳洲航空公司的一架波音 717‐200(见图 6.65)从澳大利亚墨尔本起飞,飞往库伦加塔。

图 6.65　波音 717‐200(非事故飞机,图片由卡斯滕·鲍尔提供)

在正常起飞后,PIC 要求收起起落架。不久之后,飞机主飞行显示器(primary flight display,PFD)的空速负面发出警告。为应对该警告,机长随后降低了飞机的俯仰姿态,此时他注意到襟翼/缝翼控制杆处于"前缘缝翼收起"的卡位。机长立即要求重新放置襟翼,但副驾驶选择收起起落架。机长再次要求襟翼重新放置,副驾驶随后将襟翼位置开关回到起飞卡位。

机长进一步降低了俯仰角度。当襟翼到达起飞卡位时,空速迅速增加到比参考速度高 15 kn。机长重新建立了正常爬升姿态,襟翼、缝翼随后按正常飞行剖面收起。航行结束后,机长和副驾驶都认为操纵杆振动器在事故中被短暂激活。

飞行记录仪显示如下。

(1) 飞机升空 3 s 后,在距离地面 30 ft 时,襟翼/缝翼操纵杆从起飞卡位移动,襟翼开始收起。

(2) 1 s 后,当襟翼/缝翼到达收起位置时,抖杆开始发出警告。当时飞机俯仰角为 18.6°,计算空速为 157 kn。在接下来的 3 s 里,警告继续响起,飞机的俯仰角减小到 10.2°。1 s 后,起落架手柄被记录在"收起"位置。

(3) 在起落架手柄达到收起位置约 1 s 后,襟翼/缝翼操纵杆开始从完全收起位置移动。襟翼在不到 2 s 后达到完全收起的位置,然后立即开始再次放下。缝翼收起但没有达到完全收起的位置,然后开始回到放下位置,并伴有短暂的再次抖杆,飞机的俯仰角进一步降低到约 6°。当时的计算空速是 165 kn。随后飞机开始加速,并迅速回到正常爬升的剖面。

(4) 在第二次抖杆的作用下,持续不到 3 s 时间内,飞行高度下降了 5 ft,与俯仰角的减小相吻合。当时这架飞机距离地面超过 240 ft。第一次抖杆激发时没有出现高度下降。

6.45.2　原因分析

没有直接原因导致副驾驶收起襟翼/缝翼而不是起落架。参考文献 6.40 认为这属于"动作错误"。进一步调查显示,此类飞机上还发生过三次类似事件,均发生在海拔 3 000 ft 以上高度。

6.45.3　解决方案

针对此类事件,航空公司修改了襟翼、缝翼收回程序,包括以下注意事项:当将襟翼/缝翼收起到收起/放下卡位时,在收起/放下卡位暂停直到主飞行显示器上显示襟翼在收起卡位时,再收起缝翼,不要一次性将襟翼/缝翼手柄放在收起/放下卡位。

"当将襟翼/板条收回到 UP/RET 时,在 UP/EXT 位置暂停,直到 PFD 上的襟翼指示 UP,然后再收回缝翼。不要一次性将襟翼/缝翼手柄移动到 UP/RET。"

6.45.4　经验教训

笔者认为,这是一个值得怀疑的解决方案,这个问题已经发生了好几次,在未来的某个时候,当飞机在黑暗的夜晚飞越水面时,可能会导致一个严重的问题。这似乎是一个亟待解决的人体工程学设计问题。

6.46　厨房冷却风扇叶片和线路故障导致飞行火灾

6.46.1　事故/事件概述

下文引自参考文献 6.41。2003 年 12 月,英国航空公司一架波音 747 - 436(见图 6.66)在飞往澳大利亚悉尼的途中,前货舱起火。

图 6.66　波音 747 - 436(非事故飞机,图片由 geminijets. com 提供)

飞机的灭火系统控制住了火势,飞机在悉尼降落,无人员伤亡。

6.46.2　原因分析

飞机上安装了一个厨房冷却增压风扇,为前方的厨房冷却组件提供强制空气循环,以提高其冷却效率。该系统包括一个叶片轴型三相风扇,由飞机的 3 号交流电气系统提供动力。控制电源由飞机的直流电系统提供,在选择厨房冷水机组"开启"时自动运行。

起火原因确定为冷却风扇风机电机电枢磨损。调查确定,很可能是电机轴承发生故障进而导致风扇叶片摩擦,从而产生电弧引燃隔热棉。隔热棉可能被可燃材料污染。

6.46.3　解决方案

波音公司发布了 SB747 - 21A2427 用电的线路排布,指示检查并纠正增压风扇。

6.46.4　经验教训

当确定高功率电线的布线和位置时,必须格外小心,因为电弧总是有可能产生。不能由于冷却增压风扇外产生的火灾使飞机失事,这太不值得了。一如既往地,在飞机系统设计中,细节需要格外注意。

第7章　从维护和制造中吸取的教训

"给设计师的问题：维护和制造中的错误应该造成致命事故吗？"
——简·罗斯克姆博士(Dr. Jan Roskam)，2007

7.1　概述

在这一章中，我们回顾了维护和制造工作中出现的一系列问题。我们描述了这些问题产生的原因、解决方案以及吸取的教训。附录 A 中注明了与其他设计领域的联系。

7.2　飞行中螺旋桨叶片飞脱

7.2.1　事故/事件概述

1950 年 8 月，一架美国航空公司的道格拉斯 DC - 6(见图 7.1)在巡航飞行中发生了 3 号螺旋桨叶片破坏。

图 7.1　道格拉斯 DC - 6(非事故飞机，图片由 www.prop-liners.com 提供)

部分叶片穿透了机身并导致了机舱失压。失去部分桨叶的螺旋桨不平衡导致 3 号发动机松动并从飞机上掉了下来。飞机安全地迫降在科罗拉多州丹佛的斯泰普尔顿机场。机上有 54 名乘客和 5 名机组人员。5 名乘客和 1 名乘务员受了轻伤。1 名乘客死亡,推测是心脏病发作。飞机受到了严重损坏。

当时没有液压压力来操纵襟翼和刹车。机长进行了襟翼收起降落,并表示无论襟翼是否可用,他都会这样做。制动使用 1 号、2 号和 4 号发动机的反推力以及应急压缩空气来操作刹车。

7.2.2 原因分析

在参考文献 7.1 中,NTSB 认为导致这起事故可能的原因是制造螺旋桨叶片时内部凹痕导致叶片某处疲劳断裂并引发飞行事故。对飞机进行检查后发现,机身右侧的冰撞防护板上有一个近乎垂直的裂口。这个裂口长约 36 in,宽约 2 in,位于机身中心略微靠后的螺旋桨旋转平面后方。

此外,机身顶部也有一个约 250 ft^2 的不规则大开口。这个大开口让机长担心飞机结构的完整性,并决定进行襟翼收起着陆。发生破坏的螺旋桨叶片被找回并送往美国国家标准办公室进行检查。报告指出:"故障是由于疲劳断裂引起的,该疲劳断裂起因是叶片平直部分内表面上几个制造缺陷之一,缺陷导致局部应力集中。这些缺陷在叶片进行热处理和涂漆之前就已经出现,看上去是由于与其他表面(如芯棒)摩擦导致的凹痕或刮磨行为造成的。"

参考文献 7.1 叙述如下。

这个螺旋桨叶片是由柯蒂斯·莱特公司的螺旋桨部门制造的。它是钢质中空的,型号为 744 - 602 - 0,序列号为 292695。

在制造这个型号的叶片时,叶片的两个表面是分别制造和成型的,然后再焊接在一起。在焊接过程中,两个部分由位于叶片内的支撑工装定位,以保证叶片两个表面间的距离。这个支撑工装具有能够控制焊接位置的可伸缩侧面撑杆。整个工装在使用时具有足够的刚性,同时可以折叠/塌缩,以便完成焊接后能够从叶片杆端的小开口中撤出。侧面撑杆的位置是通过中心支撑杆上的两个凸轮调整的。这些凸轮通过内元角螺钉锁定在各自位置。在失效叶片平直部分内表面上发现两个平行、纵向的凹痕,与这些内元角螺钉的位置和间距十分相似。这些凹痕的底部是不规则的,凹痕的最大深度大约为该位置处叶片壁厚的六分之一。

在这个叶片制造过程中,也开展了一些测试和检测,其中之一是 X 射线检测。这些原始 X 射线底片保存在制造商处。在检查时,它们使用模糊的标记指示了零件内部存在缺陷。

7.2.3　解决方案

对其他叶片开展了类似记录的检查,结果显示非常少量的叶片存在类似缺陷。这些带有缺陷的叶片被拒收。已采取措施提高叶片验收的检测标准。

7.2.4　经验教训

在考虑制造工艺时,制造工具中的"不够平整"的内元角螺钉引起的看似细微的瑕疵可能会导致严重的后果。在开展此类制造工艺设计时应予以重视。

7.3　升降舵控制螺栓松脱 I

7.3.1　事故/事件概述

1953 年 9 月,一架胜地(Resort)航空公司的柯蒂斯 C‑46F 突击队员(见图 7.2)在降落时坠毁。该事故造成 25 人死亡,包括 3 名机组人员,另有 16 名乘客受重伤。

图 7.2　柯蒂斯 C‑46 突击队员(非事故飞机,图片由赫尔默提供)

7.3.2　原因分析

根据参考文献 7.2,事故可能的原因是飞行中左侧升降舵结构破坏,导致飞机失去控制。这个结构破坏是由左侧靠外铰链螺栓在装配时松脱导致的。根本原因是维护不当,铰链螺栓和相应轴承的安装不符合相关规范。不充分的检查也未能检测出这种情况。

结果发现,安装在 1 号铰链上的螺栓夹持长度比批准的规范要求短了1/8 in,这导致有几根螺纹接触了铰链接头中的轴套。所使用的螺栓考虑了公差设计,允许使用比推荐值略小的直径,结果导致升降舵在其轴套中发生振动。对事故飞机进行的详细检查发现,左侧升降舵上的四个轴承中有三个使用的不是被批准的类型。

7.3.3　解决方案

(1) 严格遵守制造商的建议方案是非常重要的,特别是涉及飞机主飞行控制系统时。

(2) 这架飞机的维护工作是由得克萨斯州圣安东尼奥的斯利克航空(Slick Airways)承包的。对这家公司的维护记录和维护程序核查发现它们存在重大问题,缺少对当时 CAB 批准的相关标准的审查。

7.3.4　经验教训

(1) 将维护工作承包给外部单位应受到来自飞机拥有者和 FAA(之前为 CAA)双方的严格监控。

(2) 从设计角度来看,一次维护错误不应该导致灾难的发生。

7.4　升降舵伺服调整片螺栓松脱

7.4.1　事故/事件概述

1955 年 1 月,一架联合航空公司的康维尔 340(见图 7.3)在艾奥瓦州得克斯特附近进行了起落架收起情况下的应急着陆。

图 7.3　康维尔 340(非事故飞机,图片由 www. prop-liners. com 提供)

机上的 36 名乘客中有几人受了轻伤,机组人员未受伤。

7.4.2　原因分析

下文引自参考文献 7.3。飞机从艾奥瓦州得梅因起飞,正常爬升至 5 000 ft 时,机组人员注意到震动和操纵杆的轻微前后移动,在试图找到问题所在时,几乎完全失去了对升降舵的控制,机组随即宣布应急情况。飞机进行了多次剧烈的俯仰运动,但机长成功地将飞机降落在一片田野上。

事故前一天,飞机在联合航空公司的一个维修中心进行了 1500 h 维护检查。发现(左)升降舵的伺服调整片过度松动,检查后发现是一个磨损的惰轮支撑螺栓所致。备件没有现货,必须从联合航空公司旧金山基地订购零件。于是这个磨损的螺栓被重新装回了系统中,但没有进行安全条带指示。作业记录没有说明这是临时安装,这与联合航空公司的维护政策相违背。

这架飞机的维护工作继续以正常方式进行。完成后,监察员注意到这个主观上非常规的作业记录卡未被标记为已完成。机械师告诉监察员,调整片上不再有过多松动。监察员也没有发现任何松动,于是签署了这张记录卡,并添加了"可以服役"的注释。

飞机重新投入使用后,第二天就发生了事故:由于振动,结束惰轮组体支撑螺栓的这个未加锁定装置的菱形螺母在其支持上松脱。这导致螺栓松脱,最终导致伺服调整片振动,控制杆前后移动。调整片振荡使左升降舵发生振荡,当时与右升降舵处在不同相位。在某个时刻,这使两个升降舵间的扭转杆发生断裂,机组人员只剩下左升降舵,但无法使用伺服调整片。

委员会发现,飞机维修后处于不适航状态就被投入使用是导致飞机在飞行中几乎完全失去升降舵控制的大致原因。

7.4.3　解决方案

应严格遵循公司维护程序。

7.4.4　经验教训

(1) 一名机械师未能完成他的工作,监察员未能对工作绩效进行质疑,导致了严重的事故,这似乎是不可接受的。

(2) 从设计的角度来看,一个维修错误不应该引起灾难的发生。

7.5　发动机维护错误

7.5.1　事故/事件概述

1955 年 8 月,一架美国航空公司的康维尔 240(见图 7.4)在密苏里州的伍德堡基地(Fort Leonard Wood)附近坠毁。

在坠毁前,人们看到飞机右侧着火,右翼从飞机上分离。机上的 3 名机组人员和 27 名乘客遇难。

图 7.4　康维尔 240（非事故机，图片由 www. prop-liners. com 提供）

7.5.2　原因分析

参考文献 7.4 指出，这次事故的大致原因是安装了不符合适航标准的发动机气缸，其疲劳失效导致了不可控的着火，并最终导致飞机在飞行中失去右翼。

这个不符合适航标准的气缸是如何被安装在这架飞机的 2 号发动机上的，背后的原因令人不安。除此事件中的发动机气缸外，另外 23 个不符合适航标准的气缸也被重新安装在美国航空公司的飞机上，这揭示了位于俄克拉何马州塔尔萨市的维修厂违反了正确的维护程序和记录保存要求。

参考文献 7.3 的详细事故调查显示，"12 号发动机气缸的失效伴随着从受损进气管中释放出来的燃料-空气混合组成的可燃物，以及来自曲轴箱部分的燃油。最有可能的点火源是排气歧管，它被引导到气缸的后方。"

12 号气缸跨越下部和内部的橙皮舱盖的连接线。当气缸失效时，火焰向后进入隔膜的左下角区域 2，该区域位于 12 号气缸之后。可以认为，火灾迅速蔓延到了区域 2。该区域的火焰路径与区域 2 的气流模式和火灾最初进入区域 2 的位置相符。更重要的是火灾从区域 2 的溢出，该溢出处在下部舱盖和两侧舱盖的连接线上，在最靠后的紧固件处。内侧的火焰烧毁了防火墙后方和上、下短舱翼梁之间的铝质短舱蒙皮，使火焰进入区域 3。机组人员一定立即意识到了发动机故障并启动了应急程序。12 号连接杆在气缸松脱后自由摆动，其相对较小的损坏表明螺旋桨几乎立即顺桨。这将停止区域 1 可燃物的释放，从而解释了该区域相对较轻的火灾损坏。

所有 CO_2 瓶子被发现是空的，包括它们的头部和隔热盘都完好无损，这表明 CO_2 在飞行中已被释放。因此，可以合理地假设在应急程序清单规定的时间点上，灭火系统已被启动。

　　飞机中机上火灾的应急程序包括两个阶段,第二部分是"事项清理"清单,包括被认为比起控制和扑灭火灾相关的项目更不紧急的事项。临近事项清单末尾的其中一个项目是关闭主油箱切断阀。

　　事故调查还揭示了右主油箱切断阀处于打开位置。这无疑加剧了火灾的严重程度。CAA认为应该考虑将关闭主油箱切断阀的步骤在紧急程序清单中向上移动。

　　在火灾蔓延到区域 3 之后,它接触了前梁,使铝材料变得脆弱,导致机翼破坏。

7.5.3　解决方案

　　(1) 改进维护程序和记录保存。

　　(2) 关闭主油箱切断阀的步骤已在紧急程序清单中被提前。

7.5.4　经验教训

　　(1) 对于关键飞行项目的维护程序和记录保存应该严密并被严格执行。当时,CAB的人手不足,无法确保到这一点。到今天,FAA仍然存在这个问题。

　　(2) 应该考虑更好的发动机安装防火措施。这起事故的场景应该是可以预见的,额外的不锈钢防火墙保护机翼大梁免受火灾侵害可能会防止大部分伤亡。

7.6　飞行中螺旋桨反桨

7.6.1　事故/事件概述

　　1958 年 11 月,西海岸(Seaboard & Western)航空公司的洛克希德 L - 1049D 超级星座(见图 7.5)进行训练飞行,起飞不久即失控,撞上了一架停泊的子爵客机后继续滑行,直到停止。随后引发火灾,摧毁了两架飞机。

图 7.5　洛克希德 L - 1049D 超级星座(非事故飞机,图片由梅尔·劳伦斯提供)

超级星座的 5 名机组人员中有 1 名受了轻伤,而子爵客机上的乘务员在逃离飞机时轻微受伤。

7.6.2　原因分析

根据参考文献 7.5,该事故的大致原因是起飞后不久发生的低空意外螺旋桨反转。造成这一结果的一个因素是螺旋桨制造商使用了不充分的大修程序。

调查表明,起飞后不久,1 号螺旋桨在时速 117 kn 和距离地面 25 ft 时出现了反桨。左翼下沉并撞击了跑道,导致飞机急剧向左转向。机组人员试图控制飞机,但未成功。飞机穿过一条滑行道和两条外围跑道后与一架即将开始登机的停靠在附近的子爵客机相撞。尽管消防人员尽力控制火势,但两架飞机都被大火烧毁。

调查显示,1 号螺旋桨位于完全反桨桨距的 11.7°位置。螺旋桨轮毂中的转子花键和配合减速器套筒的磨损程度足以导致动力单元电机组件和减速器完全脱离,从而中断螺旋桨的电气控制。这种情况会导致叶片的离心力将它们移动到小距位置及以上。

这些发现并不是个案。在另外六起事故中,螺旋桨在巡航飞行中发生反桨,导致暂时失去控制。幸运的是,在这六起事故中,螺旋桨最后都恢复了控制并安全着陆。

此外,当西海岸航空检查他们其他运行时间为 1 000~1 200 h 的螺旋桨时,发现 26 个中有 14 个由于过度磨损或损坏的滑油严封而必须被停用。很明显,这是一个先兆事故征候的案例,如果正确处理这些事故征候,可能已经防止了这起事故。

7.6.3　解决方案

下文引自参考文献 7.5。

由于这起事故,调查委员会向 FAA 提交了两项纠正措施的建议。第一项建议要求立即对电枢转子和减速器套筒组件的花键进行检查和重新润滑,并尽快加装机械低距制动器组件。1958 年 12 月 15 日发布的适航指令 AD 58 - 25 - 2 要求强制检查受影响的部件,不得超过 1 250 个运行小时。

自该 AD 发布以来,又有一起低于 600 h 服役时间的花键过度磨损案例。因此,1959 年 4 月 6 日发布的 AD 59 - 7 - 1 取代了原始的 AD,要求每 600 运行小时检查电枢和套筒轴承配合情况,并且禁止使用二硫化钼作为花键润滑剂,只准许使用 Lubriplate315 作为批准的润滑剂。1959 年 9 月 8 日发布的 AD 59 - 18 - 3

要求在所有柯蒂斯C34S-C400和-C500螺旋桨上安装改进型号的动力单元。该型号组件包括一个新的电枢转子组件,具有更长的轴、更大的螺距直径的花键、一个新的配合减速器花键套筒和高速传动齿轮,由减速器油路提供润滑。

委员会向FAA提出的第二项建议源于西海岸航空公司对受影响零件的高拒收率。从这次机队活动中可以看出,螺旋桨制造商的检查和质量控制程序不利于所要求的标准。FAA设立了一个审查委员会,检查了柯蒂斯·莱特公司螺旋桨部门的检修设施,并向管理层提出了关于及时纠正不满足程序和条件的建议。

7.6.4　经验教训

(1) 一次维护缺陷导致了严重的事故。

(2) 设计师在制定维护和检查程序时应考虑这一点。这样分析的结果可能会是重新设计相关部件。

7.7　起落架转向梁破坏

7.7.1　事故/事件概述

1959年7月,泛美世界航空公司的一架波音707飞机(见图7.6)在左主起落架失去四个轮子中的两个的情况下成功在纽约国际机场进行了应急着陆。

图7.6　波音707机型(图片由geminijets.com提供)

7.7.2　原因分析

根据参考文献7.6,这起事故的大致原因是左起落架前轮转向梁的破坏。

两个轮子的掉落是由前转向梁的破坏引起的。这种破坏是由梁与下扭转连接组件的防旋转螺栓接触时产生未被发现的损伤引起的。这只可能发生在前两次飞行之一中。在之前的一次飞行中,起飞时缓冲器 2 故障了,而在另一次飞行中,缓冲器已被拆卸。无论哪种情况,都将允许转向梁上仰,从而足以导致这种接触。制造商已经准备了几项工程更改,以防止这种类型的失效再次发生。

对该飞机起落架历史的回顾显示,一次缓冲器故障曾在 1959 年 7 月的起飞时发生。着陆后,缓冲器①被更换。两天后着陆时,注意到缓冲器末端连接螺栓受剪断裂。这些螺栓被更换为临时螺栓,飞机重新投入使用。在下一次着陆后,检查显示临时螺栓受剪断裂。

7.7.3　解决方案

经对缓冲器故障进行研究,制造商进行了一些改进,以期消除使用困难。缓冲器组件中液压活塞上面的小孔尺寸将减小,以增加其单位载荷,压力释放(relief)调定值将从 8 000 psi 增加到 12 500 psi。这些修改将增加缓冲器组件阻尼作用的有效性。

自动机轮刹车阀的调定值将从 450 psi 降低到约 175 psi。这应该会减少不均匀刹车引起转向梁振荡的趋势。

最后,调平液缸组件中的压力将从 925 psi 增加到 1 500 psi。

7.7.4　经验教训

恰当模拟不均匀刹车引起的梁运动可能会更早地发现这个问题。

7.8　升降舵控制螺栓松脱 Ⅱ

7.8.1　事故/事件概述

1959 年 9 月,一架 AAXICO 柯蒂斯 C - 46(见图 7.7)在得克萨斯州阿比林的戴斯空军基地的跑道上坠毁,2 名机组人员丧生。

7.8.2　原因分析

在参考文献 7.7 中,CAB 确定了这起事故的大致原因是一颗未正确紧固的螺栓导致升降舵失控,这种情况是由于维护不足且未被发现。

该飞机在上一次二级检查后飞行了 2 h,检查期间未检测到未紧固螺栓。

---

① 缓冲器是一种小型液压减震器,用以抑制起落架转向梁相对于主液压油支柱的振荡。它还起到将转向梁的位移限制在水平上方 10°至下方 15°以内的作用。该起落架的设计只有在缓冲器从接头的一端拆卸或损坏时,才会出现这种类型的损伤。梁过度旋转会导致梁被扭转连接(link)组件的防旋转螺栓顶住。据 NTSB 表示,这些事故的发生频率表明存在不当的维护方式。

图 7.7　柯蒂斯 C－46(非事故飞机,图片由赫尔默提供)

7.8.3　解决方案

更好的纪律,检查和交叉检查所有与飞行关键系统有关的项目的维护情况。

7.8.4　经验教训

主要的飞行控制路径应设计为至少具有一级冗余。当然,也不能保证机械师不会漏掉两个螺栓的紧固。

7.9　失去滚转控制

7.9.1　事故/事件概述

1961 年 9 月,一架美国西北航空公司的洛克希德 L－188C 伊莱克特拉飞机(见图 7.8)在芝加哥奥黑尔国际机场起飞后不久坠毁。所有 32 名乘客和 5 名机组人员遇难。

图 7.8　洛克希德 L－188C 伊莱克特拉(非事故机,图片由鲍比·杰拉德提供)

7.9.2　原因分析

根据参考文献 7.8,这起事故的大致原因是副翼助力组件的错误更换使副翼主控系统机械故障,导致飞机失去了横向控制,此时飞机飞行高度太低而无法有效恢复控制。图 7.9 为伊莱克特拉的横向控制系统布局草图。

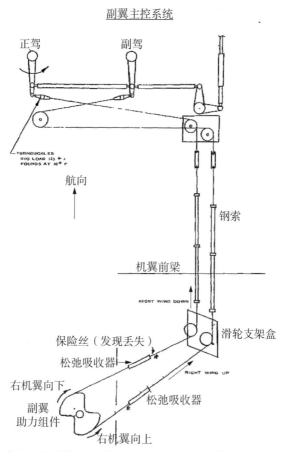

图 7.9　横向控制系统,洛克希德 L‒188 伊莱克特拉(图片由 CAB 提供)

请注意到缺少了保险丝的区域。由于这个原因,钢索末端从钢索松弛减缓器上自行松开。这反过来向副翼助力单元传递了右机翼向下动作的信号。机组人员无法阻止由此产生的非指令滚转,导致了坠机。

下文引自参考文献 7.8,指出维护程序和检查的严重破坏导致了这起事故。

在 1961 年 6 月 27 日至 7 月 11 日期间,飞行员在该飞机的日志中报告了八次副翼控制偏差。在此期间,这架飞机完成了 29 个计划内的航班。

记录所采取纠正措施的飞机日志表明,人们几乎没有努力分析这些偏差的原因并加以纠正。这种操作反映了部分维护人员对潜在危险状况的漫不经心的态度。副翼助力单元于 7 月 11 日被拆下。为了方便进行这项工作,松弛减缓器上的保险丝被拆除。参考文献 7.8 指出,副翼助力单元的拆卸和后来的另一个助力单元的安装都没有遵守西北和洛克希德规定的详细程序。拆卸和安装之间的时间间隔涵盖了四个工作班次,违反了对后续班次通知机械师和监察员的程序。另外,发现许多机械师没有接受适当的培训,无法执行他们所执行的工作类型。

7.9.3　解决方案

航空公司的维护部门必须改进其工作。

7.9.4　经验教训

对于设计师而言,教训是在飞行关键系统的关键路径安装中出现一次人为失误不应导致致命的坠机事故。

7.10　淬火

7.10.1　事故/事件概述

本节内容引自参考文献 7.9 第 142 页。1965 年,在洛克希德 SR-71(见图 7.10)的早期生产阶段,人们注意到某些需要在水中淬火才能获得正确晶粒纹路排列的部件在测试时失效了。

图 7.10　洛克希德 SR-71(图片由皇家航空学会提供)

7.10.2　原因分析

观察发现,这些问题只发生在夏季,而不在冬季。经过一番调查,发现伯班克市水务局在夏季向市政供水中添加了某些氯化物。这些氯化物导致淬火过程中晶体结构发生变化。

7.10.3　解决方案

一旦问题原因被确定,解决方案就很简单:在淬火操作之前过滤掉水中的氯化物。

7.10.4　经验教训

教训是有时一个微小的细节可能会搞砸一切。需要做很多工作才能发现这些细节。

7.11　重量控制

7.11.1　事故/事件概述

温德克"鹰"(Windecker Eagle)飞机(见图 7.11)被认为是主要采用玻璃纤维复合材料制造并首次经过审定的通用航空飞机。

图 7.11　温德克"鹰"(非事故飞机,图片由马克·阿维诺、国家航空航天博物馆、史密森学会提供)

在生产过程中,发现无法将其空重控制在合理范围内(±0.1%)。

7.11.2　原因分析

造成这个问题的原因是制造工艺的选择。飞机制造采用手工铺贴工序,并人工涂覆树脂。从结构和气动角度来看,制造出来的机体当然是符合要求的。然而,若不能控制空重在合理范围内,则会导致每个机体的可用载重不同。在实际操作中,这是不可接受的。FAR23 认证的飞机不能超过特定的最大设计起飞重量。

7.11.3 解决方案

解决方案在于选择制造工艺。通过自动化铺贴和树脂浸渍过程,重量可能得到控制。然而,该公司资金耗尽并破产了。

7.11.4 经验教训

飞机设计师应该对制造工艺及其选择的后果有一些了解。

7.12 不完整的蒙皮胶接

7.12.1 事故/事件概述

1977 年,塞斯纳 425 征服者(Conquest)机型(见图 7.12)发生了一起事故和一起事件。显然,在两个案例中,水平尾翼出现了强烈的振动。在事故中,飞机猛烈地颤振后解体,没有人生还。而在事件中,飞行员设法快速减速,使颤振消失并成功着陆,然而水平尾翼受到了严重破坏。

图 7.12　塞斯纳 425 征服者[非事故飞机,图片由马米特(Marmet)提供]

7.12.2 原因分析

通常情况下,多个因素的组合导致了问题的发生。下面将详细讨论这些因素,以帮助提高设计工程师的意识。

(1)因素 1。水平尾翼外在螺旋桨滑流中。在一架大推力的飞机中,这确实会持续激励尾翼。升降舵配平调整片由单一的控制连杆驱动(在 FAR23 飞机中只需要这样)。如果连杆脱开,调整片就会自由振荡。

(2)因素 2。该飞机的水平安定面采用金属胶接结构。图 7.13 展示了安定面的横截面。该处蒙皮被认为梁和肋的缘条胶接在一起,如图 7.13 所示。在涉及的飞机上,前缘区域的胶接被发现不完全。

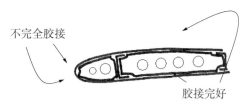

图 7.13　不完全胶接区域(安定面的横截面)

(3) 因素 3。在确定飞机结构的颤振特性时,扭转刚度是一个重要因素。这种扭转刚度取决于结构能够在其周边区域,在本例中为扭力盒段和前缘,维持剪流的能力。在此情况下,剪流在扭力盒段周围流动,但在前缘周围没有流动。因此,工程师们并不知道的是,扭转刚度比假定的要小。在满足所有胶接的原型机上已经验证了这点。

(4) 因素 4。在具有小半径区域(如安定面的前缘)的胶接结构中,这些区域很难保持足够的胶接能力。一个产品可能会正确胶接,但下一个产品可能不会。

(5) 因素 5。当使用实际较低的扭转刚度以及断开的调整片进行安定面的颤振分析时,结果是颤振可能会在巡航速度下发生。这就是所发生的事情。

7.12.3　解决方案

问题的解决方案如下。

(1) 更改小翼设计以采用双控制连杆(CFR25 飞机所要求的那样)。

(2) 将前缘蒙皮铆接到梁和肋的缘条上。

后者显然有些过度,但它防止事故再度发生。适航证书在 1978 年 2 月 20 日重新予以签发。

7.12.4　经验教训

当刚度输入对于颤振计算非常关键时(通常情况下都是这样),应牢记对制造工艺(在本例中是胶接)和/或维护程序(在本例中是螺栓连接到襟翼)方面的可实现性进行双重检查。这些问题应该在关键设计审查中提出。

7.13　排水孔被遗漏

7.13.1　事故/事件概述

1977 年的某个时候，一位驾驶新塞斯纳 441（见图 7.14）的飞行员报告称，在高空巡航期间失去了升降舵控制。

由于还留有一些修正能力，他开始下降，以进行预防性着陆。在最终降落时，他注意到升降舵控制能力已经恢复。在着陆后检查飞行控制系统并未发现任何问题。因此，该飞行员决定继续飞行。在高空巡航期间，同样的事情再次发生，最终再次以完全恢复控制的顺利着陆结束。这次该飞行员联系了塞斯纳公司。

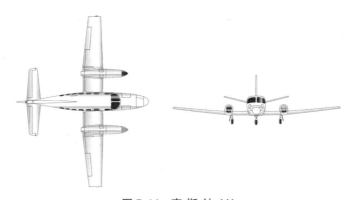

图 7.14　塞 斯 纳 441

7.13.2　原因分析

在塞斯纳公司专家的帮助下，很快就发现在高空飞行时，积聚在后压力框后面的水已经结冰，如图 7.15 所示。

冰在升降舵控制电缆上凝结。随着飞机下降，温暖的空气使冰解冻并促使飞机恢复了正常控制。

发现这架特定飞机积聚水的原因是在制造过程中，后压力框后面的三个排水孔没有被钻孔，检查人员也没有发现这个问题。检查其他飞机并未发现问题。

7.13.3　解决方案

应遵循制造和检查程序。

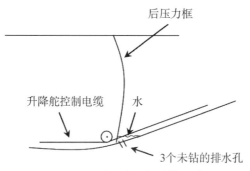

图 7.15　后压力隔板附件区域

7.13.4　经验教训

排水孔通常极其重要。积水可能会影响重心,且如果结冰,将会影响操控性。在飞机上标注排水孔以强调其重要性是个聪明的主意。

7.14　每飞行小时对应的维护工时

7.14.1　事故/事件概述

在许多版本的 F‑4 战斗机(见图 7.16)中,敌我识别(identification of friend or foe,IFF)接收器位于后弹射座椅下方。

图 7.16　麦克唐纳-道格拉斯 F‑4(非事故飞机,图片由英国皇家航空学会图书馆提供)

该 IFF 系统的故障率相当高,而且在早期设计阶段就已经如此。因此,更换 IFF 所需的维护工时也非常高。

想象如下维护流程。

(1) 解除后部弹射座椅引信。

(2) 拆下弹射座椅。

(3) 拆下 IFF。

(4) 安装新的 IFF。

(5) 重新安装弹射座椅。

(6) 重新配置座椅引信。

7.14.2　解决方案和经验教训。

需要频繁更换的部件应易于接近,且在能够接近前应不需要拆下其他设备。一项好的举措是在决定将元件安装在飞机的某个位置时尽早写下维护次序。这样做可以帮助设计人员意识到可能需要更改安装方式。

7.15　检查口盖上的标识牌

7.15.1　事故/事件概述

1992 年的某天,笔者乘坐达美航空公司全新的波音 737 - 300 型双发飞机(见图 7.17)在盐湖城等待推出。

图 7.17　波音 737 - 300[非事故飞机,图片由马克·范德伦(Mark Van Drunen)提供]

透过窗户可以看到 1 号发动机很大的短舱整流罩,该整流罩有一个很大的向上开启的口盖,位于发动机短舱和机身之间,为某些发动机部件提供了接近通道。

当飞机停放在登机口且液压系统未运转时,短舱和机身之间的克鲁格(Krueger)襟翼会下垂一些。如果在这种情况下打开口盖,就会与克鲁格襟翼相互干涉(即相互触碰)。因此,工程师们在口盖上贴了一个标识牌,上面写着"除非前缘设备已经固定在收起位置,否则不要打开这个口盖。详细指示请见口盖内部。"

7.15.2　原因分析

该问题据笔者所知从未发生。笔者随后打电话给波音公司的一位朋友,并建议他们考虑更改标识牌。后来标识牌确实改了,至少达美航空公司对其飞机进行了更改。

7.15.3　解决方案

解决方法很简单:设计标识牌的工程师应该预料到标识牌的字面意思可能带来的后果,并得出相应的结论。

7.15.4　经验教训

编写飞机上标识牌的工程师应该考虑他们编写的内容可能产生的后果。要总是多做一步:预见问题。

7.16　检查口盖不够大

7.16.1　事故/事件概述

1993 年 1 月初,笔者在荷兰阿姆斯特丹附近的史基浦机场等待波音 747(如图 7.18 所示为其 400 型飞机)推出。

图 7.18　波音 747 - 400(图片由波音提供)

当时天气非常寒冷,正在下雪。飞机已经除冰完毕。就在推出前,飞行员提出想让维护人员检查 1 号发动机的滑油,当然这会稍稍延迟推出时间。

不久,一辆蓝色的荷兰皇家航空公司维护皮卡就到了。一位穿着全套冬季服装(包括保暖手套)的机械师下了车。当他走近短舱口盖时,由于戴着手套无法打开口盖,于是他摘下手套。可当他触摸到口盖表面时,他的手被冻在了上面。可想而知,起飞延迟了一段时间。

7.16.2　原因分析

这个可以预见的问题的原因是检查口盖的锁扣设计没有考虑到有人会戴着冬季手套打开它的可能性。

7.16.3　解决方案

将经常需要打开的检查口盖设计成快速开启的卡扣式,这样维护人员可以穿着冬季服装打开它们。

7.16.4　经验教训

对于需要频繁在停机坪接近的口盖,应将其设计为即便是穿着冬季服装和手套的维修人员也可以打开的形式。这个教训应该被参与详细设计工作的工程师们熟记于心。

7.17　起落架腐蚀

7.17.1　事故/事件概述

1996年3月,一架派珀PA-23阿兹特克(Aztec)(见图7.19)在荷兰德库伊(De Kooy)着陆时,在减速阶段偏出跑道。

图7.19　派珀PA-23阿兹特克(非事故飞机,图片由 Digimicra@airliners. net 提供)

当时左侧主起落架叉形组件失效,导致飞机围绕其顶部轴线旋转180°后停下来。飞行员和乘客成功撤离,并没有受伤。

7.17.2　原因分析

参考文献 7.10 指出,故障是由于连接至油压支架的衬套上出现了裂纹。衬套中的剩余材料无法承受转出跑道时施加的负荷。

由荷兰皇家航空公司工程部进行的详细调查发现,从螺栓孔处开始的腐蚀性裂纹引发了钢螺栓和铝衬套之间的电化学腐蚀。事实上,这些零件缺乏喷漆和腐蚀保护,加速了腐蚀的发生。

7.17.3　解决方案

在装配由不同材料制成的零件之前,必须进行防腐处理。可能是制造/装配图纸没有为这些部件规定这一点,或者是防腐处理被意外地省略了。

7.17.4　经验教训

在设计由不同金属制成的组件时,具有腐蚀开裂的可能性。铝材中的螺栓孔和钢制螺栓总是存在这种情况。任何关于这个主题的教科书都能告诉你这一点。

7.18　喷砂工艺

7.18.1　事故/事件概述

2001 年 5 月,西班牙航空(Spanair)的一架麦克唐纳-道格拉斯 MD‑83(见图 7.20)在伦敦希斯罗机场着陆后随即经历了主起落架油压作动筒破坏。

图 7.20　麦克唐纳-道格拉斯 MD‑83[非事故飞机,图片由威廉姆斯(Willems)提供]

尽管飞机上满载乘客,但在撤离过程中没有受伤者。

7.18.2 原因分析

根据参考文献 7.11,这起事故有如下两个原因。

(1) 右侧主起落架在着陆时立即失效,因为在一个长度为 3.2 mm、深度为 1 mm 主疲劳裂纹的油液筒上施加了起旋阻力载荷。与这个主裂纹相关的还有其他几个裂纹。

(2) 尽管无法主动确定这些疲劳裂纹的起点,但发现了其他与表面不规则性有关的萌芽裂纹,这些裂纹都来自制造过程中的喷砂工艺处理。

参考文献 7.11 中的下列额外发现值得注意。

(1) 在事故后,同一架飞机的左侧主起落架筒体在关键区域发现了两个小裂纹,但这些只有在去除镀镉后才被发现。

(2) 一家检修机构发现了三起主起落架筒体开裂的确凿事例,但由于疏忽,这些事例没有向制造商、FAA 或西班牙国家适航部门报告。

(3) 这起事故中的破坏与英国航空事故调查局(Air Accidents Investigation Branch,AAIB)调查的在 1995 年 4 月发生的另一起筒体破坏有很多相似之处。1997 年在中国发生的另一起破坏也有很多共同之处。

(4) 飞机制造商和 FAA 在上述两起事故后采取的措施未能防止第三起事故的发生。假设筒体在被动地进行了四次无损检测,并随后安装刹车液管路限制器后就会无裂纹似乎是错误的。

(5) 关键裂纹的微小尺寸结合未知的生长速率,使得按照当时规定的程序在完全破坏之前通过无损检测来发现裂纹就变得极其困难。

(6) 所建议的修订后的检查程序和周期,应该能够增加在筒体失效之前检测到裂纹的概率。

7.18.3 解决方案

时间会决定注意上述事项(6)是否会解决此问题。

7.18.4 经验教训

这种类型的故障会导致未来灾难性事故的发生。起落架制造、维护和检验程序对于安全至关重要。

7.19 错误的液压泵

7.19.1 事故/事件概述

在 2001 年 8 月,加拿大越洋航空公司的一架空客 A330(见图 7.21)燃油耗

图 7.21　空客 A330(非事故飞机,图片由 www. al-airliners. be 提供)

尽,导致两台发动机熄火。机组人员设法将飞机当作滑翔机降落在亚速尔群岛的拉戈斯岛上。

7.19.2　原因分析

该飞机最近安装了一个新的右侧发动机。该发动机没有装上液压泵就交付给了航空公司。航空公司的机械师有一个类似但不完全相同的备用液压泵,它能匹配安装在发动机上并有着正确的泵送能力。当这个泵安装在发动机上时,它的液压油管比安装了正确的泵的情况更靠近某个燃油管路。由于液压管与相邻燃油管路之间的间隙更小,液压油管有了振动并摩擦相邻燃油管路的可能,在这次航班中发生了大量燃油泄漏,燃油泼洒在机外。

机组在飞行过程中注意到燃油不平衡情况,由于没有怀疑是燃油泄漏,便打开了交叉供油阀,使燃油从一侧机翼流到另一侧以纠正不平衡。

最终,飞机耗尽了燃油,两台发动机熄火了。幸运的是,飞机飞到了拉戈斯机场的滑翔距离内。着陆情况非常严峻(没有襟翼和反推力装置的帮助),所有轮胎都爆了。还好,飞机最终停在跑道内,所有乘客和机组人员得以撤离。

7.19.3　解决方案

这家航空公司的维护工作受到质疑,据推测后来已得到改进,航空公司也受到惩罚。

7.19.4　经验教训

在对飞行关键部件进行维修时,不允许偏离改进过的程序。在这种情况下,维修部门可以选择订购正确的零件(需等待两周后再将飞机投入使用),或者确定在安装错误的零件时不会出现任何问题时,再将飞机重新投入商业服务。

7.20 错误的结构修理

7.20.1 事故/事件概述

2002 年 5 月，一架（台湾省）中华航空的波音 747－200（见图 7.22）在爬升到巡航高度时发生了结构解体。所有乘客和机组人员遇难。

图 7.22 波音 747－200（非事故飞机，图片由 www. al-airliners. be 提供）

这架有着 23 年机龄的飞机在空中解体被认为起始于后机身。

7.20.2 原因分析

下文引自参考文献 7.12。

调查人员认为，结构失效起源于位于增压机身上翘部分的尾部擦伤修理用的加强板之下的裂纹。事故发生在该结构区域的检查间隔内。最后一次详细检查是在事故发生前 3.5 年进行的，在波音公司要求的 4 年间隔之内。

图 7.23 显示了尾部防擦伤修理用的加强板在后机身下部底端的大致位置。图 7.24 显示了修理加强板的近景。它显然覆盖了一个疲劳裂纹，通过该裂纹，空气从增压机身泄漏。从这些加强板发散出的条纹往往是潜在疲劳裂纹的迹象，只能通过定期的舱底检查才能目视检测到。

7.20.3 解决方案和经验教训

这种使用外部加强板进行结构修复的方法仍然是潜在疲劳裂纹的来源。这些区域的定期检查间隔可能需要缩短，特别是在机身老化的情况下。

一个重要的教训是，如果在加强板外侧可以看到条纹，那么飞机很可能需要停飞进行更进一步的检查。这些条纹通常是泄漏的迹象，而泄漏往往是由未被发现的疲劳裂纹引起的。

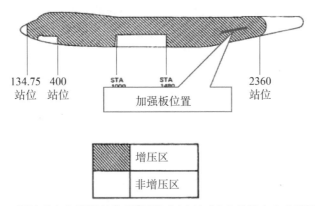

图 7.23 尾撞修复加强板的位置[图片由(台湾省)中华航空安全委员会提供]

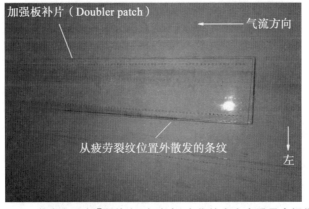

图 7.24 修复加强板[图片由(台湾省)中华航空安全委员会提供]

7.21 油箱吹气口盖未关闭

7.21.1 事故/事件概述

2004 年 6 月 10 日,英国航空公司一架波音 777(见图 7.25)被另一架飞机的机组人员报告看到其喷出大量烟雾伴随燃油蒸气味道后返回希思罗机场。没有人员受伤,也没有报告飞机受损。

7.21.2 原因分析

在降落后的工程检查中发现位于左侧主起落架舱门区域的中央油箱吹气口盖不见了(见图 7.26)。

图 7.25　波音 777(非事故飞机,图片由 www. al-airliners. be 提供)

图 7.26　向左主起落架舱内部的视角(图片由 AAIB 提供)

　　下文引自参考文献 7.13:"在维护中,一根软管被连接到吹气孔上,让新鲜空气流入油箱内,供内部技术人员呼吸。该口盖应被一根连接到实际油箱内的绳索挂在油箱内。如图 7.26 所示,吹气口盖螺钉被放在一个塑料袋中,并被固定在开口处。"

　　中央燃油箱可容纳 80 t 航空燃油。当时英航飞机的中央油箱只装了超过一半,即 43 t。初始爬升阶段的俯仰姿态足以使燃油通过开口流出。

7.21.3　经验教训

人为维护又出现问题了。

现在从设计角度来看这个问题。假设再次发生这种情况,且飞机处于一个炎热的跑道上,在延长的地面滑行时轮胎会变得非常热。起落架收起后,一个轮胎爆炸。在吹气口盖打开的情况下,可能会发生油箱爆炸和飞机损毁。

这是一个不可接受的情况。

第8章 从气动、构型和飞机尺寸设计中吸取的教训

> "气动：如果它看起来不错，它就会飞得很好。
>
> 构型：创新构型将很难销售。
>
> 飞机尺寸：飞机尺寸需考虑衍生发展。"
>
> ——简·罗斯克姆(Jan Roskam)，2007

8.1 概述

本章回顾了由于空气动力学设计决策而产生的一系列问题。在适用的情况下，描述了原因和解决方案，并说明经验与教训。与其他设计领域的联系见附录A。

8.2 纵向和航向稳定性不足导致尾翼变化

8.2.1 事故/事件概述

1946年，在阿芙罗都铎1号(见图8.1)的首次飞行后，飞行员认为纵向和航向稳定性和控制不足(见参考文献8.1第384页和参考文献8.2第11~12页)。注意，图8.1中的小垂直尾翼和主起落架的侧面(重心前方)对航向稳定性没有帮助。

8.2.2 原因分析

原因是垂直尾翼的尺寸和展弦比设计不合理，同时平尾尺寸过小，导致无法有效控制飞机。

8.2.3 解决方案

如图8.2所示，安装了一个尺寸更大、展弦比更大的垂直尾翼和一个稍大的水平尾翼。

图 8.1　阿芙罗都铎 1 号(非事故飞机,图片由英国航空学会图书馆提供)

图 8.2　具有改良垂直尾翼的阿芙罗都铎 1 号飞机模型(图片由
www. collectorsaircraft. com 提供)

8.2.4　经验与教训

(1) 在没有确定基本稳定性和控制水平可接受的情况下,设计师永远不应该放行飞机进行首次飞行。在此案例中,飞行员在第一次飞行后向工程人员明确表示,航向稳定性不可接受。设计部门应该意识到,虽然计算模拟是好的(也是必要的),但可能是错误的。因此,应进行风洞试验,以验证基本稳定性和控制水平。

(2) 据报道,阿罗团队急于让飞机升空,因此跳过了这一步。设计管理层应该意识到,在首次飞行后对飞机进行重大修改非常昂贵,而且非常耗时。这就是典型的"丢了西瓜捡芝麻"（因小失大）。

8.3 背鳍防止方向舵锁定

8.3.1 事故/事件概述

1949年5月，一架布里斯托货运（Bristol Freighter）坠入大海。当时，坠机原因尚未确定，机上人员全部遇难。1950年3月，另一架布里斯托货运飞机在单发爬升过程中坠毁，情况与之前的坠机相似（见参考文献8.3第337～338页）。图8.3为布里斯托货运飞机的早期照片（注意没有背鳍）。

图 8.3 布里斯托货运飞机的早期版本［非事故飞机，图片由约翰·惠特利（John M. Wheatley）提供］

8.3.2 原因分析

坠机原因被确定为方向舵锁定，随后垂直尾翼发生结构破坏。方向舵锁定现象的技术描述详见参考文献8.4第268～270页。

流经后机身顶部的空气容易在垂直尾翼附近形成非常厚的边界层，如图8.4所示。

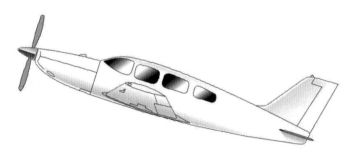

图 8.4 后机身上的边界层增厚和可能的分离

在适度的迎角下,流动甚至都可能发生分离。不管怎样,垂直尾翼的底部都可能处于非常低能量的流动中,从而导致垂尾不起作用。这不仅降低了航向稳定性,而且使方向舵铰链力矩系数非线性,导致方向舵锁定。当方向舵受气动力锁定受限制的位置上时,垂直尾翼上的载荷往往非常高,并可能导致结构破坏。

8.3.3　解决方案

这个问题通过在飞机上增加一个背鳍而得以解决。如图 8.5 所示为一个增加背鳍的布里斯托货运飞机。

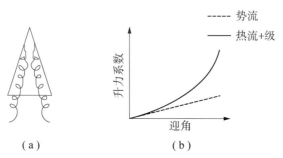

图 8.5　带背鳍的布里斯托货运飞机(图片由马米特提供)

背鳍可以解决这个问题的解释可以从高后掠、薄前缘三角翼的强前缘涡脱落中得到,如图 8.6 所示。

（a）　　　　　　　　　　（b）

图 8.6　高后掠、薄前缘三角翼的涡致升力

（a）高后掠的三角翼的前缘涡系发展；（b）这种机翼的
升力系数与迎角之间的关系

根据势流理论,任何机翼都会产生所谓的势流升力。如果机翼也形成了前缘涡系,那么外部的势流就会围绕这个稳定的涡流移动(把这个涡流想象成一个

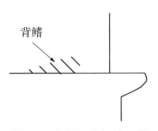

背鳍

图 8.7　如同三角翼的一半高度后掠背鳍

小龙卷风)。涡流可以被认为增加机翼的有效弯度,从而增强其升力。升力的涡致分量随着攻角的增加而变得更强。

接下来,图 8.7 显示了一个位于垂直尾翼前面的高度后掠的背鳍。

背鳍可被看作如图 8.6(a)三角翼的一半一样发挥作用。

应该注意的是,如果背鳍的前缘不是薄的,而是圆的,那么其作用会大幅减弱。

8.3.4　经验教训

这里学到的教训是,设计师应该从第一天起就考虑在构型中添加背鳍。如果计划进行风洞试验,则进行有背鳍和无背鳍的试验,以确定其有效性。

必须再次建议,背鳍的前缘半径必须尽可能地保持在较低的水平,才能使其更好地发挥作用。

在美国 DAR 公司最近对一种新公务机进行的风洞测试项目中,该公务机使用了丰满的背鳍(与我们建议的相反),测试结果证明该背鳍不是很有效。当替换了一个尖前缘背鳍时,它就起作用了。这种差异确实是显著的。

具有薄前缘背鳍的飞机有维克斯先锋、加拿大德·哈维兰 DHC‐7、福克 F‐27、福克 F‐28、福克 70、福克 100 和比奇空中国王 200 公务机。

一个有趣的历史观察是,波音 307 型同温层客机(世界上第一个加压活塞螺旋桨运输机)的原型机于 1938 年坠毁,部分原因是在试图从无意中引起的倾覆中恢复时,方向舵被牢牢锁住。在这次飞行测试时,波音公司的工程师已经在风洞试验中发现了这架飞机的方向舵锁定潜在风险。他们的解决方案是安装一个背鳍(尽管是甚圆的),同时也在风洞中进行了测试,但尚未安装在事故飞机上。它安装在了所有 10 个量产的同温层客机上。

同样有趣的是,二战中所有的 B‐17 轰炸机都安装了这些背鳍,原因也是一样的。

8.4　失去共性

8.4.1　事故/事件概述

1953 年,英国卢顿的珀西瓦尔飞机公司正在研制一种喷气动力版本的教练机,称为喷气教练机。其基本想法是为当时正在生产的非常成功的英国皇家空军标准螺旋桨驱动教练机(见图 8.8)制造一种低成本的喷气动力版本(见图8.9)。

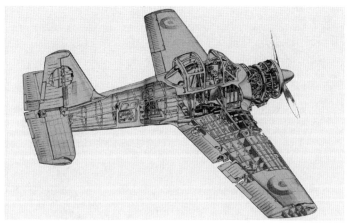

图 8.8　珀西瓦尔教练机[图片来源:参考文献 8.5,经西尔维斯特(B. Silvester)女士许可]

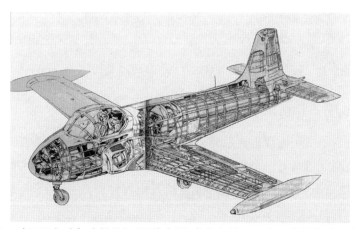

图 8.9　珀西瓦尔喷气式教练机(图片来源:参考文献 8.5,经西尔维斯特女士许可)

8.4.2　解决方案

为了实现这一目标,决定利用两架飞机之间的高度通用性。

8.4.3　经验教训

从图 8.8 和图 8.9 可以明显看出,在这种情况下,两架飞机之间的共同点在很大程度上只是一种错觉。事实证明,只有飞机的尾翼有一些共同点。当动力装置和飞行包线(高度和马赫数)大不相同时,保持两种设计之间的通用性通常是不可能的。历史表明,在大多数情况下,一个更好、成本更低的解决方案是从一页新纸开始(或者今天,从一个新的 CAD 文件开始)。

8.5　深失速 I

8.5.1　事故/事件概述

1953 年,一架格罗斯特标枪(Gloster Javelin)飞机(见图 8.10)在后重心的试飞中失事。试飞员未能生还(见参考文献 8.6 第 320~321 页)。

图 8.10　格罗斯特标枪[非事故飞机,图片由克鲁姆(F. Croom)提供]

8.5.2　原因分析

飞机进入了所谓的深失速状态(稳定,机头微微向上,同时下降率非常高),无法恢复。当飞机具有一个相对较小的水平 T 形尾翼时,相对于重心的力臂也较短,在大攻角下,尾翼可能会被低能量机翼尾流包裹。实际上,控制能力也会下降。

8.5.3　解决方案

一种解决方案是限制飞行员操作以防止迎角超过某个临界值。这可以用抖杆和/或推杆来完成(参见 8.12.3 节)。另一种解决方案是使尾翼更大和/或增大尾翼的展长。将尾翼向后移动(增大相对于重心的力臂)也有帮助。

同时代的道格拉斯 A4D - 1 天鹰(见图 8.11)也是类似的构型。然而,它是单发设计,机身要窄得多。此外,尾翼的力臂更长,且是十字尾翼而不是 T 形尾翼。这架飞机没有发生过已知的深失速事件。

图 8.11　道格拉斯 A4D‑1 天鹰飞机(非事故飞机,图片由英国皇家航空学会图书馆提供)

8.5.4　经验教训

超失速或深失速是设计师应该注意的现象。在非常大的攻角下进行的风洞试验是识别和解决问题的唯一已知方法。

8.6　在竞争环境下确定客舱横截面尺寸

8.6.1　事故/事件概述

1955 年左右,在开发道格拉斯 DC‑8(见图 8.12)和波音 707‑120(见图 8.13)的竞赛中,一个重要的设计决定是客舱横截面。这一决定对巡航阻力和空载重量(通过湿区)以及乘客舒适度都有重要影响。在这种情况下,航空公司客户的投入被证明是至关重要的。

图 8.12　道格拉斯 DC‑8

道格拉斯知道波音公司 Dash‑80 原型机的机身直径是 132 in,于是决定 DC‑8 的机身直径为 147 in。波音同温层巡航者的机身直径也为 132 in。DC‑8

图 8.13　波音 707 - 120

客舱地板处的宽度为 147 in,可以容纳 6 个并排座位,而 Dash - 80 客舱地板处宽度为 132 in,只能容纳 5 个并排座位。这给道格拉斯带来了竞争优势。

在设计决策过程中的某个时刻,波音管理层已经清楚地认识到,道格拉斯致力于制造 147 in 的客舱横截面。一旦开始制造机身夹具和工具,改变这样的决定是非常昂贵的。由于波音公司在"软"而非"硬"(生产)工具上制造了 Dash - 80,因此他们仍然有这种自由度,并决定采用 148.5 in 的机舱横截面(见参考文献 8.7 第 13 章)。这给波音公司带来了相当大的竞争优势。

8.6.2　经验教训

在竞争环境中确定飞机尺寸时,管理层应记住,某些设计决策要改变很难(或很昂贵)。建议尽可能地保持设计决策的灵活性。

8.7　根据一个客户的要求确定飞机尺寸

8.7.1　事故/事件概述

1956 年,维克斯 VC - 10(见图 8.14)被设计为远程商业运输机,以与波音 707 和道格拉斯 DC - 8 竞争。

其主要客户英国海外航空公司(British Overseas Airways Corporation, BOAC,英国航空公司的前身)表示,它想收购波音 707,用于跨大西洋业务。然而,波音 707 有一个问题:它的尺寸不适合在炎热的天气条件下从相对较短的跑道起飞。当时,卡诺、内罗毕和约翰内斯堡等所谓的帝国航线机场普遍存在这种情况。在 BOAC 的坚持下,VC - 10 的尺寸足以胜任这项工作。

8.7.2　原因分析

如参考文献 8.8 所示,为相对较短的跑道确定飞机尺寸通常会导致机翼面积非常大。这反过来又导致巡航升力系数低,并且通常导致巡航升阻比差。VC - 10 的起飞机翼载荷约为 92 psf(编注:1 psf＝0.0479 kPa)。相比之下,707 -

图 8.14　维克斯 VC‐10(图片由赫尔默提供)

320 的机翼载荷为 105 psf。

由于这些早期的设计决定,这架飞机无法在北大西洋与 707 和 DC‐8 很好地竞争,这导致了一个短暂而无利可图的产品项目:只建造了 43 架。

8.7.3　经验教训

根据一个客户的要求来确定飞机的尺寸(特别是如果客户只能订购少量飞机)可能会导致飞机缺乏竞争力。要想实现商业飞机项目的收支平衡,通常需要出售至少 250 架飞机。原因是飞机项目中非经常性成本的摊销会产生很大的单位成本增量,直到达到 250 架的"神奇"数字。

8.8　旋转条

8.8.1　事故/事件概述

塞斯纳 T‐37 的第一架原型机(见图 8.15)遇到了一个严重的问题:试飞员不得不跳伞,因为飞机无法从尾旋中恢复(见参考文献 8.9 第 81 页)。

对于一架训练飞机来说,这是一个非常严重的问题,绝对需要解决。

8.8.2　原因分析

据推测,这个问题是由方向舵在改出尾旋时失效造成的。空气动力学部门负责人哈里·克莱门茨表示,在飞机机头周围包裹一条扁平的铝片可能会在大攻角下破坏机头周围的气流,这可以使流向方向舵的气流重新获能,从而可能提供足够的方向舵控制能力来改出尾旋。

图 8.15　塞斯纳 T‑37,机头安装旋转条(图片由美国国家航空航天局提供)

8.8.3　解决方案

笔者曾被指派绘制铝片带的形状,并在同一天看到它安装在第二个原型上。这个方案起效了。第二天,我们的试飞员鲍勃·哈根驾驶飞机在旋转中进进出出,没有遇到任何麻烦。

总工程师汉克·华陵(Hank Waring)曾问笔者,怎样做才能找出这条铝带的工作原理。笔者建议进行风洞测试,但 Hank 不想为证明一个已知有效的解决方案真的有效花钱。

所以,直到今天,我们只能猜测为什么 T‑37 机头铝片有助于改出尾旋。

8.8.4　经验教训

如果一个问题的解决方案奏效了,就不要再花更多的钱来找出原因,尤其是当你预算紧张的时候。另一方面,这样你就永远不会发现问题的真正原因。

8.9　跨声速气动中心偏移

8.9.1　事故/事件概述

康维尔 B‑58 哈斯特勒(Hustler,见图 8.16)是美国空军第一架投入使用的超声速轰炸机。该原型机于 1956 年 11 月进行了首次飞行。

这架飞机的事故率非常高(交付的 86 架飞机中有 18 架发生了事故),在使用寿命早期就退出了服役(见参考文献 8.10 第 213 页)。

在超声速(马赫数 2.0)飞行过程中,发动机熄火后飞机变得纵向不稳定,导致飞机发生了几起事故。

8.9.2　原因分析

这些事故发生的原因是发动机在超声速下熄火后,飞机减速,气动中心迅速

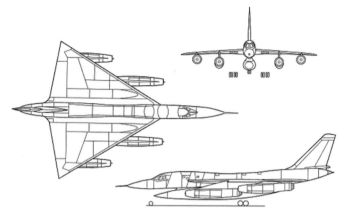

图 8.16　康维尔 B‑58 哈斯特勒(Hustler)的三视图(图片由 NASA 提供)

向前移动。对这种现象的解释是合理的。图 8.17 显示了大多数机翼上都会出现的典型的气动中心随马赫数增加而后移的情况。

曲线 A(见图 8.17)表示气动中心的后移。这一趋势背后的物理原理可以通过假设机翼有一个薄而对称的翼型来解释。对于薄的对称翼型,压心和气动中心几乎重合。在亚声速下,这种翼型的压心往往位于 25% 弦长位置。在超声速下,将出现如图 8.18 所示的激波。

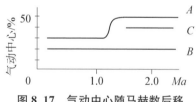

图 8.17　气动中心随马赫数后移

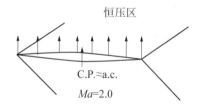

图 8.18　超声速马赫数下的前缘和后缘激波

根据超声速流动理论(实验证实),两个激波之间的压力是恒定的。因此,在马赫数为 1.0 以上,压力中心将位于 50% 弦长位置。这就解释了图 8.17 中的曲线 A。

在制造 B‑58 的时代,飞机必须具有固有的静纵向稳定性(尚未开发出电传飞行、数字飞行控制和自动反馈以获得事实上的稳定性)。这反过来又要求飞机的重心位于气动中心的前方。因此,在亚声速马赫数下,重心由曲线 B 表示。

注意,如果重心保持在曲线 B,超声速马赫数下的稳定性水平非常大。由此产生的巨大的机头向下俯仰力矩必须被配平。在一架有水平尾翼的飞机上,可通过尾翼卸载来完成配平。B-58 是无尾的,因此必须通过使位于机翼后缘的升降副翼向下偏转来配平。这将导致非常不利的升阻比和不可接受的低高度。

　　为了解决这个问题,在机身后部安装了一个所谓的配平油箱。飞机到达马赫数 2.0 后,燃油被泵入后油箱,使重心移动到如图 8.17 所示的曲线 C。这有效地解决了配平问题,但会导致以下情况。

　　如果发动机在马赫数 2.0 时熄火,则该发动机的进气口将出现弓形激波。这会造成阻力的大幅增加,从而使飞机迅速减速。事实证明,不可能为防止飞机变得不稳定再次向前转移燃料,因而会发生失控和结构解体。

8.9.3　解决方案

有如下三种解决方案:

(1) 添加平尾。

(2) 在超声速时将翼尖向下旋转。这减小了静稳定裕度,也有助于提高马赫数 2.0 时的方向稳定性。

(3) 允许在亚声速下存在固有的不稳定性,并使用数字飞行控制系统来控制和稳定飞机。

　　只有在早期设计阶段就预见到了问题,解决方案(1)才是可行的。

　　解决方案(2)本来是可行的,但由于飞机提前退役而没有实施。原本计划取代 B-58 的飞机——北美 XB-70A(见图 8.19)则配备了可折叠的翼尖以解决此问题。

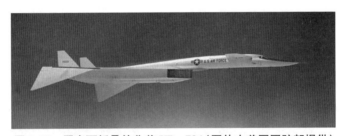

图 8.19　翼尖可折叠的北美 XB-70A(图片由美国国防部提供)

　　解决方案(3)在那个时代是不可行的。

8.9.4　经验教训

这个问题应该在初步设计阶段就被预见到。工程师们在项目付诸实际之前,应该早早地进行假设分析。

8.10　螺旋桨飞机的后掠式垂尾

8.10.1　事故/事件概述

以下材料引自参考文献 8.9。1957 年,塞斯纳 172 有一个未后掠的垂尾,如图 8.20 所示。

图 8.20　带有非后掠垂尾的塞斯纳 172(图片由塞斯纳提供)

塞斯纳公司的商业营销总监认为,将垂尾改为后掠式可以进一步刺激销售。他的想法遭到了商用飞机工程部门的强烈反对。该部门的工程师认为,这样改变的结果是飞机的重量更大、所受阻力更大、效率更低、性能更低。当时,笔者在军用飞机工程部门研究塞斯纳 T‐37 的衍生型号。尽管如此,我还是被要求花一些时间来分析后掠尾翼。

8.10.2　解决方案

图 8.21 展示了非后掠式的垂尾与绕 A 点旋转逐渐后掠的垂尾的区别。

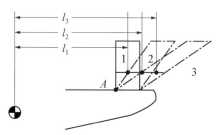

图 8.21　垂尾后掠角对力臂的影响

可以看出,垂尾的力臂(从飞机重心到垂尾气动中心的距离,即图 8.21 中的 l_1、

l_2、l_3)随着后掠角的增加而增加,如图 8.22(a)所示。请注意,垂尾面积保持不变。

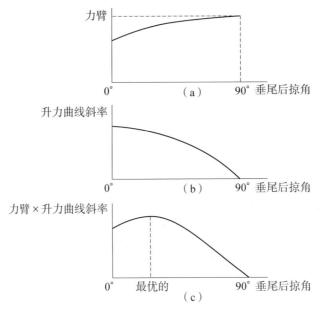

图 8.22　垂尾后掠角对力臂、升力曲线斜率及其乘积的影响

　　众所周知,垂尾的升力曲线斜率随着后掠角的增大而减小。这种影响如图 8.22(b)所示。

　　垂尾和方向舵的方向稳定性和操纵效率与这两个量的乘积成正比,如图 8.22(c)所示,其在非零后掠角下乘积达到最优值。因此,从垂尾效率的角度来看,一定程度的后掠是有利的。请注意,最优值曲线相当平缓,这意味着后掠角稍微大于最佳后掠角也不会对效果造成太大影响。

　　接下来,需要解决结构重量和阻力问题。通过增加后掠角,垂尾的扭矩箱将变得更长,从而导致重量增加。此外,如果未后掠的尾翼有足够的有效性和可接受的重量,可以选择使用较小的尾翼面积来保持飞机垂尾面积、力臂和升力曲线斜率相同。这样可以减少飞机重量和所受阻力。

　　事实证明,对于塞斯纳 172,垂尾的后掠角在重量、阻力、效率和性能方面的作用都很小。但随着"外观"的改进,塞斯纳可能会卖出更多的飞机。

　　笔者向营销总监简要介绍了结果,他把数据带回了商务部,并设法说服决策层,他们应该采用后掠尾翼。那年秋天,塞斯纳自豪地宣布了 172 机型的"全新后掠外观"。它将销售额提高了 30%。

图 8.23　带有后掠垂尾的塞斯纳 172(图片由塞纳斯提供)

8.10.3　经验教训

漂亮的外表确实可以提高飞机的销量,尤其是在没有其他劣势的情况下。在分析飞机的变化时,应该仔细考虑所有因素。

8.11　跨声速阻力

8.11.1　事故/事件概述

康维尔 990(见图 8.24)的设计预期为巡航马赫数为 0.91 的喷气式运输机。在 1958 年,这是一个非常高的指标。

结果,巡航飞行中的阻力太大,以至于飞机远未达到其性能指标。必须查明原因并找到解决方案。

8.11.2　原因分析

事实证明,在原型机的巡航飞行中,由于内侧机翼上的大面积超声速气流,机翼后缘出现了严重的气流分离。必须减小承受超声速气流的区域面积。

8.11.3　解决方案

在深入的 NASA 风洞试验帮助下,找到了解决方案,即采用所谓的"库奇曼萝卜"(见参考文献 8.10 第 217~218 页),这些也被称为防激波体。它们基本上提供了局部区域控制,以防止气流过早地达到超声速。图 8.24 显示了配备这些后缘防激波体的飞机。事实证明,有了这些防激波体,机翼的"局部区域控制"得到了显著改善。

8.11.4　经验教训

这种类型的问题本来就不应该发生。在确定最终构型之前开展风洞试验,

图 8.24　康维尔 990(改装科研型,图片由 NASA 提供)

就可以发现马赫数 0.91 时的高阻力。在风洞模型上解决问题比在原型机上成本低得多。

当然,在现代,可以在机翼的空气动力学设计阶段早期使用计算流体力学(computational fluid dynamics,CFD)预测这个问题。

8.12　深失速Ⅱ

8.12.1　事故/事件概述

已知有几架尾吊发动机的 T 型尾翼飞机经历过所谓的"深失速"问题。在一些飞机上,这个问题导致了无法控制的情况和坠机。这方面的一个早期例子是如图 8.25 所示的 BAC-111。这型飞机经历了两次坠机(其中一次造成人员死亡),第一次是在 1963 年。

8.12.2　原因分析

图 8.26 展示了这种机型的配平图。有关飞机配平图的详细推导和解释,请参见参考文献 8.11 第 4 章。

对于给定的重心位置,A 点代表一个稳定的配平点,在配平点周围有足够的控制力。在 B 点,飞机变得不稳定。造成这种情况的物理原因是短舱后的分离

图 8.25 BAC‑111

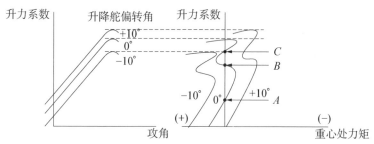

图 8.26 后置短舱 T 型尾翼飞机的通用配平图

气流包络了部分或大部分平尾,如图 8.27 所示。

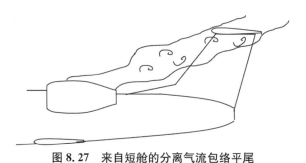

图 8.27 来自短舱的分离气流包络平尾

　　因此,飞机表现得像大部分平尾都不存在一样。在 B 点和 C 点之间,短舱尾流向左移动,尾部再次处于正常气流状态。C 点代表所谓的"深失速"平衡点,在该点上飞机是稳定且平衡的。在 C 点之后,短舱后分离的尾流包围了平尾,飞机再次变得不稳定。

　　一个重要的假设性问题是,B 点和 C 点区域的纵向控制力往往会显著降低。如果短舱跨度与平尾跨度大致相同,则情况尤其如此。通过使尾翼跨度明显大于短舱跨度,可以保留一些控制力和稳定性,如图 8.28 所示。

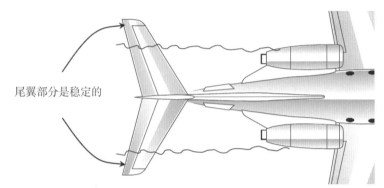

图 8.28　在 T 形尾翼构型中,水平尾翼跨度应大于机舱跨度

　　波音公司在 727 飞机(见图 8.29)的风洞试验阶段应用了这一原理。

图 8.29　波 音 727

　　参考文献 8.12、参考文献 8.13 和参考文献 8.14 包含了更多关于 T 形尾翼构型在高攻角下的气动信息。

8.12.3　解决方案

有几种解决方案可以"解决""深失速"问题。最常用的两种如下:

(1) 抖杆器和推杆器。

　　在这种解决方案中,每当迎角接近 B 点时,抖杆器就会向飞行员发出警告。如果飞行员无视此警告并继续向后拉动驾驶舱控制杆,推杆器会自动向前移动控制杆。

　　抖杆器和推杆器已应用在 BAC-11、波音 727、道格拉斯 DC-9、麦克唐纳-道格拉斯 MD-80 系列和利尔喷气 23、24、25、36 和 55 型等飞机。这些系统必须设计为至少具有双重冗余的形式。

使用这种解决方案的后果是飞机的场长性能受到了不利影响。由于极限攻角低于机翼的气动失速,进近和起飞速度都更高,这要求有更长的跑道。这可能带来显著的竞争差异。

(2)腹鳍。

如图 8.30 所示为腹鳍。请注意,这些鳍是高度后掠的。它们也应该有锋利的前缘。在空气动力学上,它们的行为就像 8.2 节中解释的背鳍一样。

图 8.30 腹鳍装置示例

腹鳍的位置在巡航时不会产生任何升力。它们显然会增加摩擦阻力。因为在巡航中鳍片不会产生升力,所以在巡航条件下其纵向稳定性输入可以忽略不计。

当飞机尾翼在高攻角下无法保持稳定时,腹侧翼会产生强烈的涡流升力。因此,当平尾被短舱或机翼遮挡时,腹鳍处于正常气流状态,有助于静态纵向稳定。通过适当的尾翼尺寸,可以完全消除俯仰趋势,从而使飞机没有推杆器或抖杆器也可以适航。这显著提高了场长性能。

留给读者解释为什么这些腹鳍在倾斜约 45 度时也有助于在高攻角下保持方向稳定性。

笔者参与了比亚乔(Piaggio)P-180 阿凡提(Avanti)上这些鳍的设计(见图 8.31)。

当时,盖茨·利尔喷气公司和比亚乔正在合作开发 P-180。这就是利尔喷气 31、45 和 60 型也采用这些鳍片的原因。

注意:原则上,可以使这些鳍具有可变的角度,从而也可以使用它们来提高控制力。据笔者所知,这一点尚未尝试过。

图 8.31　比亚乔 P-180 阿凡提

8.12.4　经验教训

（1）深失速问题可以且应当在早期风洞试验中仔细识别。这些试验应该进行到 $35°\sim45°$ 的攻角。

（2）设计者应该仔细权衡使用系统解决方案（即抖杆器和推杆器方案）还是空气动力学解决方案（即腹鳍方案）。

空气动力学解决方案的两个优点：①消除了系统故障和/或冗余；②场长性能得到改善。

空气动力学解决方案的一个缺点是略微增加巡航阻力（从而增加燃油消耗）。此外，有些人根本不喜欢腹鳍的外观。

8.13　局部方向不稳定性引起的蛇形振荡

8.13.1　事故/事件概述

1965 年，在几次高空试飞中，观察到北美 XB-70A（见图 8.32）出现了定向"蛇形振荡"。

振荡的幅度很小，但在位于重心前方较远位置的驾驶舱里，这种振荡明显令人讨厌。试飞员将这种振荡描述为典型的"极限循环"振荡。这个问题必须解决。

8.13.2　原因分析

如图 8.33 所示为偏航力矩系数与侧滑角的关系（无刻度）。通过测量点绘制的直线（来自风洞试验）表明在测试的侧滑角范围内方向稳定性为正值。

所用数据点间的间隔为 3°，并使用"过零斜率"，预测结果中无蛇形振荡。据此结果再次进行风洞试验，但减小侧滑增量，结果如图 8.34 所示：飞机在侧滑±3°范围内有轻微的方向不稳定性，超过侧滑±3°后变得稳定。

图 8.32　北美 XB‑70A(图片由 NASA 提供)

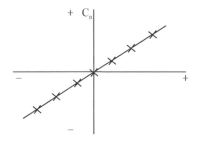

图 8.33　偏航力矩系数与大增量
侧滑角的关系

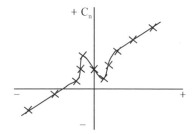

图 8.34　偏航力矩系数与小增量
侧滑角的关系

这解释了飞行中的极限循环行为。非线性特征是因为鸭翼引起的涡流脱落。对于小的正侧滑角,发现来自左鸭翼的叶尖涡流覆盖了左垂尾。对于反向侧滑角,同样的事情也发生在右侧。图 8.35 显示了发生的情况。

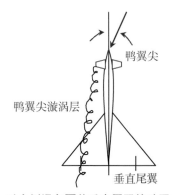

图 8.35　以小侧滑角覆盖垂直尾翼的鸭翼尖漩涡层

8.13.3　解决方案

因为项目下马(出于其他原因),未能解决此问题。

一个潜在的解决方案是调整垂尾间距以避开鸭翼尖脱落的涡流,使其不会覆盖垂尾;另一个解决方案是使现有的尾翼更大。

8.13.4　经验教训

在计划对新构型进行风洞试验时,通过增大侧滑角或迎角的测量间隔来节省资金并不可取。这样做会掩盖其中的非线性特征,而这些被掩盖的特征会在之后的试飞中出现。解决试飞中出现的问题可比在风洞试验中多几个数据点贵多了。

8.14　尾翼干扰导致副翼反效

8.14.1　事故/事件概述

1966 年,波音公司参与了各种先进的战斗轰炸机设计研究。为高后掠机翼设计足够的横向控制力总是一个问题,原因有如下两个:

(1) 存在由气动弹性引起的副翼反效的可能性。所以在许多亚声速飞行中,外副翼在巡航中被锁定。

(2) 在非常高的后掠角下,传统副翼的铰链线大致方向上有大量的外侧气流,从而无法保证控制的有效性。

在英国,英国电气公司成功地在 P1A/B 闪电战斗机的 60°后掠翼上安装了一个特殊翼尖副翼(见图 8.36)。

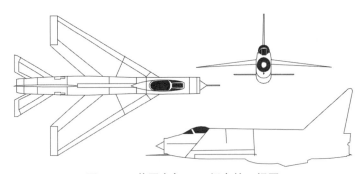

图 8.36　英国电气 P1A 闪电的三视图

注意翼尖副翼。它们的位置使得副翼范围"横跨"了机翼弹性轴。这样可以最大限度地减少气动弹性效应。此外,注意由于高后掠翼而产生的外部流动与图 8.36 的副翼铰链线大致垂直。

最后,注意内副翼的位置略向外侧,超出了平尾跨距。

由于 P1A/B 副翼构型的成功,波音公司决定在一项设计研究中效仿这一点。图 8.37 为其中一项研究的草图。

当进行风洞试验以检查副翼效率时,发现副翼在任何偏转时滚转力矩都为零。

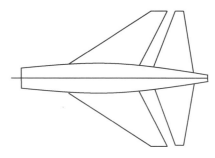

图 8.37　战斗机构型俯视图

8.14.2　原因分析

从图 8.38 中可以明显看出滚转效率为零的原因。

副翼的任何后缘向上偏转都会导致产生水平尾翼上的气流。因此,机翼上的向下载荷被水平尾翼的载荷抵消,从而不会产生净滚动力矩。

8.14.3　解决方案

水平尾翼跨度应保持在内侧副翼以内。

8.14.4　经验教训

风洞中的发现是完全可以预测的,只

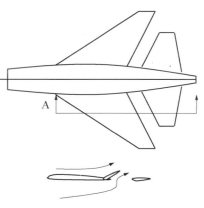

图 8.38　机翼副翼平尾剖面图

需一点常识。如果空气动力学设计工程师在进行昂贵的测试之前尝试进行流动可视化(只需生成如图 8.38 所示的草图),就将有所帮助。

8.15　从万特里到阿凡提

8.15.1　事故/事件概述

以下材料引自参考文献 8.9。1976 年,笔者从堪萨斯大学休假,在荷兰代尔夫特理工大学度过了半年。在那里,笔者有机会与一大群荷兰学生合作,他们想设计一架先进的通用航空飞机。笔者制定了这架飞机的设计规范。它必须是一架速度非常快的双涡轮螺旋桨牵引式高翼飞机,对标比奇空中国王的市场。这架飞机在 40 000 ft 高空的巡航速度约为 400 kn。它还必须比空中国王更轻、更安静。

8.15.2　解决方案

经过多次权衡研究，并尝试了各种配置后，这架飞机最终采用了超临界、带小翼的微后掠机翼。它被称为万特里（VATLIT），即非常先进技术的双发动机轻型飞机的缩写（见图 8.39）。

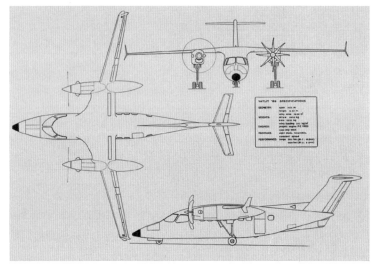

图 8.39　万　特　里

尽管万特里从未建造过，但它产生了重大影响。1978 年，比亚乔飞机公司的首席执行官兼所有者比亚乔博士邀请笔者来他的工厂进行一些讨论。事实证明，万特里项目引起了比亚乔博士的注意，他的设计团队一直在制定非常相似的设计规范。

笔者第一次访问比亚乔，就比亚乔 P-180 阿凡提（见图 8.40）进行了大量咨询工程工作。阿凡提构型是由比亚乔的工程总监马佐尼（Mazzoni）博士和他的设计团队开发的。他们的一个大问题是：万特里和 P-180 哪种机型更好？笔者和笔者在美国的设计团队很快就确定了比亚乔的机型是优越的。三翼面布局的一个非常聪明的方面是实现了结构和空气动力学的协同作用：

（1）机翼扭矩箱和主起落架都连接在后压力舱壁上。这节省了机身中的主要框架结构，因此也节省了相当多的空载重量。

（2）机翼扭矩箱作为中机翼穿过机身。中单翼的干扰阻力比上单翼或下单翼低得多。

（3）对于三翼面构型，三个翼面都可以提供升力，容易实现配平。

（4）三翼面构型的最大可配平升力系数高于传统或纯鸭式构型的最大升力系数。

图 8.40　比亚乔 P - 180 阿凡提（图片由比亚乔提供）

8.15.3　经验与教训

大胆的构型构想有时可以显著提高飞机性能。2007 年在意大利生产的 P - 180 是世界上最快的商业认证涡轮螺旋桨飞机。它比一些商务飞机更快，有一个更安静、可直立的机舱，燃油消耗量减少了 25%。

8.16　水平尾翼尺寸 I

8.16.1　事故/事件概述

1978 年，当第一架麦克唐纳–道格拉斯 F - 18 战斗机（见图 8.41）在马里兰州帕图森特河进行飞行测试时，很明显地，飞机不会以预测的起飞俯仰角速度抬头。这使得飞机在地面应用场景中的性能不可接受。

8.16.2　原因分析

这个问题被追溯到地面效应中空气动力计算的一个错误。这种情况在低位水平安定面的构型下尤为严重。因此，没有足够的尾部向下负载使飞机以预测的俯仰角速度抬头。

图 8.41　麦克唐纳-道格拉斯 F‑18 的早期版本，大黄蜂（图片由波音公司提供）

8.16.3　解决方案

这个问题是通过操纵方向舵来解决的。当飞机还在地面上时，起落架上的下蹲开关控制方向舵向内偏转。这在后机身上产生了足够的正压，有助于实现起飞抬头。

这个修复虽然令人印象深刻，但也是有代价的。所有飞行控制软件都必须重新验证。此外，下蹲开关及其添加的控制逻辑带来了额外的系统复杂性。

8.16.4　经验教训

工程师不应该忘记地面效应。

8.17　水平尾翼尺寸 II

8.17.1　事故/事件概述

以下材料引自参考文献 8.9。1977 年的一天，笔者接到蒙特利尔康纳戴尔公司工程副总裁朗·尼尔（Ron Neal）的电话。他的工作是启动新的挑战者 600 公务机项目。如图 8.42 所示为该飞机首次起飞时的情况。

朗告诉笔者，他的工程部门正试图说服他，挑战者号的水平尾翼小了大约 30％。给出的原因是，根据他们的工程计算，飞机将无法在广告中的场地长度限制内抬头。朗觉得平尾的尺寸可能合适，而且在某个地方犯了错误，但他不知道问题在哪里。所以他问笔者能做些什么来帮助他。

图 8.42   康纳戴尔挑战者 600 型(图片由康纳戴尔提供)

8.17.2   解决方案

笔者建议他寄一份他们的机尾尺寸报告,并包括在起飞抬头方面所做的工作。报告中包含了飞机的侧视图,其画出了作用在飞机上的所有力和力矩。图8.43 显示了这种侧视图应该是什么样子(尽管是针对不同的飞机)。

他们报告中存在的问题是,所谓的牛顿反作用力(飞机质量乘以向前加速度)被忽略了,它通过重心作用,有助于飞机抬头。通过检查他们的运动方程,果不其然,这个力是不存在的。笔者打电话给朗,建议把这个力代入方程中,笔者猜平尾的尺寸确实足够大。事实证明是这样的。

关于解决起飞抬头问题的数学讨论和方法,参见参考文献 8.11 第 288~292 页。

8.17.3   经验教训

在解决与飞机动力学有关的问题之前,工程师应该了解牛顿定律。此外,注意图 8.43 中与所有空气动力和力矩相关的下标"g"。这意味着这些力和力矩必须在地面存在的情况下进行评估("地面效应")。另请参见 8.16 节。

8.18   XFV‑12

8.18.1   事故/事件概述和原因分析

许多年前,北美公司哥伦布分公司为超声速垂直和短距起降(vertical and short take-off and landing,VSTOL)战斗机 XFV‑12 提出了一个新的想法。图8.44 展示了这一概念。

北美公司收到了两架原型机的制造和飞行测试合同。原型机将于 1977 年

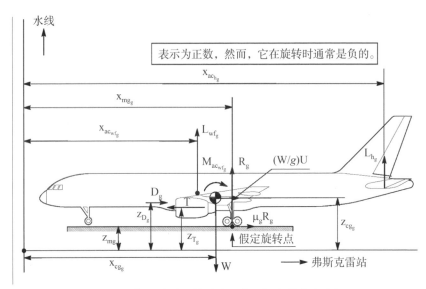

图 8.43　起飞抬头开始时作用在飞机上的力和力矩

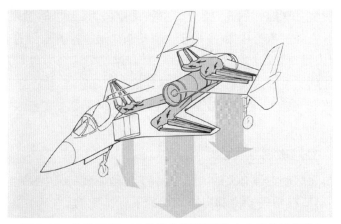

图 8.44　北美 XFV‑12 的概念草图(图片由北美公司提供)

进行评估。

　　该飞机只有一个发动机是令人感兴趣的。在悬停模式下,最大起飞重量下的垂直加速能力应至少为 $1.2g$。这意味着机翼和尾部的喷射装置必须能产生所需垂直力的很大一部分。事实证明,在系留测试中,该系统无法做到这一点。

　　此外,在从悬停模式转换到飞行模式时,吸入百叶窗机翼和鸭翼的空气已经失去了所有的前进动量。这会导致相当大的动量阻力。为了加速向前飞行,总安装推力(来自矢量百叶窗和发动机进气/排气系统)必须能够克服总阻力,并提供合理的向前加速度。事实证明,该系统也无法做到这一点。

该项目已被取消。如图 8.45 所示为两个原型中的一个。

图 8.45　XFV‑12 原型(图片由圣地亚哥航空航天博物馆提供)

8.18.2　经验教训

动量阻力可能很大。这是可以预见的,不应忘记。

8.19　前掠翼有意义吗?

8.19.1　事故/事件概述

以下材料引自参考文献 8.9。1943 年,在第二次世界大战期间,德国空军驾驶了一种名为容克斯(Junkers)287 型的四引擎 35°前掠翼喷气式轰炸机。如图 8.46 所示为这架飞机的三视图。

幸运的是,尽管容克斯 287 进行了大量的试飞,但它从未达到作战状态。

1945 年德国投降后,几家美国制造商开始熟悉容克斯 287 技术。

美国空军收到了许多来自飞机制造商的前掠翼战斗机和轰炸机的设计建议。众所周知,结构翼发散现象是一个潜在的问题。人们担心,为了克服发散问题,机翼重量的大幅增加将不可避免。为了对这些新飞机的拟定重量进行合理评估,美国空军寻求了美国国家航空咨询委员会(National Advisory Committee for Aeronautics,NACA)的帮助。在兰利,迪德里奇(F. W. Diederich)和布迪安斯基(B. Budiansky)被赋予了给出一系列设计图的任务,飞机设计师可以从这些设计图中快速确定后掠翼或前掠翼涉及的重量代价。

他们的工作发表在参考文献 8.15 中。主要假设如下:

(1) 机翼由铝制成,这是一种均匀、各向同性的材料。

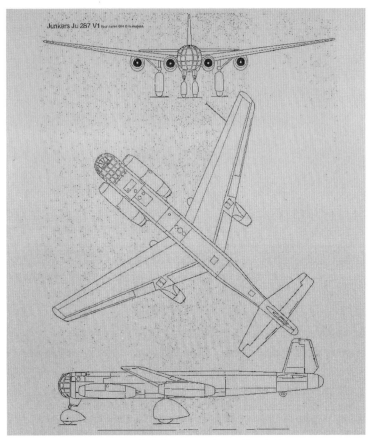

图 8.46　容克斯 (Junkers) 287 的三视图

（2）机翼由两个缘长和抗剪腹板的翼梁以及由桁条支撑的上下蒙皮组成，桁条沿着恒定百分比的弦线延伸。这是经典的半单体结构，即使在今天，在许多机翼上也能找到。

（3）从气动弹性的角度来看，假设机翼在中心线处被刚性夹紧。

基于这些假设，产生了一种用于进行权衡研究的方法，显示了机翼展弦比和后掠角对机翼重量的影响。结果是戏剧性的，并表明非常大的重量代价与前掠翼有关。这些数据的一般趋势如图 8.47 所示。

从图 8.47 中可以看出，与后掠翼相比，前掠翼的重量代价非常大。事实证明，这份报告否定了前掠翼的实用性，直到 20 世纪 70 年代。

鉴于这一切，有理由问出前掠翼是否有任何优势？答案是肯定的，有如下四个：

（1）前掠翼往往具有内侧气流，这在高攻角下会促进根部失速。后掠翼会产生叶尖失速,需要较大的负扭转来缓解失速处的滚降效应,这是后掠翼的典型特征。负扭转反过来又会导致巡航中的诱导阻力损失。

（2）出于同样的原因,前掠翼上的副翼在高攻角下仍能保持其有效性。后掠翼上的副翼在近失速时使用,往往会加剧滚降的趋势。

（3）在高马赫数下,前掠翼的激波后掠线比后掠翼的有更大的后掠角。这使得前掠翼可以设计成具有较小的掠角。

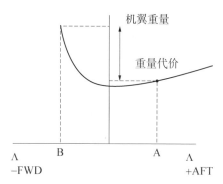

图 8.47　带掠角的通用机翼重量趋势

（4）从横截面积分布的角度来看,前掠翼比后掠翼具有更低的激波阻力。这种影响在战斗机中变得很重要。这是苏霍伊在图 8.48 的苏霍伊 S‐37 金雕(Berkut)上使用前掠翼的几个原因之一。

图 8.48　苏霍伊 S‐37 金雕(图片由圣地亚哥航空航天博物馆提供)

8.19.2　解决方案

1974 年,美国空军的诺里斯·科隆(Norris Krone)上校在特里·魏斯哈尔(Terry Weisshaar)教授的指导下,在普渡大学完成了他的博士论文《用先进复合材料消除发散》。在完成论文之前,科隆对迪德里奇和布迪安斯基的假设提出了质疑,并提出了以下支持理由:

（1）通过使用复合材料，均质、各向同性的假设不再正确。这允许根据任何特定要求定制材料特性。在前掠翼中，纤维的定向方式是增强扭转刚度，同时牺牲一些弯曲刚度。这种方法被用于 X-29 机翼的制造（见图 8.49）。

图 8.49　格鲁曼 X-29（图片由格鲁曼公司提供）

（2）事实证明，通过加工机翼蒙皮，使肋盖和桁条以最短测线的方式定位，对扭转刚度有利。

（3）如果前掠翼飞机在给定的飞行条件下倾向于发散，机翼上的垂直载荷就会增加，会使飞机加速上升。这取决于机翼的翼展质量分布是如何安排，以及发散是增强还是被抑制的。

换句话说，飞行中的飞机表现得不像"刚性夹紧模型"。在 X-29 上发现，在某个点上，机翼发散耦合到刚体自由模态，从而产生一种新型的颤振模式。

8.19.3　经验教训

在处理新技术分析时，应确保所有假设都得到仔细理解和证明。我们现在知道，对于某些类型的飞机来说，前掠翼绝对是构型设计决策中合适甚至理想的候选者。

8.20　针对极限航程要求的独特解决方案

8.20.1　事故/事件概述

20 世纪 80 年代，加利福尼亚州莫哈韦缩比复合材料飞机（Scaled Composites）公司总裁伯特·鲁坦（Burt Rutan）决定制造一架活塞螺旋桨飞机，可以不间断地环游世界。这就是图 8.50 中的旅行者号，它在 1986 年创下了不停环球飞行的纪录。这架飞机的构型与传统飞机截然不同。

图 8.50　鲁坦旅行者号(图片由美国国家航空航天局提供)

检查螺旋桨驱动飞机的布拉登特(Breguet)航程方程：

$$R = 375(\eta_p/c_p)(L/D)\ln(W_{\text{begin}}/W_{\text{end}}) \tag{8.1}$$

全球距离 R 约为 28 000 法定英里。看看 20 世纪 80 年代的传统飞机技术能提供什么：

(1) 螺旋桨效率：$\eta_p = 0.90$。

(2) 发动机比油耗：$c_p = 0.40\,\text{lb}/(\text{h}\cdot\text{shp})$(编注：1 shp = 0.769 kW)。

(3) 飞机升阻比：$L/D = 25$。

对于一架航程很长的飞机来说，假设起始重量与结束重量之比大约是起飞重量与空载重量之比是合理的。就这一比例而言，喷气式运输机是最好的，通常为 $W_{\text{begin}}/W_{\text{end}} = 2.0$。

如果将这些乐观的假设代入式(8.1)，结果是 14 621 法定英里，显然远未达到目标。因为没有太多手段来显著改善上述(1)～(3)项技术，所以设计师唯一的选择就是看看能否对重量比进行重大改进。按照(1)～(3)条假设将 28 000 法定英里范围代入式(8.1)，发现需要 3.8 的重量比。如此大的重量比将要求在结构和/或构型设计上有很大的改变。

8.20.2　解决方案

在传统飞机中，机翼的设计根部弯矩是机翼结构设计的一个主要因素，因此

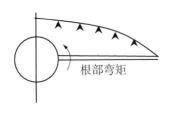

图 8.51　有和无外侧质量时的根部弯矩

也是飞机空载重量的一个重要因素。通过使用远离飞机中心线的大质量,可以减轻设计根部弯矩。原理如图 8.51 所示。

就其本身而言,使用这种设计原则并没有什么新鲜之处。几十年来,波音公司一直在 B-47、B-52 和 707 运输机的设计中使用它,这些发动机代表了外舷质量。此外,机翼中的燃油一直被用来帮助减轻根部弯曲力矩。

然而,鲁坦飞机的设计仍代表着一次重要的进步。通过使用双吊杆配置,大部分燃油位于吊杆中,设计根部弯矩大大降低。通过使用先进的复合材料结构,再加上降低的设计载荷系数,鲁坦能够实现 4.5 的惊人重量比。有了这些设计和勇敢的机组人员,这次不间断的环球飞行取得了成功。

8.20.3　经验教训

为了满足极端的任务要求通常需要全新的独特构型。关于此话题,请参阅参考文献 8.16。

8.21　区域控制应用的更多案例

8.21.1　事故/事件概述和解决方案

通过调整构型的局部区域控制来减少过大跨声速阻力的其他情况的示例如下:

(1) 诺斯罗普 F-5 翼梢油箱与机翼的集成。

如图 8.52 所示为适用于该交叉点的局部区域控制应用。该图还显示了机翼-机身交叉点的非常明显的区域控制应用。

(2) 比亚乔 P-180 阿凡提飞机机翼-短舱集成。

如图 8.53 所示为机翼-短舱交接处的局部区域控制应用。

值得注意的是,这架飞机的设计巡航马赫数为 0.7,在该马赫数下并不要求符合区域控制。但在波音的跨声速风洞中对该飞机的风洞模型进行测试时,确定了应用区域控制的必要性。

(3) 塞斯纳奖状(Cessna Citation)X 短舱-机身集成。

图 8.52　带局部翼梢油箱的诺斯罗普 F‑5 区域控制应用(图片由美国空军提供)

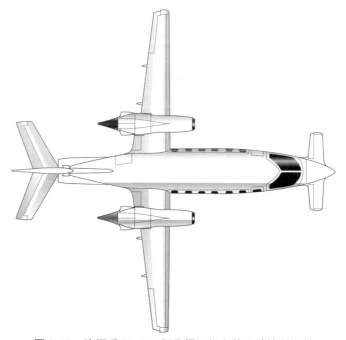

图 8.53　比亚乔 P‑180 阿凡提飞机上的区域控制短舱

　　这架飞机是 2004 年最快的亚声速商用飞机,它需要在短舱‑机身区域进行大规模的区域控制设计,才能获得可接受的跨声速阻力特性。CFD 应用已经在早期设计中确定了这一需求,随后的风洞测试证实了这一点。如图 8.54 所示为短舱‑机身区域的大规模区域控制应用。

8.21.2　经验教训

　　跨声速飞机的设计者在确定任何新飞机的外部线条之前都需要牢记区域控制。

图 8.54　塞斯纳奖状 X(图片由蒂姆·帕金斯提供)

8.22　带有近耦合螺旋桨的鸭翼

8.22.1　事故/事件概述

1983 年,一架试验性 PAT‐1 飞机(见图 8.55)在一次载有四人的演示飞行中坠毁,当时飞行员正试图将飞机从接近失速状态中改出,机上四人全部遇难。

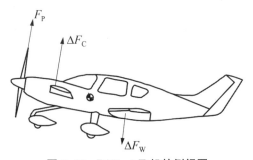

图 8.55　PAT‐1 飞机的侧视图

8.22.2　原因分析

这起事故的原因在于这种构型存在不合需要的俯仰力矩响应。假设飞机处于接近失速的飞行状态,发动机处于慢车。接下来,假设飞行员通过施加全功率开始改出。将产生以下 3 种影响:

(1) 突然的滑流会使鸭翼上的升力增加,产生令机头向上的俯仰力矩。

(2) 螺旋桨法向力的增加也会产生令机头向上的俯仰力矩。

(3)鸭翼产生的下洗气流会在机翼产生下升力,也会产生令机头向上的俯仰力矩。

因此,除非飞行员立即控制飞机俯仰,否则飞机会自行进入失速状态。飞行员稍有犹豫都可能导致失速。在低空出现这种情况,坠机几乎是必然。

关于此构型的风洞研究,请参见参考文献8.17。

8.22.3　解决方案

由8.22.2节中确定的三种力(见图8.55)引起的俯仰力矩应在早期设计阶段识别并分析其影响。试飞不是发现这类问题的时候。飞机应设计有足够的控制力,以允许飞行员应对这种可预见的情况。

一个首选的解决方案是采用如图8.56所示的推进螺旋桨构型,以避免此问题的发生。

图8.56　鲁坦(单发活塞式)Variez(图片由马克·沙伊布勒提供)

8.22.4　经验教训

一个非常重要的教训是8.22.1节中描述的场景本可以避免。在采用新设计之前,飞机设计师应当仔细考虑是否会发生这样的问题。

8.23　应对方向稳定性提出要求

8.23.1　事故/事件概述

1995年5月,一架安装附加套件的四城市挑战者(Quad City Challenger)超轻型飞机(见图8.57)在康涅狄格州布里奇波特附近盘旋着陆。飞行员幸免于难,没有受伤。

图 8.57　四城市挑战者超轻型飞机(非事故飞机,图片由布朗提供)

以下内容引自参考文献 8.18:"飞行员报告称,在起飞后进行右爬升转弯时,在大约 500 ft 的高度,飞机开始向左倾斜,即使打了右满舵也无法纠正。飞机由于无法重新获得控制,进入了一个不断收紧的左水平螺旋,直至着陆。"

8.23.2　原因分析

查看后,大多数经验丰富的飞机设计师都认为,该飞机可能缺乏足够的方向稳定性,因为重心前方有大的侧表面积,而垂直尾翼相对较小。仔细查看图 8.57,发现该飞机没有侧门(为开放式驾驶舱)。因此,空气将能够通过一侧的侧开口流动,并从另一侧流出。这样做的效果是有效地减少重心前方的失稳侧面积。

本次事故的飞机经过改装,安装了舱门以包围驾驶舱区域。重心前方的大面积侧面确实会降低飞机的方向稳定性。事实上,该套件制造商表示,在安装舱门后,飞机将成为"方向舵主导"(这是一个相当不科学的术语,在稳定性和控制教科书中找不到),飞行员不得将脚从方向舵踏板上移开。

飞机缺乏方向稳定性,变得难以控制。

8.23.3　解决方案

要么把门拆掉,要么加大垂直尾翼。

8.23.4　经验教训

(1)事故飞机的飞行员非常幸运。经过认证的飞机必须在飞行包线内的任何地方都表现出方向稳定性。目前还没有针对超轻型飞机的相关规定。笔者认为,所有这些飞机都应该具有固有的方向稳定性(就这一点而言,还应具有纵向稳定性)。

（2）由于缺乏法规,非认证飞机的设计师应该有道德责任确保他们的设计至少是稳定的。无论是否对轻型飞机进行认证,CFR 第 23 部的要求都应被视为努力达到的最低标准。

第9章 从市场营销、定价和项目决策中吸取的教训

"市场营销不是真正的科学。"

——简·罗斯克姆博士(Dr. Jan Roskam),1990

9.1 概述

本章介绍了在市场营销、定价和项目决策中出现的一系列问题和失误。最后,阐述了吸取的经验教训。

9.2 塞斯纳620

9.2.1 事故/事件概述

1952年,塞斯纳飞机公司的商用飞机部门正在研制一款新型号飞机:塞斯纳620。这是一款令人印象深刻的站立式客舱、四台螺旋桨发动机驱动的运输类飞机,该型号飞机面向高端商务市场(见图9.1)。洛克希德公司的项目工程师拉尔夫·哈蒙(Ralph Harmon)管理着整个设计和研发项目的工作。

图9.1 塞斯纳620飞机(图片由塞斯纳提供)

由于没有合适尺寸的活塞发动机配装该飞机为双发飞机构型,因此塞斯纳公司决定使用现有发动机,但是是四台发动机构型。塞斯纳非常清楚普惠公司正在进行的关于涡轮螺旋桨方面的研究,即最终诞生的著名的 PT-6 系列。

公众认为发动机的研发时间太长。两架原型机是用"软"工具构建的,以最大限度地减少所需的研发投资。飞机飞行得很好,符合所有性能预期,并具有良好的操控品质。参考文献 9.1 包含该飞机研发的详细纪实。

1957 年,塞斯纳公司面临是否投资"硬"工具以使该型号飞机投入生产的决定。在此之前,塞斯纳公司管理层决定要进行明确的市场营销研究。这份工作交给了芝加哥一家著名的营销公司。该公司给出了关于这种高端商务运输的市场性的非常负面的报告。于是,塞斯纳公司取消了该项目,所有在 620 项目上工作的工程师都得到了"解雇通知书"。塞斯纳公司管理层还做出了一个奇怪的决定,即销毁两架原型机。

9.2.2　经验教训

营销不是一门精确的科学。此外,塞斯纳公司管理层应保留原型机。他们至少可以把它们捐给博物馆。

几年后,这个市场真的开始繁荣起来。比奇飞机公司最终带着一架名为空中国王的飞机走得更远,该型飞机制造了数千架。

9.3　康维尔 880/990

9.3.1　事故/事件概述

历史上最昂贵的商业失败的飞机项目之一是康维尔 880/990。参考文献9.2 和参考文献 9.3 包含有关两款飞机研发历史的有趣的细节。康维尔 880(见图 9.2)的设计始于 1954 年,以响应亿万富翁霍华德休斯对环球航空公司提出的需求。

由于休斯先生的纠结,波音和道格拉斯在康维尔(当时通用动力公司的一个部门)最终确定 880(最初被称为云雀 22 型)的设计之前就推出了他们的707 和 DC-8 设计。康维尔 880 飞机机翼的尺寸使飞机具有 5 000 ft 场长的能力。由此带来的机翼载荷为 97 psf(对于喷气式运输机来说相当低),但该飞机具备足够的燃油量,使其能够跨大西洋飞行。一个问题是康维尔 880 机身的尺寸每排可以容纳 5 个座椅,而 707 和 DC-8 的机身尺寸每排可以容纳 6 个座椅。

图 9.2　康维尔 880 模型(图片由 geminijets.com 提供)

在高速颤振飞行试验中,试飞飞机丧失了大部分的垂直尾翼和方向舵,但是试飞机组成功降落至地面。通过适当的颤振计算和地面振动测试表明不应该发生这样的情况。

事实证明,该型号飞机的销售价格远低于其成本,该型号飞机只生产了65 架。

康维尔 990 飞机(见图 9.3)是比 880 更快、更长的版本,巡航速度为 $0.91Ma$。

图 9.3　康维尔 990 飞机模型(图片由 geminijets.com 提供)

事实证明,康维尔 990 飞机的跨声速阻力上升比预计的要快得多。在 NASA 的帮助下,进行了空气动力学设计更改,在机翼后缘增加了防激波体,如图 9.3 所示。即便如此,巡航阻力也高于预期,康维尔 990 飞机只生产了 37 架。

据报道,通用动力公司在这个组合项目终止时亏损了超过四亿五千万美元。每生产一架飞机,损失约四百四十万美元。而在当时,这仅仅是生产成本!

9.3.2 经验教训

研发商用飞机的费用非常之昂贵。如果未达到承诺的飞机性能和/或未按时交付,更将产生重大经济损失。如图 9.4 所示每架飞机可承受的单位成本。在该图中,假设非经常性费用总额为五亿美元。每生产一架飞机的成本贡献显然随着制造飞机的数量而变化。图 9.4 显示,如果一架飞机的市场价格为四千万美元,生产单位成本(包括所有发动机、航空电子设备和客户设备)为三千八百万美元,那么至少需要生产 250 架飞机才能实现收支平衡。这就是曲线的"拐点"。

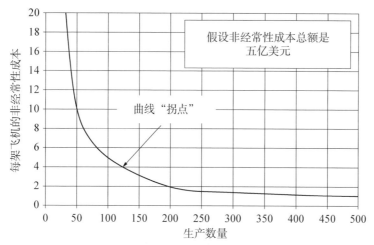

图 9.4 每架飞机的非经常性成本与生产数量

该案例中的重要教训是,在存在以下合理的保证之前,不要启动项目:

(1)飞机可以以已知的成本生产。

(2)市场上存在一定数量的超出曲线拐点的飞机。

9.4 麦克唐纳 119 和 220 飞机

9.4.1 事故/事件概述

1957 年,拉尔夫·哈蒙(Ralph Harmon,在塞斯纳 620 项目上成名)被邀请到密苏里州圣路易斯的麦克唐纳飞机公司管理设计研究工作,主要是研究麦克唐纳 119(见图 9.5)和 220 飞机。更多详细信息可参阅参考文献 9.4。

图 9.5　麦克唐纳 119 飞机(图片由波音公司提供)

　　该项目的启动是为了赢得美国空军试验性实用飞机计划。该飞机设计采用类似波音 707 飞机的构型,由四台仙童 J‐83 涡轮喷气发动机提供动力。后来由于仙童公司放弃了 J‐83 项目,作为临时解决方案,改选了西屋 J‐34 发动机。该型号飞机的生产构型将配备普惠 JT12A 发动机。

　　原型机于 1959 年 1 月飞行。飞行试验表明飞机满足所有预期,但发动机短舱距离地面太近,带来了不可接受的外来物损伤(foreign object damage,FOD)问题。美国空军最后选择了洛克希德捷星飞机(见图 9.6)和北美佩刀飞机(见图 9.7)。捷星飞机是在后机身上安装四台发动机的构型,北美佩刀飞机是在后机身上安装两台发动机的构型。

图 9.6　洛克希德捷星飞机(图片由舒尔曼提供)

　　麦克唐纳公司管理层随后决定打进高端商务市场,并更改了飞机内饰,最多可容纳 29 人。该型号飞机于 1960 年获得型号合格证,并被用作演示机和麦克唐纳公司的运输工具。然而,由于高端商务航空市场发展缓慢,该项目于 1966

图 9.7　北美佩刀飞机（图片由杜阿尔特提供）

年终止。唯一的 220 飞机被卖给了亚利桑那州飞行安全基金会。据报道，1979 年，这架飞机在新墨西哥州的阿尔伯克基机场退役。

9.4.2　经验教训

选用尚未完成研发的发动机型号启动飞机项目将招致重大项目延迟。对于预期在没有持续跑道清洁和监控的机场运行的飞机来说，FOD 是飞机设计的一个重要考虑因素。而波音 707、道格拉斯 DC - 8、波音 737、波音 747 等飞机都是在"干净"的跑道和滑行道上运行，FOD 并不是一个主要问题。

9.5　波音 909

9.5.1　事故/事件概述

1958 年，波音公司在西雅图设置了一个工业产品部门。该部门生产一种燃气轮机，用来配装各种类型的装甲车。在这种燃气轮机上添加一个变速箱和螺旋桨，就可以开发出一款涡轮螺旋桨发动机。然后再将涡轮螺旋桨发动机匹配到飞机上似乎是顺理成章的。这款飞机就是波音 909（见图 9.8）。

设计和研发这架飞机的任务分配给了威奇托分部，笔者是该分部的操稳和飞控的首席工程师。我们做了相当多的风洞试验，并最终得到了一架看起来可行的飞机。然而，西雅图管理层改变了主意。一项市场研究（由 9.2 节中叙述的将塞斯纳 620 型号取消的同一家公司完成）表明，这种飞机不会有可以盈利的市场。该项目被取消。

9.5.2　经验教训

重申一次：营销不是一门精确的科学。

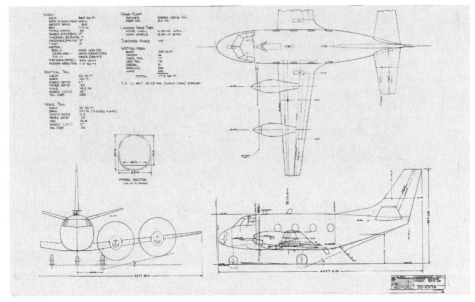

图 9.8　波音 909 飞机三视图(图片由波音公司提供)

9.6　波音 707 和道格拉斯 DC‑8

以下日期和生产数字值得注意:

(1) 波音 707(见图 9.9)生产交付始于 1958 年,终于 1987 年,共生产了 827 架。

图 9.9　波音 707(图片由 geminijets. com 提供)

（2）道格拉斯 DC - 8（见图 9.10）的生产交付始于 1958 年，终于 1972 年，共生产了 556 架。

图 9.10 道格拉斯 DC - 8（图片由 geminijets. com 提供）

9.6.1 事故/事件概述

20 世纪 70 年代初期，客机市场陷入了低谷。波音和道格拉斯的商用喷气式客机订单大幅减少。

对于管理层来说，有一个问题需要考虑："这个产品是否仍然可行，如果不可行，我们何时终止生产。"道格拉斯公司决定终止生产，而波音公司决定继续以最低经济性的生产率制造 707 飞机，并将其中一些作为"白尾巴"停在沙漠中。

事实是销售预测往往是错误的。在这种情况下，波音的管理层赌对了，而道格拉斯的管理层赌错了。

波音确实比道格拉斯有优势，即商用 707 飞机的军用型号一直卖得很好。波音总共制造了 120 架货机和 820 架加油机，最后一架飞机于 1991 年交付。

9.6.2 经验教训

持久力通常是拥有真正成功的生产计划所必需的。

建议读者阅读参考文献 9.3 和参考文献 9.5，以更详细地了解 707 和 DC - 8 飞机竞争性的研发过程。

9.7　波音 720

9.7.1　事故/事件概述

波音 720(见图 9.11)是波音 707 的衍生型号。共售出 154 架。波音 720 于 1967年停产。

图 9.11　波音 720 飞机(图片由舒尔曼提供)

与波音 707 相比,波音 720 的目标是更短的航程和更少的载客量,大幅降低空机重对该型号成功是至关重要的,这就必须通过缩短机身来实现。为此,增加了机翼内侧后掠角,并在机翼前缘设计了全跨度克鲁格襟翼。另外,通过采用7075ST 蒙皮,大幅降低了飞机重量。

事实证明,这是一个重大错误。在冬季运行期间,机轮溅起的含有盐和其他化学物质的道面污染物冲击到机身下部的蒙皮,使得微小的腐蚀点开始形成,并迅速扩展,导致严重的结构完整性问题。波音公司只得改装 720 机翼下翼面蒙皮,回归到更传统的铝合金蒙皮。由于飞机销售时担保一定的航程-商载性能,因此波音公司也必须弥补差价。

这个衍生型号本身造成了重大损失,但 707 项目的持续成功抵消了这些损失,总算令人欣慰。

9.7.2　经验教训

该案例带来的教训是,当一种新材料要在之前未使用过的环境中使用时,最好在该新环境中进行性能试验。这称为"技术验证"。这一点不应被忘记。

9.8　达索水星

9.8.1　事故/事件概述

1971 年,达索水星运输类飞机(见图 9.12)首飞。

图 9.12　达索水星飞机(图片由马米特提供)

达索公司主要以喷气式战斗机和公务机而闻名于世。水星飞机是达索公司设计和制造的第一款商用喷气式飞机。该型号飞机主要客户为法国国内航空公司(Air Inter),该公司运营着 99 座的快帆(Caravelle),并希望有一款更大的飞机。水星飞机审定所花费的时间比达索承诺的要长得多,迫使达索向法国国内航空公司额外支付了两年租赁五架快帆的费用。

这一点,再加上从航程-商载的方面来看,水星飞机无法与 DC - 9 或 737 竞争,使得该飞机在法国以外没有吸引力。

在总共生产了 12 架之后,水星飞机停产。

9.8.2　经验教训

这是另一个只根据某一个客户的要求"量身定做"飞机的例子。如果没有法国政府的补贴,达索恐怕将无法继续经营。

9.9　洛克希德 L - 1011 及其安装的罗罗 RB211 发动机

9.9.1　事故/事件概述

洛克希德 L - 1011 飞机(见图 9.13)于 1970 年首飞。

该项目于 1968 年正式宣告启动。这款型号飞机是道格拉斯 DC - 10 的直接竞争对手。为了使该型号飞机能够与 DC - 10 飞机竞争,洛克希德决定使用新的罗罗 RB211 发动机。罗罗 RB211 发动机的宣传上说其比普惠和通用电气提供的类似发动机重量轻得多,这其中的主要贡献来自罗罗专利的"hyfill"风扇叶片和三级低压涡轮发动机技术。在研发新型号 RB211 发动机的过程中,出现了一个重大问题,即发动机无法承受所谓的鸟击要求。结果,罗罗公司遇到了财务问题,因为 RB211 项目的成本远远超出了预期。罗罗公司几近破产,被英国政府挽救。但是,由此产生的项目延误对洛克希德公司来说成了一个大问题,以

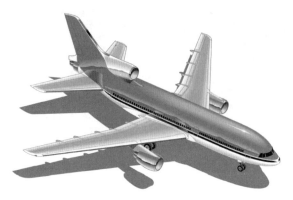

图 9.13 洛克希德 L - 1011 飞机

至于不得不需要美国政府的贷款担保才能作为一家公司继续生存。

9.9.2 经验教训

如果在飞机项目研发中,选择了采用新技术且尚未取得型号合格证的新型号发动机,请注意:发动机项目研发计划中的任何小问题都将对飞机项目的可行性产生重大影响。

罗罗和洛克希德最终都恢复了,RB211 系列发动机也确实取得了成功。洛克希德 L - 1011 应该是一款好飞机,但只制造了 249 架,不足以使其成为一个营利的项目。参考文献 9.6 和参考文献 9.7 包含洛克希德 L - 1011 研发和生产历史的详细信息。

9.10 将自己排除在市场之外的定价

9.10.1 事故/事件概述

比亚乔 P - 180 阿凡提(见图 9.14)与任何新型飞机不同,开发成本相当昂贵。

图 9.14 比亚乔 P - 180 阿凡提(图片由威廉姆斯提供)

如果选择一种新的飞机构型,那么就意味着没有太多的历史背景可用,必须进行大量试验才能证明"同等安全性"。研究、设计、研发、制造原型机和进行所有必需的审定飞行试验的总成本称为新型号飞机项目的研究、开发、试验和评估(research, development, test and evaluation, RDTE)成本。从经济学角度讲,这种成本是非经常性成本。

通常,商业企业的目标是赚钱。在飞机项目上赚钱意味着飞机的售价由生产成本、摊销的非经常性成本加上利润率组成。

假设一个项目的非经常性总成本为两亿美元。如果想要在卖出100架飞机后盈利,则摊销非经常性成本资金的成本为每架飞机两百万美元。如果飞机的公平市场价格约为三百万美元,那么该项目几乎不可能盈利,因为发动机和航空电子设备的成本约为六十万美元,制造成本约为五十万美元。所有这些都以1988年美元价值计算。

如果想要在卖出100架飞机后盈利,且10%的利润率是可以接受的,那么每架飞机的价格需要定为三百四十万美元。如果该型号飞机在市场上没有竞争力,可能不会卖得很好。如果从更长远的角度来看,将非经常性成本摊销在200架飞机上,那么每架飞机的价格将降至二百四十万美元,这样的话,该型号飞机将具有吸引力。

9.10.2　经验教训

在任何新的商用飞机项目上,都必须确定摊销非经常性成本的飞机生产数量。可卖出的飞机数量取决于飞机定价、可提供给客户的服务和支持水平、可保持的生产率以及设想的市场份额。

请注意,管理层实际上必须做出一些猜测。如前所述(9.1节~9.8节),人们永远无法确定新飞机的最终市场。在启动新的飞机项目时,必须仔细权衡所有因素。

由于与P-180项目无关的各种原因,比亚乔公司遭遇了财务困难,直到被重组才得以获救,这使得法拉利家族控制了公司。在本书出版时,P-180价格合理,在高端商务和空中出租车市场上表现得非常出色。

9.11　视觉优越飞机

9.11.1　事故/事件概述

视觉优越(VisionAire Vantage)飞机(见图9.15)被设想为单飞行员、单发、

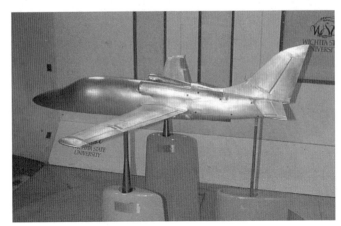

图 9.15 视觉优越飞机风洞模型

低成本的公务机,选装成熟可靠的普惠加拿大 JT－15D 涡扇发动机。

由于仅安装一台发动机,飞机的成本要低得多。通过采用碳纤维复合材料结构,飞机外表面将非常光滑,以实现低阻力。通过采用前掠翼,将实现更好的低速飞行品质,因为这种机翼有在其根部失速的趋势以及在失速时可保持正的副翼控制能力。后一种特性在格鲁曼 X－29 项目上得到了很好的证明。

位于加利福尼亚州莫哈韦的缩比复合材料飞机公司被委托制造一架概念验证飞机(在视觉公司被称为 POC),而没有预先进行风洞试验。

当 POC 由 DER 试飞员飞行时,发现存在一些非预期的飞行特性,如果不进行设计更改,适航审定将变得非常不可能通过。

POC 的几个故障之一是无法仅用方向舵"抬起机翼",这是 FAR 23 飞机特别需要的特性。要使飞机表现出这种能力,需要由于侧滑导数 C_{l_β} 引起的滚转力矩为负。前掠翼(无几何二面体)的一个众所周知的特征是 C_{l_β} 为正值。要生成该导数的正确的负值,需要一个相当大的正几何二面体。这在 1943 年容克斯研发 287 型飞机时就已经被认知了(见图 8.46)。

1998 年,设计、分析和研究(Design, Analysis and Research, DAR)公司获得一份合同,对视觉优越飞机模型进行一系列风洞试验,以确定飞行品质方面各种缺陷的原因。风洞试验清楚地表明,试飞员的评估是正确的。风洞试验结果总结在写给视觉公司管理层的备忘录中,概述了应该对飞机进行哪些设计更改。

很难令人相信的是,管理层当时已经在生产设计和工装上投入了大量资金。当认识到 POC 实际上无法获得型号认证时,公司的资金用完了,项目停止了。

不久之后,视觉公司申请破产并停止运营。

9.11.2　经验教训

在启动高性能飞机项目时,在确认飞机构型可被认证之前,不要开始生产和工装设计。尽管可以在原型机上获得所有最好的 CFD 数据,但风洞试验才是以低成本验证关键飞行特性的根基。如果视觉公司管理层在开始制造 POC 之前开展风洞试验,该型号飞机很可能会在市场上取得成功。

9.12　日蚀 500

9.12.1　事故/事件概述

位于新墨西哥州阿尔伯克基的日蚀航空(Eclipse Aviation)公司成立于 1998 年,旨在研发安装威廉姆斯 EJ‐22 发动机的日蚀 500(见图 9.16)飞机。EJ‐22 发动机在日蚀 500 飞机的详细设计开始时还没有取得型号合格证,也没有经过飞行试验。

图 9.16　日蚀 500 与威廉姆斯 EJ‐22 发动机(图片由日蚀航空公司提供)

日蚀 500 飞机的第一次飞行令人失望,因为发动机没有达到预期。日蚀公司随后取消了与威廉姆斯的合同,转而使用普惠 PF610F 型发动机,额定推力为900 lb。普惠 PF610F 型发动机在 2004 年进行了审定飞行试验。塞斯纳还选择了该型号发动机的一款衍生型号来为野马喷气式飞机提供动力。

更改配装发动机是一个重大变化,因为普惠 PF610F 型发动机明显比威廉姆斯 EJ‐22 发动机更大,这对纵向稳定性和深度失速恢复特性有影响。由此带来的结果是,必须对尾翼进行设计更改,飞机重量增加。

此外,还造成了严重的项目延误。第一架配装普惠 PF610F 型发动机的飞机于 2005 年初首飞,并于 2006 年获得型号合格证。最后,原本低于 100 万美元的飞机价格必须大幅提高到 152 万美元(2006 年 6 月的美元价值)。这不仅是由于更改了配装的发动机型号,还由于原材料成本增加和对供应链成本的低估。

9.12.2　经验教训

日蚀 500 更改配装的发动机型号问题对项目总体成本、进度延迟和项目盈利能力的影响尚未公布。但是,任何项目延迟两年的成本都是非常昂贵的。除非管理层可以随意"雇用和解雇"员工,否则必须在劳动力队伍中保留大量有经验的技术人员才能保持公司的生存能力。另外,将新的飞机项目建立在全新的、未经型号合格审定的发动机型号上通常不是一个好主意。

9.13　萨菲尔 S‑26

9.13.1　事故/事件概述

萨菲尔(Safire)飞机公司成立于 1998 年,旨在开发如图 9.17 所示的萨菲尔喷气式飞机。公司当时的资金只够用于基础工程研发。

图 9.17　萨菲尔 S‑26 喷气式飞机(图片由萨菲尔飞机公司提供)

该型号飞机最初设计为配装敏捷俟儒龙(Agilis)TF‑800 涡扇发动机,该发动机是由新公司开发的新型、未经型号合格审定的发动机。该型号飞机进行了风洞试验,发现了一些需要解决的小问题。

在适当的时候,很明显无法保证敏捷俟儒龙发动机的可行性,于是改用 2004 年认证的威廉姆斯 FJ‑33 发动机。发动机的变化导致了后机身和尾翼的变化,并需完成另一项风洞试验,以确保飞机可以获得认证。到那时,该公司已经耗尽了资金,无法制定新的融资方案,该项目的未来也陷入了迷局。

9.13.2　经验教训

在资金不足的情况下启动新的飞机项目是失败的"秘诀"。使用未经型号合格审定的发动机启动新的飞机项目也是项目和财务受挫的"秘诀"。

第10章 教训总结

> "恶魔藏在细节中"
>
> ——简·罗斯克姆博士,1990

10.1 概述

本章总结了从飞机事故和事件(在第2章～第8章中有详细的描述)中吸取的设计教训。

10.2 从运行经验中吸取的设计教训(第2章)

1. 设计防风锁定系统,以便在锁定的情况下无法起飞。

见2.2节道格拉斯C-54

2. 设计飞机即使在起飞滑跑初收到最大抬头的指令也能离地。

见2.4节德·哈维兰彗星,2.14节F-86佩刀5式

3. 设计起落架收放系统,使其在地面运行过程中也无法收上。

见2.5节马丁404

4. 制订强有力的方法和/或程序,避免重心太靠前或太靠后时起飞和着陆。

见2.3节阿芙罗都铎2号,2.10节道格拉斯DC-7,2.16节道格拉斯DC-8,2.18节、2.25节比奇1900,2.24节福克F-27,2.26节波音727

5. 设计整流罩鱼鳞板控制器件使其在起飞阶段完全伸展开不会成为一个飞行事件。

见2.6节波音377

6. 设计方向舵控制系统,使多发飞机在起飞时发生单发失效也不再是问题。

见2.7节、2.13节波音707,2.12节康维尔880

7. 设计防冰系统使飞行员能核实任何升力
面上是否有结冰存在。

见 2.8 节维克斯子爵

8. 设计机翼的后掠机构使襟翼放下时不能
后掠。

见 2.9 节通用动力 F-111A

9. 设计电气系统,使主发电机不运转时能自
动切换使用备用电力。

见 2.11 节波音 727

10. 设计电气系统使客机上的机内广播系统
可以由任何发动机独立供电。

见 2.15 节道格拉斯 DC-8

11. 设计飞机使其具有良性的飞行品质,在
审定过程中也需要细致。

见 2.17 节 CASA C-212

12. 设计机翼翼型,将起飞时对轻微结冰的
敏感性降至最低。

见 2.19 节、2.22 节道格拉斯
DC-9

13. 设计高升力系统,以禁止无襟翼时起飞。

见 2.20 节波音 727

14. 放置关键控制组件,使无意中调整配平
旋钮时不会成为一个问题。

见 2.21 节波音 737-331C

15. (应认识到)无论给飞行机组多少培训,
他们也仍然会犯错。在防止飞行机组违
背驾驶舱程序上确实无能为力。

见 2.23 节英国宇航喷气
流 4101

16. 当对传统布局进行设计更改或对当前飞
机进行驾驶舱布局更改时,设计者应当
仔细评估带来的潜在后果。

见 2.27 节塞斯纳 336,2.28
节比奇 A-36

10.3　从结构设计中吸取的教训(第 3 章)

1. 避免机翼接头的应力集中,设计螺栓连接
使螺栓受剪力而不是拉力。

见 3.2 节伏尔梯 V-1A,3.3
节马丁 202

2. 座舱盖上的压力载荷会非常大,可导致锁
接头变形和破坏。

见 3.4 节福克 S-14、塞斯纳
T-37、英国电气 P1B

3. 结构设计应由工程师交叉检查,不包括初
始设计工程师。

见 3.5 节彭布罗克·珀西
瓦尔

4. 机身增压循环会导致应力集中区域(如窗框 | 见 3.6 节德·哈维兰彗星
和机身接头)出现疲劳裂纹。对新飞机进行
审定时,需要进行类似的水箱疲劳试验。

5. 当执行颤振预测计算时,必须非常小心地 | 见 3.7 节康维尔 880
确定结构被正确建模,否则有损失飞机的
风险。

6. 鸟撞会对飞机结构、风挡玻璃、发动机和 | 见 3.8 节维克斯子爵
系统造成严重损伤(有时甚至致命)。

7. 与很少进行信息通报的公司签合同,并且 | 见 3.9 节通用动力 F-111A
该公司未被要求进行公司之间的技术转
让时,只会收到性能较差的飞机。

8. 应通过正确选择材料和制造公差,在设计 | 见 3.10 节德·哈维兰 104 鸽
层面防止腐蚀疲劳导致的结构破坏。 | 子

9. 后压力框的破坏不应产生导致飞机失控 | 见 3.11 节维克斯先锋,3.15
的损伤。此外,所有主要结构的设计应使 | 节波音 747
其易于检查。

10. 主要结构组件中的裂纹扩展应当是可检 | 见 3.12 洛克希德 L-382,
测的。 | 3.13 节波音 707,3.16 节波
音 737

11. 机械控制系统应设计成当两名飞行员以 | 见 3.14 节 EMB-110P1
最大强度施加驾驶舱控制力时,控制系
统不会发生结构故障。

12. 无论货舱门闩机构设计和检查得多么仔 | 见 3.17 节波音 747
细,失效都会发生。当舱门在飞行中打
开时,舱门铰链不应以"撕开"客舱蒙皮
的方式破坏。舱门铰链连接的设计应考
虑到这一点。

13. 在设计飞机中应当开展风洞和水洞研 | 见 3.18 节麦克唐纳-道格拉
究,以便预测可能使飞机结构发生疲劳 | 斯 F-18A
问题的涡流。在飞机结构设计中应当考
虑这些研究的结果。

14. 对于未经审定的飞机,增加笔记就是在　　　　　见 3.19 节马加尔·酷比 II
结构图纸中必须包括设计者指导、材料
规范和尺寸信息。设计飞机结构使其可
能周期性检查。

10.4　从飞行操纵系统设计中吸取的教训(第 4 章)

1. 使飞行控制远离热源。　　　　　　　　　　　见 4.2 节韦斯特兰旋风一号
2. 设计所有飞行关键部件,以实现单向装　　　　见 4.3 节阿芙罗都铎 2 号,
配。如果不这样做,墨菲定律将生效。　　　　4.6 节康维尔 340,4.7 节道
　　　　　　　　　　　　　　　　　　　　　　　格拉斯 DC - 3A
3. 设计内部飞行控制表面防风锁定,使其无　　　见 4.4 节道格拉斯 DC - 4
法在飞行中接合。
4. 布置发动机、飞行控制电缆和飞行关键电线,　见 4.5 节洛克希德 L - 649,
以防止受到螺旋桨桨叶故障所造成的伤害。　4.8 节道格拉斯 DC - 6A
5. 设计飞行控制,使关键螺栓不能因维护错　　　见 4.9 节洛克希德 L - 049,
误而脱落。　　　　　　　　　　　　　　　　4.24 节派珀 PA - 31 - 350
6. 设计飞行控制系统,以便在人类能力的限　　　见 4.10 节洛克希德 L - 18
制范围内能控制失控配平方案。
7. 如果飞机被认证为在俯仰配平(或马赫数　　　见 4.11 节道格拉斯 DC - 8
配平)系统发生故障是可调度的,则其升降
舵杆力-速度梯度不应在这种故障后逆转。
8. 设计俯仰和偏航阻尼器,以便在进行维修　　　见 4.12 节洛克希德 C - 141,
或更换传感器时不可能接反极性。　　　　　4.19 节利尔喷气 36 型
9. 不要使用外部防风锁定,以防机组人员忘　　　见 4.13 节、4.22 节道格拉斯
记将其取下。　　　　　　　　　　　　　　DC - 3,4.21 节康纳戴尔 CL -
　　　　　　　　　　　　　　　　　　　　　　　44 - 6
10. 主飞行控制系统或辅助飞行控制系统中　　　见 4.14 节塞斯纳 340
不应使用弹性止动螺母。所有螺母都应
为如下类型:可以用电线连接到螺栓上,
以防止旋转。槽形螺母是实现这一目标
的首选方法。

11. 设计飞行控制系统,以便在起飞前检查 　　见 4.15 节道格拉斯 DC - 8 -
其功能。此外,特别是在伺服调整片系 　　63F
统中,应包括升降舵位置指示器。

12. 操纵面作动器的结构失效不应导致失控。　　见 4.16 节波音 707/720

13. 飞行操纵系统钢索的布置应避免单点结 　　见 4.17 节道格拉斯 DC - 10
构失效或单点系统故障导致失去控制。

14. 检验自动驾驶仪是否能保持飞机平衡应 　　见 4.18 节波音 707 - 331B
该是自动驾驶仪安装的一部分工作。

15. 设计具有冗余的飞控系统,以防止"热电 　　见 4.20 节格鲁曼 G - 1159
启动"时在没有飞行员意图的情况下打
开操纵面。如果无法通过视觉探测到操
纵面展开,则须设计警告系统。

16. 配平系统应设计得尽可能具有鲁棒性, 　　见 4.23 节比奇 99 型
包括功能正常和定期检测的失配平警告
系统。

17. 避免操纵系统顺应性(弹性变形)。在首 　　见 4. 25 节 SIAI - 马歇蒂
次飞行前,检查所有滑轮和象限附件的 　　S. 211
刚度,模拟操纵面加载并在地面上检查
操纵面挠度。

18. 将飞控系统设计成在单发失效后自动将 　　见 4.26 节道格拉斯 DC - 9,
关键操纵装置向正确方向移动。　　　　　4.33 节英国宇航喷气流 3101

19. 在设计液压系统等冗余系统时,必须对 　　见 4.27 节麦克唐纳-道格拉
每一种故障路径进行分析,以确保系统 　　斯 DC - 10 - 10
是真冗余。

20. 在实际飞机上使用之前,应对飞控液压 　　见 4.28 节波音 747 - 436
系统的每个更改进行大量模拟。只有在
仔细分析影响后,才能对主飞控液压系
统进行更改。

21. 维护手册应通俗易懂,明确说明飞控装 　　见 4.29 节空客 A320 - 212
置的操作方法及其维护。

22. 在设计飞控系统时,设计人员应考虑到
地面车辆损坏的影响。

见 4.30 节波音 737 - 200

23. 由结构失效、系统失效或维护程序失效
引起的单点失效不应造成灾难性后果。

见 4.31 节麦克唐纳-道格拉
斯 MD - 83

24. 操纵系统应设计成,使其在装配不当或
失效的情况下,操纵面在向上或向下位
置卡住是极不可能的。

见 4.32 节道格拉斯 DC - 8

25. 在设计副翼时,必须考虑副翼颤振和结
冰问题。应遵循谨慎的维护程序,防止
密封件冻结。

见 4.34 节利尔喷气 35A

26. 设计工程师应将飞控电缆和滑轮放置在
轮舱外。轮舱极易受到雨水、泥浆和泥
土的侵入,必然具有腐蚀性。

见 4.35 节波音 737 - 33A

26. 设计师必须考虑复杂控制系统中可能因
任何原因发生故障的所有项目

见 4.36 节空客 A330 - 341

27. 在飞控系统的设计中,操纵面位置指示
器应强制安装在驾驶舱内。

见 4.37 节波音 747SP - 38

28. 设计管理应在飞机设计期间频繁进行关
键设计评审,以防止重新设计和再制造。

见 4.38 节比奇首相 I

10.5 从发动机安装设计中吸取的教训(第 5 章)

1. 起落架设计应考虑未来如果使用更大直
径的螺旋桨仍留有足够的离地间隙。

见 5.2 节萨博斯堪尼亚

2. 反桨系统失效概率应为极不可能。

见 5.3 节康维尔 240,5.4 节
马丁 202,5.5、5.7 节道格拉
斯 DC - 6,5.15 节洛克希德
星座 L - 749A

3. 喷气发动机排气整流应避免过高阻力。

见 5.6 节道格拉斯 A4D 天
鹰,5.14 节维克斯 VC - 10,
5.16 节北美 XB - 70A

4. 驾驶舱反桨控制应设计为不可能被机组成员误启动。

见 5.8 节维克斯子爵，5.19 节巴西航空工业 EMB-120，5.21 节萨博 340，5.29 节福克 50

5. 埋入式发动机安装应设计成无须拆除主要结构部件即可完成发动机拆卸。

见 5.9 节塞斯纳 T-37

6. 机械节气门控制应设计为即使发动机安装节的安装不符合也不会导致熄火。

见 5.10 节塞斯纳 T-37

7. 动力装置的设计应使球轴承和滚柱轴承在发动机上只可能有一个安装顺序。

见 5.11 节道格拉斯 DC-7

8. 硬着陆不应削弱结构的任何部分，以免使颤振分析中所做的刚度假设无效。发动机安装结构的设计应考虑到这一点。

见 5.12 节洛克希德伊莱克特拉

9. 主结构和关键飞行控制系统设计应考虑螺旋桨叶片飞脱不会破坏其结构完整性和系统完整性。

见 5.17 节康维尔 340，5.18 节德·哈维兰 DH-114，5.23 节巴西航空工业 EMB-120RT

10. 喷气发动机安装应设计为发生非包容性故障不会导致生命损失、结构完整性丧失、关键飞行系统完整性丧失。

见 5.13 节维克斯 VC-10，5.22 节道格拉斯 DC-9-32，5.24 节麦克唐纳·道格拉斯 MD-88

11. 喷气发动机反推控制应设计为不会在飞行过程中展开。

见 5.20 节波音 767，5.25 节福克 100

12. 确保喷气发动机进气道不会吸入爆破后的轮胎碎片。

见 5.26 节 BAC-111-500

13. 确保燃油管路不会被相邻的钢索、卡箍或其他在机翼弯曲或飞行/襟翼控制钢索作动过程中活动的物品磨穿。

见 5.27 节波音 747-400

14. 燃油控制电路板应被设计成即使焊点开裂也不会导致燃油系统故障。

见 5.28 节波音 717-200

10.6 从系统设计中吸取的教训(第 6 章)

1. 电气系统导线应设计为不可能与其他导体(如金属蒙皮)接触。 见 6.2 节洛克希德 L-049

2. 电气系统应设计为可能出现的火花不会引燃可燃材料。 见 6.3 节北美纳维翁

3. 燃油通气口应设计为从燃油通气口泄漏的燃油不会流入飞机其他系统。 见 6.4 节道格拉斯 DC-6

4. 灭火系统应设计为机组使用灭火系统不会导致失能。 见 6.5 节道格拉斯 DC-6

5. 液压系统应设计为单点故障不会导致刹车系统失效。 见 6.6 节马丁 202

6. 起落架作动控制应设计为起落架意外收起是很不可能的。 见 6.7 节波音 377,6.9 节道格拉斯 DC-4

7. 服务门紧固件应设计为紧固件不正确拧紧不会导致服务门在飞行中打开。 见 6.8 节洛克希德 L-749

8. 起落架舱的应急燃油切断阀不应布置在可以被旋转机轮误启动的位置。 见 6.10 节柯蒂斯 C-46F

9. 针对四发飞机液压系统的设计,应设计为即使单侧两台发动机全部失效,襟翼和起落架仍可操纵。 见 6.11 节洛克希德 L-1049

10. 液压系统应设计为可以同时操作起落架收起和襟翼。 见 6.12 节洛克希德 L-1049

11. 燃油系统应设计为飞机处于任何合理预期姿态时可以从任意油箱中泵送燃油。 见 6.13 节塞斯纳 310

12. 燃油通气口应设计为不会因为左右系统之间的不对称性而导致不需要的燃油输送。 见 6.14 节塞斯纳 T-37

13. 客舱舱门应设计为飞行中意外打开是极不可能的。 见 6.15 节道格拉斯 DC-3

14. 燃油系统应设计为起飞过程中的高向前加速度不会造成燃料大量向后转移从而导致纵向不稳定。　见 6.16 节波音 B‑52G,6.39 节庞巴迪 CL‑604

15. 货舱灯应设计为亮灯时不会引燃货舱内的可燃材料。　见 6.17 节柯蒂斯 C‑46

16. 客舱舱门应被设计为外部正常关闭易操作并且在飞行中不会误打开。　见 6.18 节康维尔 340/440

17. 整体燃油箱应设计为闪电引起油箱爆炸是极不可能的。　见 6.19 节波音 707‑121

18. 起落架支架应设计为重着陆时不会导致穿透燃油管路。　见 6.20 节波音 727‑100

19. APU 系统安装应设计为空气阀门失效不会导致起火从而使纵向控制系统失效。　见 6.21 节 BAC‑1‑11

20. 双发飞机应避免一个发动机供给电气系统,另一个发动机供给液压系统。　见 6.22 节阿帕奇 PA‑23

21. 大型运输类飞机的飞行关键系统需设计有额外冗余性。　见 6.23 节波音 747‑100,6.28 节洛克希德 L‑1011‑384

22. 运输类飞机的刹车系统应设计为单发失效不会导致刹车失效。　见 6.24 节道格拉斯 DC‑10‑30

23. 应假设发动机吊挂连接结构失效。失速警告系统应是冗余的。缝翼应具有缝翼制动器,以最大限度地减少不对称性。　见 6.25 节道格拉斯 DC‑10‑10

24. 飞机内服务升降梯应设计为如一侧正在操作那么另一侧无法操作该升降梯。　见 6.26 节道格拉斯 DC‑10‑30CF

25. 缝翼系统应带有制动,以避免不对称,除非飞机可以在失速速度下控制滚转。　见 6.27 节道格拉斯 DC‑10‑30CF

26. 襟翼系统的设计要避免不对称,除非飞机可以在失速速度下控制滚转。　见 6.29 节派珀 PA‑31

27. 设计应确保使用易燃液体作为挡风玻璃清洗剂的系统,其液体泄漏不会引起火灾。 见 6.30 节德·哈维兰 DHC - 6 - 100

28. 不要将所有液压管路都放置在前缘。 见 6.31 节 B1 - B

29. 不要让液体(水或其他)易泄漏到飞行关键的电气或电子系统中。 见 6.32 节福克 100,6.38 节波音 717,6.41 节波音 737 - 33A,6.44 节福克 F - 27 - 50

30. 设计单向安装的燃油过滤器盖。设计短舱整流罩,以便在飞行中打开时,也不会损坏飞行关键系统。 见 6.33 节德·哈维兰 DHC - 8

31. 设计地面扰流板系统,使其不能在飞行中展开。 见 6.34 节道格拉斯 DC - 9 - 32

32. 设计液压系统,在无需机组选择的情况下,可以确保在合适的油液压力水平。 见 6.35 节道格拉斯 DC - 9 - 32

33. 设计无线缆的客舱门闩系统,替代设计可以使用推杆。 见 6.36 节比奇 1900C

34. 设计起落架作动系统,使腐蚀不会使其失去功能。 见 6.37 节波音 737 - 377

35. 设计起落架舱门,以便如果不能收起,着陆时不会与地面相接触。 见 6.40 节波音 717 - 200

36. 设计发电机控制组件使其在非预期的低电压情况下会发出警告,因为不能合理期望飞行机组在高驾驶工作量时能监控电压。 见 6.42 节萨博 SF - 340B

37. 设计失速警告系统使飞机遭遇到结冰情形时能出现警告。 见 6.43 节萨博 SF - 430

38. 设计襟翼/缝翼收放系统使飞行员不能一次性将手柄从放下位置移到收上位置。 见 6.45 节波音 717 - 200

39. 设计厨房冷却风扇,使其不会磨损并导致飞行中起火。 见 6.46 节波音 747 - 436

10.7　从维护和制造中吸取的教训(第7章)

1. 避免在螺旋桨叶片制造中引入不可检测
   的凹痕。
   　　见 7.2 节道格拉斯 DC - 6

2. 在设计飞行关键系统时,不能依赖维护来
   防止起控制作用的螺栓松脱。
   　　见 7.3 节柯蒂斯 C - 46F,7.4
   节康维尔 340,7.8 节柯蒂斯
   C - 46

3. 确保有足够的防火墙来防止火灾影响主
   要结构。
   　　见 7.5 节康维尔 240

4. 设计螺旋桨反桨系统,使在飞行中非指令
   反桨是极不可能的。
   　　见 7.6 节洛克希德 L - 1049D

5. 设计起落架缓冲器系统,使其与主起落架
   支柱触碰是极不可能的。
   　　见 7.7 节波音 707

6. 设计飞行控制系统,使维护时的不恰当安
   装是不可能的。
   　　见 7.9 节洛克希德 L - 188C

7. 在使用淬火工艺进行制造过程中,检查淬
   火液体的化学成分。
   　　见 7.10 节洛克希德 SR - 71

8. 当在复合材料结构中使用手动铺贴工序
   时,请考虑这对空机重量控制的影响。
   　　见 7.11 节温德克"鹰"

9. 当在小半径区域使用金属胶接时,考虑不
   当胶接对结构强度的影响。
   　　见 7.12 节塞斯纳 425

10. 排水孔通常对飞机的适航性至关重要,
    确保它们有钻孔并保持敞开。
    　　见 7.13 节塞斯纳 441

11. 对于需要频繁维修/更换的部件,布置在
    不必拆卸其他部件就能接近的位置。
    　　见 7.14 节麦克唐纳-道格拉
    斯 F - 4

12. 盖板上的标签可接近应该是常识。
    　　见 7.15 节波音 737 - 300

13. 设计使维修人员在戴手套时也可以打开
    的检查口盖。
    　　见 7.16 节波音 747 - 400

14. 不要在没有防腐保护的起落架环境中使
    用具有不同电极电位的材料。
    　　见 7.17 节派珀 PA - 23 阿兹
    特克

15. 起落架承受严重的应力循环。当使用喷砂技术时,应注意避免局部应力集中。　　见 7.18 节麦克唐纳-道格拉斯 MD - 83

16. 如果燃油泵的尺寸或形状是可变化的,须设计成使错误的泵无法安装上去。　　见 7.19 节空客 A330

17. 有缺陷的结构维修可能导致事故。由于航空是一项全球事务,因此应考虑为主要结构维修制订全球化标准和流程。　　见 7.20 节波音 747 - 200

18. 飞机应当不能在错误维护导致的油箱排气门打开的情况下运行。　　见 7.21 节波音 777

10.8　从气动、构型和飞机尺寸设计中吸取的教训(第 8 章)

1. 在首次飞行之前,应确定并验证尾翼尺寸。　　见 8.2 节阿芙罗都铎 1 号

2. 在具有可逆飞行控制系统的飞机中,方向舵锁定是一种危险的可能性。考虑安装背鳍以防止方向舵锁定。　　见 8.3 节布里斯托货运

3. 当声称两个设计之间具有通用性时,请尽量实现。　　见 8.4 节珀西瓦尔喷飞式教练机

4. 应该可以从复杂状态恢复到深失速状态,有空气动力学和基于系统的解决方案,每种都有自己的优点和缺点。　　见 8.5 节格罗斯特标枪,8.12 节 BAC - 111

5. 选择合适的机身直径对一个新设计的成功至关重要。　　见 8.6 节波音 707、道格拉斯 DC - 8

6. 根据一个小客户的要求调整飞机尺寸在世界市场上是适得其反的。　　见 8.7 节维克斯 VC - 10

7. 在教练机中,尾旋改出是必需的。旋转条可以产生奇迹。　　见 8.8 节塞斯纳 T - 37

8. 在早期设计中必须考虑跨声速气动中心偏移,其对配平和阻力的影响相当大。　　见 8.9 节康维尔 B - 58、北美 XB - 70A

9. 漂亮的飞机外观真的很重要。在这方面,后掠垂直尾翼能起到非常大的作用。　　见 8.10 节塞斯纳 172

10. 在早期设计中,应仔细研究跨声速阻力　　见 8.11 节康维尔 990
上升和颤振。

11. 在计划风洞试验时,不要省略侧滑角或　　见 8.13 节北美 XB-70A
迎角试验点的数量。

12. 当考虑新的控制构型时,须考虑其对总　　见 8.14 节波音公司的设计研
构型的影响。　　究、英国电气 P1A/B

13. 革命性的构型可以在空重和性能方面产　　见 8.15 节比亚乔 P-180
生很大的优势。

14. 须验证水平尾翼的尺寸是否适合起飞。　　见 8.16 节麦克唐纳-道格拉
斯 F-18、8.17 节康纳戴尔挑
战者 600

15. 不要忘记动量阻力。　　见 8.18 节北美 XFV-12

16. 前掠翼是许多新型飞机的合理构型选择。　　见 8.19 节容克斯 287、苏霍
伊 S-37、格鲁曼 X-29

17. 极端的性能要求有时需要一种新的设计　　见 8.20 节鲁坦旅行者号
方法。

18. 即使在适当的马赫数下,局部区域控制　　见 8.21 节诺斯罗普 F-5、比
也是有益的。　　亚乔 P-180、塞斯纳奖状 X

19. 近耦合的鸭翼-牵引-螺旋桨应在接近失　　见 8.22 节 PAT-1
速下检查快速施加动力。

20. 方向稳定性应是所有载人飞行器(包括　　见 8.23 节四城市挑战者
试验型)的要求。

10.9　从市场营销、定价和项目决策中吸取的教训(第 9 章)

1. 营销不是一门精确的科学,市场营销研究　　见 9.2 节塞斯纳 620,9.5 节
的结果应该持保留态度。　　波音 909

2. 只有在对成本和市场规模有合理保证的　　见 9.3 节康维尔 880/990
情况下,才应启动飞机项目。飞机项目必
须能销售足够多的飞机以越过成本与生
产数量曲线的"拐点"。

3. 在发动机未研发/未经认证或资金不足的
情况下启动飞机项目会导致重大延误。

　　见 9.4 节麦克唐纳 119/220，9.9
节洛克希德 L‑1011，9.12 节日
蚀 500，9.13 节萨菲尔 S‑26

4. 为了有一个成功的生产计划，有时持久力
是必要的，在销售低迷期间坚持一个计划
可以在竞争对手退出市场时增加销售额。

　　见 9.6 节波音 707、道格拉斯
DC‑8

5. 当考虑在以前未使用过的环境中使用新
材料时，技术验证非常重要。

　　见 9.7 节波音 720

6. 在世界市场上，根据某一个客户的要求确
定飞机的尺寸会适得其反。

　　见 9.8 节达索水星飞机

7. 在启动新的飞机项目时，管理层必须平衡
飞机定价、可提供给客户的服务和支持以
及生产率，以确定能盈利的销售额。试图
过快地盈利可能会导致把自己排除在市
场之外。

　　见 9.10 节比亚乔 P‑180

8. 启动一个飞机项目，很重要的一点是应在
开始生产和工装设计之前确认所选构型
是能通过适航审定的。

　　见 9.11 节视觉优越飞机

附　　录

在前言中提到本书将特定事故、事件归入第 2～8 章详述的 7 个类别之一，这个过程多少是有随意性的。本附录的目的是提供事故、事件与各类别的关系，以表格形式呈现（见附表 1～附表 7）。

附表 1　第 2 章所述事故、事件与各类别之间的关系

第 2 章　从运行经验中吸取的设计教训	2. 运行	3. 结构	4. 飞行操纵	5. 发动机安装	6. 系统	7. 制造维护	8. 气动&构型&尺寸
2.2　起飞时突风锁定未能正确解除	●		●			●	
2.3　重心位置过于靠后Ⅰ	●		●			●	●
2.4　最小离地速度Ⅰ	●		●				●
2.5　着陆滑行期间意外收起起落架	●					●	
2.6　收起襟翼时整流罩鱼鳞板打开	●		●			●	
2.7　单发失效时的飞行特性Ⅰ	●		●			●	●
2.8　结冰条件下的尾翼失速	●		●			●	●
2.9　襟翼放下时的无后掠翼	●					●	
2.10　重心过于靠前	●		●				●
2.11　电力丧失导致姿态仪表丧失	●					●	
2.12　单发失效时的飞行特性Ⅱ	●		●				●
2.13　垂尾控制系统过于复杂	●		●			●	
2.14　最小离地速度Ⅱ	●		●				●
2.15　起飞阶段发生应急情况下电气系统失效	●					●	
2.16　起飞时重心靠后和平尾误配平	●		●			●	

（续表）

第 2 章　从运行经验中吸取的设计教训	2. 运行	3. 结构	4. 飞行操纵	5. 发动机安装	6. 系统	7. 制造&维护	8. 气动&构型&尺寸
2.17　飞行中反桨模式	●		●		●		●
2.18　重心位置过于靠后以及座椅设计问题	●	●					
2.19　起飞时的结冰Ⅰ	●						●
2.20　未放襟翼起飞	●				●		
2.21　静默驾驶舱和方向舵配平开关位置	●		●				
2.22　起飞时的结冰Ⅱ	●		●		●		●
2.23　高速下降以避免结冰	●				●		●
2.24　重心位置过于靠后Ⅱ	●		●		●		●
2.25　重心位置过于靠后，超载和操纵不当	●		●		●	●	●
2.26　重心过于靠后和超载	●		●		●		●
2.27　在应急情况下旧习惯又回来了Ⅰ	●				●		●
2.28　在应急情况下旧习惯又回来了Ⅱ	●				●		

附表 2　第 3 章所述事故、事件与各类别之间的关系

第 3 章　从结构设计中吸取的教训	2. 运行	3. 结构	4. 飞行操纵	5. 发动机安装	6. 系统	7. 制造&维护	8. 气动&构型&尺寸
3.2　机翼接头的疲劳失效Ⅰ		●					
3.3　机翼接头的疲劳失效Ⅱ		●					
3.4　必须注意座舱盖的受载		●			●		●
3.5　结构设计中的验证		●					
3.6　气密循环导致的疲劳失效		●					
3.7　垂尾颤振		●					
3.8　天鹅使"子爵"坠落	●	●					
3.9　一种新的颤振模式	●	●					
3.10　腐蚀疲劳		●				●	
3.11　后压力框破坏Ⅰ		●			●	●	
3.12　裂纹扩展Ⅰ		●				●	
3.13　水平安定面破坏		●				●	
3.14　升降舵结构破坏		●	●		●		●
3.15　后压力框破坏Ⅱ		●	●		●	●	

（续表）

第3章 从结构设计中吸取的教训	2.运行	3.结构	4.飞行操纵	5.发动机安装	6.系统	7.制造&维护	8.气动&构型&尺寸
3.16 裂纹扩展Ⅱ		●				●	
3.17 货舱门铰链设计		●					
3.18 涡旋脱落引起的垂直尾翼疲劳		●					●
3.19 忽略设计指导引发的事故		●				●	

附表3 第4章所述事故、事件与各类别之间的关系

第4章 从飞行操纵系统设计中吸取的教训	2.运行	3.结构	4.飞行操纵	5.发动机安装	6.系统	7.制造&维护	8.气动&构型&尺寸
4.2 靠近热源的飞行操纵装置			●		●		
4.3 副翼偏转反向Ⅰ	●		●				
4.4 飞行中突风锁被啮合	●		●				
4.5 螺旋桨叶片切断控制装置Ⅰ	●		●	●	●		
4.6 单向装配设计	●		●				
4.7 副翼偏转反向Ⅱ	●		●				
4.8 螺旋桨叶片切断控制装置Ⅱ	●		●		●		
4.9 升降舵助力系统螺栓脱落	●		●				
4.10 克服电动调节片故障的升降机操纵力变得太大	●		●		●		
4.11 俯仰配平失效逆转了升降舵杆力-速度梯度	●		●		●		●
4.12 俯仰阻尼器的极性接反	●		●		●	●	
4.13 锁定升降舵的起飞Ⅰ	●		●				
4.14 飞行操纵系统中的弹性止动螺母	●		●				
4.15 因外来物导致操纵系统受阻	●		●				
4.16 方向舵接头故障	●	●	●		●		
4.17 飞行操纵系统钢索的布置	●	●	●				
4.18 飞行员诱发振荡	●		●				
4.19 偏航阻尼器极性反向	●		●		●		

（续表）

第4章　从飞行操纵系统设计中吸取的教训	2. 运行	3. 结构	4. 飞行操纵	5. 发动机安装	6. 系统	7. 制造&维护	8. 气动&构型&尺寸
4.20　地面和飞行扰流板意外展开导致飞机失控	●		●		●		
4.21　锁定升降舵的起飞Ⅱ	●		●				
4.22　锁定方向舵和副翼的起飞	●		●			●	
4.23　水平安定面误配平起飞	●		●				
4.24　失效的升降舵硬止动装置	●		●				
4.25　操纵系统的符合性	●		●				
4.26　一台发动机故障的飞机操纵问题	●		●				●
4.27　冗余系统并不冗余	●		●	●	●		
4.28　升降舵非指令运动	●		●			●	
4.29　起飞时的非指令滚转	●		●			●	
4.30　升降舵调整片故障	●		●			●	
4.31　不是"硬止动"的"硬止动"	●		●			●	
4.32　伺服调整片卡阻	●		●			●	
4.33　非必要的失控	●		●			●	
4.34　被冻住的副翼	●		●			●	
4.35　错位的操纵钢索	●		●			●	
4.36　再次发生的漏水事件	●		●		●	●	
4.37　非指令偏航	●		●				
4.38　路经发动机爆破面的操纵钢索			●				

附表4　第5章所述事故、事件与各类别之间的关系

第5章　从发动机安装设计中吸取的教训	2. 运行	3. 结构	4. 飞行操纵	5. 发动机安装	6. 系统	7. 制造&维护	8. 气动&构型&尺寸
5.2　螺旋桨太大或起落架太短	●			●			●
5.3　飞行中反桨Ⅰ	●			●	●		
5.4　飞行中反桨Ⅱ	●			●	●		
5.5　飞行中反桨Ⅲ				●			
5.6　排气整流罩Ⅰ				●			●
5.7　飞行中反桨Ⅳ	●			●	●		
5.8　进近时螺旋桨进入小桨距	●	●		●	●		

（续表）

第5章　从发动机安装设计中吸取的教训	2. 运行	3. 结构	4. 飞行操纵	5. 发动机安装	6. 系统	7. 制造&维护	8. 气动&构型&尺寸
5.9　拆卸发动机的设计				●			
5.10　由于发动机安装节不符合性造成的熄火	●			●	●		
5.11　发动机轴承失效及螺旋桨分离	●			●	●	●	
5.12　螺旋颤振	●	●		●			●
5.13　两台相邻发动机的安装				●			●
5.14　排气整流罩Ⅱ				●			●
5.15　飞行中反桨Ⅴ	●			●	●		
5.16　排气整流罩Ⅲ				●			●
5.17　螺旋桨叶片飞脱Ⅰ	●			●			
5.18　螺旋桨叶片飞脱Ⅱ	●		●	●	●		
5.19　非指令性的螺旋桨桨距减小	●		●	●		●	
5.20　非指令性的反推力装置展开Ⅰ	●			●			●
5.21　飞行中功率杆移动至β区间Ⅰ	●		●	●	●		
5.22　非包容性发动机失效Ⅰ	●			●	●		
5.23　螺旋桨叶片飞脱Ⅲ	●		●	●	●		
5.24　非包容性发动机失效Ⅱ	●			●			●
5.25　非指令性的反推力装置展开Ⅱ	●		●	●			●
5.26　发动机吸入轮胎碎片	●			●			●
5.27　燃油管路磨穿	●			●			
5.28　发动机非自发停车	●			●	●		
5.29　飞行中功率杆移动至β区间Ⅱ	●			●	●		

附表5　第6章所述事故、事件与各类别之间的关系

第6章　从系统设计中吸取的教训	2. 运行	3. 结构	4. 飞行操纵	5. 发动机安装	6. 系统	7. 制造&维护	8. 气动&构型&尺寸
6.2　电气系统设计Ⅰ	●				●		
6.3　燃油系统与电气系统设计	●				●		

（续表）

第6章 从系统设计中吸取的教训	2.运行	3.结构	4.飞行操纵	5.发动机安装	6.系统	7.制造&维护	8.气动&构型&尺寸
6.4 燃油通气口设计Ⅰ	●				●		
6.5 灭火系统设计	●				●		
6.6 液压系统设计Ⅰ	●				●		
6.7 设计导致的错误Ⅰ	●		●		●		
6.8 服务门紧固件	●		●		●		●
6.9 设计导致的错误Ⅱ	●				●		
6.10 轮舱中的防火墙燃油切断阀电缆	●				●		
6.11 液压系统设计Ⅱ	●		●		●		
6.12 液压系统设计Ⅲ	●				●		
6.13 燃油系统设计Ⅰ	●				●		
6.14 燃油通气口设计Ⅱ	●		●		●		
6.15 客舱门设计Ⅰ	●				●		
6.16 燃油系统设计Ⅱ	●				●		●
6.17 由货舱灯造成的火灾	●				●		
6.18 客舱门设计Ⅱ	●				●	●	
6.19 闪电闪击的设计	●				●		
6.20 靠近起落架支架的燃油管路	●	●			●		
6.21 因火灾而失去俯仰控制权	●		●	●	●		
6.22 混乱的系统设计	●				●		
6.23 系统冗余设计拯救了生命Ⅰ	●				●		
6.24 发动机故障导致刹车故障					●		
6.25 系统设计、飞行机组训练和错误维护程序	●		●	●	●	●	●
6.26 服务升降梯设计	●				●	●	
6.27 前缘缝翼不对称	●				●		
6.28 系统冗余设计拯救了生命Ⅱ	●			●	●		
6.29 襟翼不对称	●		●		●		●
6.30 挡风玻璃清洁系统设计	●				●	●	
6.31 前缘的三条液压系统管路	●		●		●		

（续表）

第6章　从系统设计中吸取的教训	2. 运行	3. 结构	4. 飞行操纵	5. 发动机安装	6. 系统	7. 制造&维护	8. 气动&构型&尺寸
6.32　泄漏到航空电子设备舱 I	●				●		
6.33　短舱整流罩设计和燃油过滤器罩设计	●		●	●	●	●	
6.34　地面扰流板在飞行中展开	●		●		●	●	
6.35　液压系统设计问题	●		●		●		
6.36　客舱门设计 III	●				●	●	
6.37　起落架作动器腐蚀	●		●		●		
6.38　泄漏到航空电子设备舱 II	●						
6.39　燃油系统设计 III	●				●		●
6.40　起落架舱门设计	●				●		
6.41　水汽侵入 I	●						
6.42　电气系统设计 II	●				●		
6.43　失速警告系统结冰	●		●		●		●
6.44　水汽侵入 II	●				●		
6.45　襟翼/前缘缝翼控制系统设计	●		●		●		
6.46　厨房冷却风扇叶片和线路故障导致飞行火灾	●		●		●		

附表6　第7章所述事故、事件与各类别之间的关系

第7章　从维护和制造中吸取的教训	2. 运行	3. 结构	4. 飞行操纵	5. 发动机安装	6. 系统	7. 制造&维护	8. 气动&构型&尺寸
7.2　飞行中螺旋桨叶片飞脱	●			●	●	●	
7.3　升降舵控制螺栓松脱 I	●		●			●	
7.4　升降舵伺服调整片螺栓松脱	●		●		●	●	
7.5　发动机维护错误	●			●		●	
7.6　飞行中螺旋桨反桨	●			●		●	
7.7　起落架转向梁破坏	●					●	
7.8　升降舵控制螺栓松脱 II	●		●			●	
7.9　失去滚转控制	●		●			●	

（续表）

第7章　从维护和制造中吸取的教训	2.运行	3.结构	4.飞行操纵	5.发动机安装	6.系统	7.制造&维护	8.气动&构型&尺寸
7.10　淬火		●				●	
7.11　重量控制		●				●	
7.12　不完整的蒙皮胶接		●				●	
7.13　排水孔被遗漏	●		●				
7.14　每飞行小时对应的维护工时	●				●	●	
7.15　检查口盖上的标识牌	●				●	●	
7.16　检查口盖不够大	●				●	●	
7.17　起落架腐蚀		●			●	●	
7.18　喷砂工艺	●				●	●	
7.19　错误的液压泵	●		●	●		●	
7.20　错误的结构修理	●	●				●	
7.21　油箱吹气口盖未关闭	●				●	●	

附表 7　第 8 章所述事故、事件与各类别之间的关系

第8章　从气动、构型和飞机尺寸设计中吸取的教训	2.运行	3.结构	4.飞行操纵	5.发动机安装	6.系统	7.制造&维护	8.气动&构型&尺寸
8.2　纵向和航向稳定性不足导致尾翼变化	●		●				●
8.3　背鳍防止方向舵锁定	●		●				●
8.4　失去共性						●	●
8.5　深失速Ⅰ	●						●
8.6　在竞争环境下确定客舱横截面尺寸	●						●
8.7　根据一个客户的要求确定飞机尺寸	●						●
8.8　旋转条	●		●				●
8.9　跨声速气动中心偏移	●		●				●
8.10　螺旋桨飞机的后掠式垂尾		●	●				●
8.11　跨声速阻力	●						●
8.12　深失速Ⅱ	●		●				●
8.13　局部方向不稳定性引起的蛇形振荡	●						●

（续表）

第 8 章 从气动、构型和飞机尺寸设计中吸取的教训	2. 运行	3. 结构	4. 飞行操纵	5. 发动机安装	6. 系统	7. 制造 & 维护	8. 气动 & 构型 & 尺寸
8.14 尾翼干扰导致副翼反效							●
8.15 从万特里到阿凡提							●
8.16 水平尾翼尺寸 I	●		●				●
8.17 水平尾翼尺寸 II			●				●
8.18 XFV - 12							●
8.19 前掠翼有意义吗?	●						●
8.20 针对极限航程要求的独特解决方案							●
8.21 区域控制应用的更多案例	●						●
8.22 带有近耦合螺旋桨的鸭翼	●		●				●
8.23 应对方向稳定性提出要求	●		●				●

参 考 文 献

Chapter 1

1.1 Anon.; Annual Review of Aircraft Accident Data, U.S. Air Carrier Operations, Calendar Year 1999; NTSB/ARC‑03/01; NTSB, Washington, D.C.

1.2 Anon.; Annual Review of Aircraft Accident Data, U.S. General Aviation, Calendar Year 1998; NTSB/ARG‑03/01; NTSB, Washington, D.C.

1.3 Anon.; Commercial Airplane Certification Process Study; Federal Aviation Administration, FAA-CPS Team, March 2002.

Chapter 2

2.1 Anon.; Civil Aeronautics Board, Accident Investigation Report, SA‑144, File No.1‑0064; United Air Lines, Inc.; Douglas C‑54, NC30046; La Guardia Field, New York; Washington, D.C.; Release Date: September 17,1947.

2.2 Macarthur Job; Air Disaster, Volume 4, pp 11‑17; Aerospace Publications Pty Ltd, PO Box 1777, Fyshwick, ACT 2609, Australia, 2001.

2.3 Macarthur Job; Air Disaster, Volume 1, pp 12‑13; Aerospace Publications Pty Ltd, PO Box 1777, Fyshwick, ACT 2609, Australia, 1994.

2.4 Anon.; Civil Aeronautics Board, Accident Investigation Report, File No.1‑0157; Trans World Airlines, Inc.; Martin 404, N40441; Baer Field, Fort Wayne, Indiana; Washington, D.C.; Release Date: February 14,1955.

2.5 Anon.; Civil Aeronautics Board, Accident Investigation Report, SA‑319, File No.1‑0051; Northwest Airlines, Inc.; Boeing B‑377 Stratocruiser, N74608; Puget Sound, Seattle, Washington; Washington, D.C.; Release Date: November 14,1956.

2.6 Anon.; Civil Aeronautics Board, Accident Investigation Report, SA‑343, File No.1‑0057; American Airlines, Inc.; Boeing 707‑123, N7514A; Near Peconic River Airport, Calverton, Long Island, New York; Washington, D.C.; Release Date: April 25, 1961.

2.7 Anon.; Civil Aeronautics Board, Accident Investigation Report, SA‑331, File No.1‑0031; Capital Airlines, Inc.; Vickers Viscount, N7437; Tri-City Airport, Freeland, Michigan; Washington, D.C.; Release Date: February 17,1965.

2.8 Anon.; Aircraft Accident Report, Airlift International, Inc. Douglas DC‑7C,

N2282, Tachikawa Air Base, Tokyo, Japan, September 12, 1966; NTSB – AAR – 68 – AB, Washington, DC, 1968.

2.9 Anon.; Aircraft Accident Report, United Air Lines, Inc. Boeing 727 – 22C, N7434U, near Los Angeles, CA, January 18, 1969; NTSB – AAR – 70 – 06, Washington, DC, 1970.

2.10 Anon.; Aircraft Accident Report, Japan Airlines Company, Ltd. Convair 880, Model 22M, JA8028, Grant County Airport, Moses Lake, WA, June 24, 1969; NTSB – AAR – 70 – 11, Washington, DC, 1970.

2.11 Anon.; Aircraft Accident Report, Trans World Airlines, Inc. Boeing 707 – 331C, N787TW, National Aviation Facilities Experimental Center, Atlantic City Airport, Pomona, NJ, July 26, 1969; NTSB – AAR – 70 – 8, Washington, DC, 1970.

2.12 Anon.; Aircraft Accident Report, Spectrum Air, Inc. Sabre Mark 5, N275X, Sacramento Executive Airport, Sacramento, CA, September 24, 1972; NTSB – AAR – 73 – 6, Washington, DC, 1973.

2.13 Anon.; Aircraft Accident Report, Overseas National Airways, Inc. McDonnell Douglas DC – 8 – 63, N863F, Bangor, Maine, June 20, 1973; NTSB – AAR – 74 – 1, Washington, DC, 1974.

2.14 Anon.; Aircraft Accident Report, United Airlines Flight 2885, N8053U, McDonnell Douglas DC – 8 – 54F, Detroit, MI, January 11, 1983; NTSB – AAR – 83 – 07, Washington, DC, 1983.

2.15 Anon.; Aircraft Accident Report, Executive Air Charter, Inc. dba American Eagle, Flight 5452, CASA C – 212, N432CA, Mayaguez, Puerto Rico, May 8, 1987; NTSB – AAR – 88 – 07, Washington, DC, 1988.

2.16 Anon.; Aircraft Accident Report, Ryan Air Service, Inc., Flight 103, Beech Aircraft Corporation 1900C, N401RA, Homer, Alaska, November 23, 1987; NTSB – AAR – 88 – 11, Washington, DC, 1988.

2.17 Anon.; Aircraft Accident Report, Continental Airlines, Inc., Flight 1713, McDonnell Douglas DC – 9 – 14, N626TX, Stapleton International Airport, Denver, CO, November 15, 1987; NTSB – AAR – 88 – 09, Washington, DC, 1988.

2.18 Anon.; Aircraft Accident Report, Delta Air Lines, Inc., Boeing 727 – 232, N473DA, DallasFort Worth International Airport, TX, August 31, 1988; NTSB – AAR – 89 – 04, Washington, DC, 1989.

2.19 Anon.; Aircraft Accident Report, USAir, Inc., Boeing 737 – 400, LaGuardia Airport, Flushing, NY, September 20, 1989; NTSB – AAR – 90 – 03, Washington, DC, 1990.

2.20 Anon.; Aircraft Accident Report, Ryan International Airlines, DC – 9 – 15, N565PC, Loss of Control on Take-off, Cleveland-Hopkins International Airport, Cleveland, OH, February 17, 1991; NTSB – AAR – 91 – 09, Washington, DC, 1991.

2.21 Anon.; Aircraft Accident Report, Stall and Loss of Control on Final Approach, Atlantic Coast Airlines, Inc., United Express Flight 6291, Jetstream 4101, N304UE, Columbus, OH, January 7, 1994; NTSB – AAR – 94 – 07, Washington, DC, 1994.

2.22 Anon.; British Department of Transportation; Fokker F‒27‒600 Friendship, G-CHNL: Main Document; Aircraft Accident Report No. 2/2000 (EW/C99/1/2), 2000.

2.23 Anon.; NTSB Abstract AAR‒04/01; Loss of Pitch Control During Take-off; Air Midwest Flight 5481, Raytheon (Beechcraft) 1900D, N233YV, Charlotte, NC, January 8, 2003; NTSB Number AAR‒04‒01, Washington, DC, 2004.

2.24 Anon.; Imbalance Blamed for UTAG Crash; Flight International, 6‒12 April, 2004, p. 10.

2.25 Roskam, J.; Airplane Flight Dynamics and Automatic Flight Controls; Part I, Chapter 4; DARcorporation, Lawrence, KS 66049, 2003 (www.darcorp.com).

2.26 Boatman, J. K.; Where's the Throttle?; AOPA Pilot, April 2004, pp 137‒140.

Chapter 3

3.1 Anon.; Civil Aeronautics Board, Accident Investigation Report, SA‒170, File No. 4‒2296; Privately Owned; Vultee V‒1A, NC22077; Near Somerset, Pennsylvania; Washington, D.C.; Release Date: December 8, 1948.

3.2 Anon.; Civil Aeronautics Board, Accident Investigation Report, SA‒178, File No. 1‒0117; Northwest Airlines, Inc.; Martin 202, NC93044; Near Winona, Minnesota; Washington, D.C.; Release Date: June 30, 1949.

3.3 Silvester, J.; Percival & Hunting Aircraft; R. J. Silvester; Luton, England, 1987.

3.4 Macarthur Job; Air Disaster, Volume 1, pp 15‒21; Aerospace Publications Pty Ltd, PO Box 1777, Fyshwick, ACT 2609, Australia, 1994.

3.5 Anon.; Civil Aeronautics Board, Accident Investigation Report, File No. 1‒0034; United Air Lines, Inc.; Vickers Viscount Model 745D, N7430; Near Ellicott City, Maryland; Washington, D.C.; Release Date: March 22, 1963.

3.6 Anon.; Aircraft Accident Report, Apache Airlines, Inc., DeHavilland DH‒104‒7AXC, N4922V, Coolidge, AZ, May 6, 1971; NTSB‒AAR‒72‒19, Washington, DC, 1972.

3.7 Macarthur Job; Air Disaster, Volume 4, pp 176‒184; Aerospace Publications Pty Ltd, PO Box 1777, Fyshwick, ACT 2609, Australia, 2001.

3.8 Anon.; Aircraft Accident Report, Saturn Airways, Inc., Lockheed L‒382, N14ST, Springfield, IL, May 23, 1974; NTSB‒AAR‒75‒5, Washington, DC, 1975.

3.9 Anon.; Commercial Airplane Certification Process Study; Report of the FAA Associate Administrator for Regulation and Certification Study on the Commercial Airplane Certification Process; March 2002.

3.10 Anon.; Aircraft Accident Report, Provincetown-Boston Airlines Flight 1039, Embraer Bandeirante, EMB‒110P1, N96PB, Jacksonville, FL, December 6, 1984; NTSB‒AAR‒86‒04, Washington, DC, 1986.

3.11 Owen, D.; Air Accident Investigation (pp 40‒46); Patrick Stephens Ltd.;

Haynes Publishing, Sparkford, U.K., 2001.

3.12   Macarthur Job; Air Disaster, Volume 2, pp 136 – 153; Aerospace Publications Pty Ltd, PO Box 1777, Fyshwick, ACT 2609, Australia, 1998.

3.13   Anon.; Aircraft Accident Report, Aloha Airlines, Flight 243 Boeing 737 – 200, N73711, near Maui, HA, April 28,1988; NTSB – AAR – 89 – 03, Washington, DC, 1989.

3.14   Macarthur Job; Air Disaster, Volume 2, pp 154 – 172; Aerospace Publications Pty Ltd, PO Box 1777, Fyshwick, ACT 2609, Australia, 1998.

3.15   Owen, D.; Air Accident Investigation (pp 46 – 50); Patrick Stephens Ltd.; Haynes Publishing, Sparkford, U.K., 2001.

3.16   Macarthur Job; Air Disaster, Volume 2, pp 31 – 47; Aerospace Publications Pty Ltd, PO Box1777, Fyshwick, ACT 2609, Australia, 1998.

3.17   Anon.; Aircraft Accident Report, Explosive Decompression-Loss of Cargo Door in Flight, United Air Lines Flight 811, Boeing 747 – 122, N4713U, Honolulu, HA, February 24,1989; NTSB – AAR – 92 – 02, Washington, DC, 1992.

3.18   Binder, John D.; Multifaceted Software for Multiphysics Solutions; pp 24 – 26, Aerospace America, February 2004.

3.19   Anon.; Transportation Safety Board of Canada; Airframe Failure Wing, Magal Cuby II (Ultralight) C-IEXR, Legal, Alberta 4 NM W, September 9,1995.

Chapter 4

4.1   James, D.N.; Westland Aircraft since 1915; Putnam Aeronautical Books, Naval Institute Press, Annapolis, MD, 1991.

4.2   Macarthur Job; Air Disaster, Volume 1, p 12; Aerospace Publications Pty Ltd, PO Box 1777, Fyshwick, ACT 2609, Australia, 1994.

4.3   Anon.; Civil Aeronautics Board, Accident Investigation Report File No. 1 – 0081 – 47; American Airlines, Inc.; Douglas DC – 4, NC90432; Near El Paso, Texas; Washington, D.C.; Release Date: December 14,1948.

4.4   Anon.; Civil Aeronautics Board, Accident Investigation Report, SA – 164, File No. 1 – 0010; Eastern Air Lines, Inc.; Lockheed L – 649 Constellation, NC112A; Bunnell, Florida; Washington, D.C.; Release Date: October 20,1949.

4.5   Anon.; Civil Aeronautics Board, Accident Investigation Report, SA – 252, File No. 1 – 0019; Continental Air Lines, Inc.; Convair 340, N90853; Midland, Texas; Washington, D.C.; Release Date: July 19,1954.

4.6   Anon.; Civil Aeronautics Board, Accident Investigation Report, File No. 1 – 0039; Western Air Lines, Inc.; Douglas DC – 3A, N15569; Los Angeles, California; Washington, D.C.; Release Date: February 8,1954.

4.7   Anon.; Civil Aeronautics Board, Accident Investigation Report, File No. 1 – 0094; American Airlines, Inc.; Douglas DC – 6A, N90782; Los Angeles, California; Washington, D.C.; Release Date: October 16,1958.

4.8   Anon.; Civil Aeronautics Board, Accident Investigation Report, SA – 363, File

No. 1 - 0011; Trans World Air Lines, Inc.; Lockheed L - 049 Constellation, N86511; Midway Airport, Chicago, Illinois; Washington, D. C.; Release Date: December 18,1962.

4.9　Anon.; Civil Aeronautics Board, Accident Investigation Report, File No. 2 - 0347; Ashland Oil & Refining Co.; Lockheed L - 18 Lodestar, N1000F; Near Lake Milton, Ohio; Washington, D. C.; Release Date: June 7,1963.

4.10　Anon.; Civil Aeronautics Board, Accident Investigation Report, SA - 379, File No. 1 - 0006; Eastern Air Lines, Inc.; Douglas DC - 8, N8607; Lake Pontchartrain, New Orleans, Louisiana; Washington, D. C.; Release Date: July 1,1966.

4.11　Roskam, J.; Airplane Flight Dynamics and Automatic Flight Controls; Parts I and II; DARcorporation, Lawrence, KS 66049,2003 (www. darcorp. com).

4.12　Anon.; Aircraft Accident Report, Transinternational Airlines Corp., Ferry Flight 863, Douglas DC - 8 - 63F, N4863T; National Transportation and Safety Board, NTSB/AAR - 71 - 12, PB2002 - 910402,1971.

4.13　Anon.; Aircraft Accident Report, Western Airlines, Inc. Boeing 720 - 047B, N3166, Flight 366; National Transportation and Safety Board, NTSB File No. 1 - 0002,1972.

4.14　Anon.; Aircraft Accident Report, American Airlines Inc., McDonnell Douglas DC - 10 - 10, N103AA; National Transportation and Safety Board, NTSB/AAR - 73 - 2, PB2002 - 910402,1973.

4.15　Owen, D.; Air Accident Investigation, pp 159 - 162; Patrick Stephens Ltd., Haynes Publishing, Nr Yeovil, Somerset, BA22 7JJ, United Kingdom, 1998.

4.16　Macarthur Job; Air Disaster, Volume 1, pp 127 - 144; Aerospace Publications Pty Ltd, PO Box 1777, Fyshwick, ACT 2609, Australia, 1994.

4.17　4.17 Schaub, J. H. and Pavlovic, K.; Engineering Professionalism and Ethics, Chapter 6.7; R. E. Krieger Publishing Co., FL, 1986.

4.18　Tench, William H.; Safety Is No Accident; Collins Professional and Technical Books, Great Britain, 1985.

4.19　Anon.; Aircraft Accident Report, Trans World Airlines, Inc. Boeing 707 - 331B, N8705T, Flight 742; National Transportation and Safety Board, NTSB/AAR - 74 - 8, Washington DC, 1974.

4.20　Anon.; Aircraft Accident Report, International Business Machines, Inc. Grumman G - 1159, N720Q; National Transportation and Safety Board, NTSB/AAR - 75 - 8, Washington DC, 1975.

4.21　Anon.; Aircraft Accident Report, Aerotransportes Entre Rios S. R. L. Canadair CL - 44 - 6, LV-JSY; National Transportation and Safety Board, NTSB/AAR - 76 - 9, Washington DC, 1976.

4.22　Anon.; Aircraft Accident Report, National Jet Services, Inc., Douglas DC - 3, N51071; National Transportation and Safety Board, NTSB/AAR - 78 - 10, Washington DC, 1978.

4.23　Anon.; Aircraft Accident Report, Columbia Pacific Airlines, Beech 99, N199EA; National Transportation and Safety Board, NTSB/AAR - 78 - 15, Washington

DC, 1978.

4.24 Anon.; Aircraft Accident Report, Las Vegas Airlines, Piper PA - 31 - 350, N44LV; National Transportation and Safety Board, NTSB/AAR - 79 - 8, Washington DC, 1979.

4.25 Anon.; Aircraft Accident Report, Midwest Express Airlines, Inc., DC - 9 - 14, N100ME; National Transportation and Safety Board, NTSB/AAR - 87 - 01, Washington DC, 1987.

4.26 Anon.; Aircraft Accident Report, United Airlines Flight 232, McDonnell Douglas DC - 10 - 10, N1819U; National Transportation and Safety Board, NTSB/AAR - 90 - 06, Washington DC, 1990.

4.27 Macarthur Job; Air Disaster, Volume 2, pp 186 - 202; Aerospace Publications Pty Ltd, PO Box 1777, Fyshwick, ACT 2609, Australia, 1998.

4.28 Owen, D.; Air Accident Investigation, pp169 - 173; Patrick Stephens Ltd., Haynes Publishing, Nr Yeovil, Somerset, BA22 7JJ, United Kingdom, 1998.

4.29 Anon.; Advisory Circular AC No. 20 - 128A; Federal Aviation Administration; Washington DC, 1997.

4.30 Burcham Jr., F. W., Fullerton, C. G., Giliard, G. B., Wolf, T. D. and Stewart, J. F.; A Preliminary Investigation of the Use of Throttles for Emergency Flight Control; NASA TM 4320, September, 1991.

4.31 Anon.; Report on the Incident to Boeing 747 - 436, G-BNLY at London Heathrow Airport on 7 October, 1993; Air Accidents Investigation Branch, United Kingdom, 1995.

4.32 Anon.; Report on the Incident to Airbus A320 - 212, G-KMAM at London Gatwick Airport on 26 August, 1993; Air Accidents Investigation Branch, United Kingdom, 1995.

4.33 Anon.; Electric Trim Tab Failure, Canadian Airlines International, Boeing 737 - 200, CGCPS at Vancouver, British Columbia on 5 December, 1995; Transportation Safety Board of Canada, Montreal, Canada, 1995.

4.34 Anon.; Aircraft Accident Report, Loss of Control and Impact with Pacific Ocean, Alaska Airlines Flight 261, McDonnell Douglas MD - 83, N963AS; National Transportation and Safety Board, NTSB/AAR - 02 - 01, Washington DC, 2001.

4.35 Anon.; Aircraft Accident Report, Loss of Pitch Control on Take-off, Emery Worldwide Airlines Flight 17, McDonnell Douglas DC - 8 - 71F, N8079U; National Transportation and Safety Board, NTSB/AAR - 03 - 02, Washington DC, 2002.

4.36 Anon.; Aircraft Accident Brief, Executive Airlines, British Aerospace J - 3101, N16EJ; National Transportation and Safety Board, NTSB/AAB - 02 - 05, Washington DC, 2002.

4.37 Anon.; Loss of Aileron Control, Canada Jet Charters Ltd., Learjet 35A, C-GDJH at Vancouver, British Columbia on 2 December, 2000; Transportation Safety Board of Canada, Montreal, Canada, 2004.

4.38　Anon.；Incident on Boeing 737 – 33A, VH-CZX on 15 February 2001；Australian Transport Safety Bureau；2004.

4.39　Anon.；Incident on Airbus A330 – 341, PK-GPC on 15 February 2001；Australian Transport Safety Bureau；2004.

4.40　Anon.；Incident on Boeing 747SP – 38, VH-EAA on 13 November 2001；Australian Transport Safety Bureau；2004.

Chapter 5

5.1　Andersson, H.G.；Saab Aircraft since 1937；Conway Maritime Press, London, England, 1989.

5.2　Anon.；Civil Aeronautics Board, Accident Investigation Report File No. 1 – 0068；Northeast Airlines, Inc.；Convair 240, NC91241；Portland, Maine；Washington, D.C.；October 20,1949.

5.3　Anon.；Civil Aeronautics Board, Accident Investigation Report File No. 1 – 0119；

Northwest Airlines, Inc.；Martin 202, NC93037；Almelund, Minnesota；Washington, D.C.；April 23,1951.

5.4　Anon.；Civil Aeronautics Board, Accident Investigation Report File No. 1 – 0015；National Airlines, Inc.；Douglas DC – 6, N90891；Elizabeth, New Jersey；Washington, D.C.；May 16,1952.

5.5　Heineman, E. H. and Rausa, R.；Ed Heinemann, Combat Aircraft Designer；Naval Institute Press, MD, USA, 1980.

5.6　Anon.；Civil Aeronautics Board, Accident Investigation Report File No. 1 – 0071；United Air Lines, Inc.；Douglas DC – 6, N37512；MacArthur Field, Islip, New York；Washington, D.C.；October 4,1955.

5.7　Anon.；Civil Aeronautics Board, Accident Investigation Report, SA – 317, File No. 1 – 0020；Capital Airlines, Inc.；Vickers Viscount, N7404；Midway Airport, Chicago, Illinois；Washington, D.C.；October 8,1956.

5.8　Roskam, J.；Roskam's Airplane War Stories；DARcorporation, Lawrence, KS, USA, 2002.

5.9　Thompson, W.D.；Cessna Wings for the World II, p.43；Maverick Publications, P.O. Box 5007, Bend, Oregon 97708,1995.

5.10　Anon.；Civil Aeronautics Board, Accident Investigation Report File No. 1 – 0040；American Air Lines, Inc.；Douglas DC – 7, N316AA；Near Memphis, Tennessee；Washington, D.C.；November 12,1957.

5.11　Macarthur Job；Air Disaster, Volume 4, pp 104 – 121；Aerospace Publications Pty Ltd, PO Box 1777, Fyshwick, ACT 2609, Australia, 2001.

5.12　Anon.；Civil Aeronautics Board, Accident Investigation Report File No. 1 – 0060；Braniff Airways, Inc.；Lockheed L – 188A Electra, N9705C；Buffalo, Texas；Washington, D.C.；May 5,1961.

5.13 Anon.; Civil Aeronautics Board, Accident Investigation Report, SA - 354, File No. 1 - 0003; Northwest Airlines, Inc.; Lockheed L - 188C Electra, N121US; Near Cannelton, Indiana; Washington, D.C.; April 28,1961.

5.14 Cole, L.; Vickers VC10; The Crowood Press Ltd., Ramsbury, England, 2000.

5.15 Anon.; Aircraft Accident Report File No. 2 - 0564, Federal Aviation Agency, Lockheed L - 749A Constellation, N116A, Canton Island, Phoenix Group, Washington, DC, March 8,1963.

5.16 Anon.; Aircraft Accident Report, Lake Central Airlines, Inc. Allison Prop-jet Convair 340 N73130, Near Marseilles, Ohio, March 5, 1967; NTSB - AAR - 68 - AC, Washington, DC, 1968.

5.17 Anon.; Aircraft Accident Report, Puerto Rico International Airlines, Inc. DeHavilland DH - 114, N570PR, San Juan, Puerto Rico, July 11,1975; NTSB - AAR - 76 - 13, Washington, DC, 1976.

5.18 Anon.; Aircraft Accident Report, Atlantic Southeast Airlines, Inc., Flight 2311 Uncontrolled Collision with Terrain, Embraer EMB - 120, N270AS, Brunswick, GA, April 5,1991; NTSB - AAR - 92 - 03, Washington, DC, 1992.

5.19 Macarthur Job; Air Disaster, Volume 2, pp 203 - 217; Aerospace Publications Pty Ltd, PO Box 1777, Fyshwick, ACT 2609, Australia, 2001.

5.20 Anon.; Aircraft Accident Report, Overspeed and Loss of Power on Both Engines During Descent and Power-off Emergency Landing, Simmons Airlines, Inc., American Eagle Flight 3641, N349SB, False River Air Park, New Roads, LA, February 1, 1994; NTSBAAR - 94 - 06, Washington, DC, 1994.

5.21 Anon.; Aircraft Accident Report, Uncontained Engine Failure/Fire, Valujet Airlines Flight 597, Douglas DC - 9 - 32, N908VJ, Atlanta, GA, June 8,1995; NTSB - AAR - 96 - 03, Washington, DC, 1996.

5.22 Anon.; Aircraft Accident Report, In-flight Loss of Propeller Blade, Forced Landing, and Collision with Terrain, Atlantic Southeast Airlines, Inc., Embraer EMB - 120RT, N256AS, Carrollton, GA, August 21,1995; NTSB - AAR - 96 - 06, Washington, DC, 1996.

5.23 Anon.; Aircraft Accident Report, Uncontained Engine Failure, Delta Air Lines Flight 1288, McDonnell Douglas MD - 88, N927DA, Pensacola, FL, July, 1996; NTSB - ASAR - 98 - 01, Washington, DC, 1998.

5.24 Anon.; Incident Report-Executive Summary; BAC 1 - 11 - 500 Aborted Take-off; South African Civil Aviation Authority, 101 - 002 - 0191.

5.25 Anon.; Incident Report-Executive Summary; Boeing 747 - 400 Diversion to Barcelona,
Spain; South African Civil Aviation Authority, 101 - 007 - 0198.

5.26 Anon.; Air Safety Occurrence Report; Boeing 717 - 200 Involuntary Engine Shut-down;

Australian Transport Safety Bureau, Occurrence No. 200204444, June, 2003.

    5. 27　Ranter, H. ; Luxair Fokker 50 Verongelukt bij de Landing; Piloot en Vliegtuig, 2003 (in Dutch).

Chapter 6

    6. 1　Anon. ; Civil Aeronautics Board, Accident Investigation Report, SA‐120, File No. 1232 ‐ 46; Transcontinental & Western Air, Inc. ; Lockheed L ‐ 049 Constellation, NC86513; Near Reading, Pennsylvania; Washington, D. C. ; April 18, 1946.

    6. 2　Anon. ; Civil Aeronautics Board, Accident Investigation Report, SA‐141, File No. 4 ‐ 0873; Navion, NC8707 ‐ H; Near Ada, Oklahoma; Washington, D. C. ; April 20, 1948.

    6. 3　Anon. ; Civil Aeronautics Board, Accident Investigation Report, SA‐153, File No. 1 ‐ 0097 ‐ 47; United Air Lines, Inc. ; Douglas DC‐6, NC37510; Near Bryce Canyon, Utah; Washington, D. C. ; February 3, 1948.

    6. 4　Anon. ; Civil Aeronautics Board, Accident Investigation Report, SA‐156, File No. 1 ‐ 0092 ‐ 47; American Air Lines, Inc. ; Douglas DC‐6, NC90741; Near Gallup, New Mexico; Washington, D. C. ; January 2, 1948.

    6. 5　Anon. ; Civil Aeronautics Board, Accident Investigation Report, SA‐172, File No. 1 ‐ 0075 ‐ 48; United Air Lines, Inc. ; Douglas DC‐6, NC37506; Near Mt. Carmel, Pennsylvania; Washington, D. C. ; August 2, 1949.

    6. 6　Anon. ; Civil Aeronautics Board, Accident Investigation Report, SA‐218, File No. 1 ‐ 0094; Northwest Airlines, Inc. ; Martin 202, N93051; Billings Municipal Airport, Montana; Washington, D. C. ; February 28, 1951.

    6. 7　Anon. ; Civil Aeronautics Board, Accident Investigation Report, File No. 1 ‐ 0002; Pan American World Airways, Inc. ; Boeing Stratocruiser, N1036V; Heathrow Airport, London, England; Washington, D. C. ; May 10, 1951.

    6. 8　Anon. ; Civil Aeronautics Board, Accident Investigation Report, SA‐238, File No. 1 ‐ 0057; Eastern Air Lines, Inc. ; N119A; Lockheed L ‐ 749 Constellation, Near Richmond, Virginia; Washington, D. C. ; January 4, 1952.

    6. 9　Anon. ; Civil Aeronautics Board, Accident Investigation Report, SA‐242, File No. 1 ‐ 0081; Eastern Air Lines, Inc. ; N75415; Douglas DC ‐ 4, Miami, Florida; Washington, D. C. ; April 22, 1952.

    6. 10　Anon. ; Civil Aeronautics Board, Accident Investigation Report, File No. 1 ‐ 0009; The Unit Export Company, Inc. ;, N1688M; Curtiss C ‐ 46F, Prescott, Arizona; Washington, D. C. ; May 12, 1953.

    6. 11　Anon. ; Civil Aeronautics Board, Accident Investigation Report, SA‐283, File No. 1 ‐ 0073; Northwest Airlines, Inc. ; N6214C; Lockheed L ‐ 1049 Constellation, McChord Air Force Base, Washington; Washington, D. C. ; July 10, 1954.

    6. 12　Macarthur Job; Air Disaster, Volume 4, pp 29 ‐ 38; Aerospace Publications Pty Ltd, PO Box 1777, Fyshwick, ACT 2609, Australia, 2001.

6.13　Anon.；Civil Aeronautics Board, Accident Investigation Report, File No. 1 - 0093；Piedmont Airlines, Inc.；N45V；Douglas DC - 3C, Near Shelby, North Carolina；Washington, D.C.；February 21,1957.

6.14　Anon.；Civil Aeronautics Board, Accident Investigation Report, File No. 1 - 0014；Riddle Airlines, Inc.；N7840B；Curtiss C - 46R, Near Alma, Georgia；Washington, D.C.；September 1,1959.

6.15　Anon.；Civil Aeronautics Board, Accident Investigation Report, File No. 1 - 0029；Allegheny Airlines, Inc.；N8415H；Convair 340/440, Near Bradley Field, Windsor Locks, Connecticut；Washington, D.C.；July 18,1963.

6.16　Anon.；Civil Aeronautics Board, Accident Investigation Report, SA - 376, File No. 1 - 0015；Pan American World Airways, Inc.；N709PA；Boeing 707 - 121, Near Elkton, Maryland；Washington, D.C.；March 3,1965.

6.17　Anon.；Civil Aeronautics Board, Accident Investigation Report, SA - 388, File No. 1 - 0032；United Air Lines, Inc.；N7030U；Boeing 727, Salt Lake City, Utah；Washington, D.C.；June 7,1966.

6.18　Anon.；Commercial Airplane Certification Process Study, page 51；Federal Aviation Administration, FAA-CPS Team, March 2002.

6.19　Anon.；Aircraft Accident Report, Mohawk Airlines, Inc., BAC 1 - 11, N1116J Near Blossburg, PA, June 23,1967；NTSB - AAR - 68 - AG, Washington, DC, 1968.

6.20　Anon.；Aircraft Accident Report, Pan American World Airways Inc., Boeing 747, N747PA, Flight 845, San Francisco, CA, July 30, 1971；NTSB - AAR - 72 - 17, Washington, DC, 1972.

6.21　Anon.；Aircraft Accident Report, Overseas National Airways, Inc., Douglas DC - 10 - 30, N1032F, Kennedy International Airport, Jamaica, NY, November 12,1975；NTSB - AAR - 76 - 19, Washington, DC, 1976.

6.22　Anon.；Aircraft Accident Report, American Airlines, Inc., Douglas DC - 10 - 10, N110AA, Chicago O'Hare International Airport, Chicago, IL, May 25,1979；NTSB - AAR - 79 - 17, Washington, DC, 1979.

6.23　Macarthur Job；Air Disaster, Volume 2, pp 47 - 60；Aerospace Publications Pty Ltd, PO Box 1777, Fyshwick, ACT 2609, Australia, 1996.

6.24　Anon.；Aircraft Accident Report, World Airways Inc., Flight 32, McDonnell Douglas DC - 10 - 30CF, N112WA, Over North Atlantic Ocean, September 20,1981；NTSB - AAR - 82 - 1, Washington, DC, 1982.

6.25　Anon.；Aircraft Accident Report, Air Florida Airlines, Inc., McDonnell Douglas DC - 10 - 30CF, N101TV, Miami International Airport, FL, September 22,1981；NTSB - AAR - 82 - 3, Washington, DC, 1982.

6.26　Anon.；Aircraft Accident Report, Eastern Airlines Flight 935, Lockheed L - 1011 - 384, N309EA, Near Colts Neck, NJ, September 22,1981；NTSB - AAR - 82 - 5, Washington, DC, 1982.

6.27　Anon.；Aircraft Accident Report, Empire Airlines Flight 141, Piper PA - 31,

N546BA, Ithaca, NY, January 5,1982; NTSB–AAR–82–11, Washington, DC, 1982.

　　6.28　Anon.; Aircraft Accident Report, Pilgrim Airlines Flight 458, DeHavilland DHC–6–100, N127PM, Near Providence, RI, February 21,1982; NTSB–AAR–82–7, Washington, DC, 1982.

　　6.29　Anon.; Aircraft Accident Report, Horizon Air, In., DeHavilland DHC–8, Seattle-Tacoma International Airport, Seattle, WA, April 15,1988; NTSB–AAR–89–02, Washington, DC, 1989.

　　6.30　Anon.; Aircraft Accident Report, Ground Spoiler Activation In-Flight/Hard Landing, Valujet Airlines Flight 558, Douglas DC–9–32, N922VV, Nashville, TN, January 7,1996; NTSB–AAR–96–07, Washington, DC, 1996.

　　6.31　Anon.; Aircraft Accident Report, Wheels-Up Landing, Continental Airlines Flight 1943, Douglas DC–9, N10556, Houston, TX, February 19,1996; NTSB–AAR–97–01, Washington, DC, 1997.

　　6.32　Anon.; Aircraft Accident Report, Runway Collision, United Express Flight 5925 and Beechcraft King Air A90, Quincy Municipal Airport, Quincy, IL, November 19, 1996; NTSB–AAR–97–04, Washington, DC, 1997.

　　6.33　Anon.; Accident on Boeing 737–377, VH-CZL on 12 March 1991; Australian Transport Safety Bureau; 8 October, 2001.

　　6.34　Garrison, Peter; A Little Too Vigorous; Flying, pages 80–84, July 2004.

　　6.35　Anon.; Incident on Boeing 717–200, VH-IMD on 18 October, 2001; Australian Transport Safety Bureau; 1 May, 2002.

　　6.36　Anon.; Serious Incident on Boeing 737–33A, VH-CZQ on 2 December, 2001; Australian Transport Safety Bureau; 11 February, 2004.

　　6.37　Anon.; Serious Incident on Saab SF–340B, VH-XDZ on 5 December, 2001; Australian Transport Safety Bureau; 11 February, 2004.

　　6.38　Anon.; ATSB Urges Saab 340 Modification; page 9, Flight International, 3–9 February, 2004.

　　6.39　Anon.; Incident on Fokker F–27 Mk 50, VH-FNA on 9 January, 2003; Australian Transport Safety Bureau; 22 December, 2003.

　　6.40　Anon.; Incident on Boeing 717–200, VH-IMD on May 5, 2003; Australian Transport Safety Bureau; 29 April, 2004.

　　6.41　Anon.; Serious Incident on Boeing 747–436, G-BNLK on 10 August, 2002; Australian
Transport Safety Bureau; 18 December, 2003.

Chapter 7

　　7.1　Anon.; Civil Aeronautics Board, Accident Investigation Report, SA–219, File No.1–0109; American Airlines, Inc., Douglas DC–6, N90705, Near Eagle, Colorado; Washington, D.C., Released June 12,1951.

　　7.2　Anon.; Civil Aeronautics Board, Accident Investigation Report SA–285; Resort

Airlines, Inc., Curtiss C - 46F, Louisville, Kentucky; Washington, D. C.; August 18,1954.

7.3 Anon.; Civil Aeronautics Board, Accident Investigation Report SA - 302; United Air Lines, Inc., Convair 340, N73154, Dexter, Iowa; Washington, D. C. September 7,1955.

7.4 Anon.; Civil Aeronautics Board, Accident Investigation Report SA - 309; American Air Lines, Inc., Convair 240, N94221, Fort Leonard Wood, MO; Washington, D.C., December 9,1955.

7.5 Anon.; Civil Aeronautics Board, Accident Investigation Report, File No. 1 - 0116; Seaboard & Western Constellation and a Trans-Canada Viscount, Ground Collision, New York International Airport, NY; Washington, D.C., March 25,1960.

7.6 Anon.; Civil Aeronautics Board, Accident Investigation Report, SA - 342, File No. 1 - 0058; Pan American World Airways, Inc. Boeing 707, N707PA, New York International Airport, NY; Washington, D.C., Released May 2,1960.

7.7 Anon.; Civil Aeronautics Board, Accident Investigation Report, File No. 1 - 0054; AAXICO (American Air Export and Import Company), Curtiss C - 46, N5140B, Dyess Air Force Base, Abilene, TX; Washington, D.C.; April 4,1960.

7.8 Anon.; Civil Aeronautics Board, Accident Investigation Report, File No. 1 - 0018; Northwest Airlines, Inc., Lockheed Electra, L - 188C, N137US, O'Hare International Airport, IL; Washington, D.C.; December 13,1962.

7.9 Johson, Clarence L. (Kelly) and Smith, Maggie; Kelly, More Than My Share Of It All; Smithsonian Institution Press, Washington, D.C., 1985.

7.10 Anon.; Final Report 96 - 12/A - 5; Piper PA23 Aztec, G-JTCA at De Kooy Airport, Den Helder, The Netherlands.

7.11 Anon.; Accident Investigation, McDonnell Douglas MD - 83, EC-FXI; Department for Transport, Air Accident Investigation Branch; London, 2002.

7.12 Dornheim, M.A. and Mathews, N.; Maintenance Queried; Aviation Week and Space Technology, March 29,2004.

7.13 Anon.; Item in World News Roundup; page 14, Aviation Week and Space Technology, August 9,2004.

Chapter 8

8.1 Jackson, A.J.; Avro Aircraft since 1908; Putnam Aeronautical Books, Conay Maritime Press Ltd, London, U.K., 1965.

8.2 Macarthur Job; Air Disaster, Volume 4; Macarthur Job and Aerospace Publications Pty Ltd., Fyshwick, ACT 2609, Australia, 2001.

8.3 Barnes, C. H.; Bristol Aircraft since 1910; Putnam Publishing Co., London, England, 1964.

8.4 Roskam, J.; Airplane Flight Dynamics and Automatic Flight Controls, Part I; DARcorporation, 1440 Wakarusa Drive, Suite 500, Lawrence, KS 66049;2004.

(www. darcorp. com)

8.5　Silvester, J. ; Percival & Hunting Aircraft; R. J. Silvester; Luton, England, 1987.

8.6　James, Derek N. ; Gloster Aircraft Since 1917; Putnam & Co. Ltd. , London, United Kingdom, 1971

8.7　Cook, William H. ; The Road to the 707; TYC Publishing Co. , Bellevue, WA 98004,1991.

8.8　Roskam, J. ; Airplane Design, Part I; DARcorporation, 1440 Wakarusa Drive, Suite 500, Lawrence, KS 66049;2004. (www. darcorp. com)

8.9　Roskam, J. ; Roskam's Airplane War Stories; DARcorporation, Lawrence, KS 66049,2003. (www. darcorp. com)

8.10　Wegg, John; General Dynamics Aircraft and their Predecessors; Putnam Aeronautical Books; Naval Institute Press, Annapolis, MD 21402,1990.

8.11　Roskam, J. ; Airplane Flight Dynamics and Automatic Flight Controls, Part I; DARcorporation, 1440 Wakarusa Drive, Suite 500, Lawrence, KS 66049;2004.

(www. darcorp. com)

8.12　Spreeman, K. P. ; Design Guide for Pitch-up Evaluation and Investigation at High Subsonic Speeds of Possible Limitations due to Wing Aspect Ratio Variation; NACA TM X－26,1959.

8.13　Lambert, D. J. ; A Systematic Study of the Factors Contributing to Post-Stall Longitudinal Stability of T-Tail Transport Configurations; AIAA Paper 65－737,1965.

8.14　Taylor, R. T. and Ray, E. J. ; Factors Affecting the Stability of T-Tail Transports; pp 359－364, Journal of Aircraft, Vol. 3, No. 4, July-Aug. , 1966.

8.15　Diederich, F. W. and Budianski, B. ; Divergence of Swept Wings; NACA TN 1680, August, 1948.

8.16　Roskam, J. ; What Drives Unique Configurations?; SAE Paper 881353; Aerospace Technology Conference and Exposition, Anaheim, CA, 1988.

8.17　Chambers, J. R. and Yip, L. P. ; Wind tunnel Investigation of an Advanced General Aviation Canard Configuration; NASA TM 85760, April 1984.

8.18　Anon. ; Accident Description Quad City Challenger; Advanced Ultralight Aircraft News Web Magazine, Number 9.

Chapter 9

9.1　Thompson, W. D. ; Cessna, Wings for the World II; Maverick Publications, Bend, Oregon, 1995.

9.2　Wegg, John; General Dynamics Aircraft and their Predecessors; Naval Institute Press, Annapolis, MD, 1990.

9.3　Cook, William H. ; The Road to the 707; TYC Publishing Company, 875 Shoreland Drive S. E. ' Bellevue, WA 98004;1991.

9.4　Francillon, René J. ; McDonnell Douglas Aircraft since 1920; Putnam & Company

Ltd, 9 Bow Street, London, WC2E 7 AL, Great Britain; 1979.

9.5 Serling, Robert J.; Legend & Legacy, The Story of Boeing and its People; St. Martin's Press, New York; 1992.

9.6 Francillon, René J.; Lockheed Aircraft since 1913; Putnam & Company Ltd, 9 Bow Street, London, WC2E 7 AL, Great Britain; 1982.

9.7 Boyne, Walter J.; Beyond the Horizons, the Lockheed Story; St. Martin's Press, N.Y.; 1999.

索　引